2018年河北省肉牛产业发展报告

2018 NIAN HEBEI SHENG ROUNIU CHANYE FAZHAN BAOGAO

马长海　赵慧峰　王秀芳　高彦　等　著

中国农业出版社

北京

本书得到以下机构支持：

河北省现代农业产业技术体系肉牛产业创新团队

河北新型智库（河北省"三农"问题研究中心）

河北省软科学研究基地（河北省"三农"问题研究基地）

河北省人文社科基地（河北农业大学现代农业发展研究中心）

河北省农业经济发展战略研究基地

河北省农业农村经济协同创新中心

河北省社会发展研究课题（201803020202）

河北省社会发展研究课题（2019030202024）

前　言

　　肉牛产业是我国畜牧业的重要组成部分，对促进国民经济发展、资源有效利用及居民膳食结构改善都发挥着重要作用。随着社会经济和人们生活水平的提高，消费者对动物蛋白来源的肉及其制品更加青睐，特别对牛肉的需求明显上升，肉牛产业将是未来畜牧业发展的重要方向。河北省是养牛大省，有着悠久的肉牛产业发展历史和丰富的养殖经验，目前出栏量居全国前列，产业发展有着良好势头。随着京津冀协同发展和雄安新区建设的不断推进，以及居民牛肉消费习惯的逐步形成，必然为河北肉牛产业发展提供更加广阔的发展机遇和空间。

　　本书是河北省现代农业产业技术体系肉牛产业创新团队的研究成果，得到了河北省新型智库（"三农"问题研究中心）、河北省软科学研究基地（河北省"三农"问题研究基地）、河北省人文社科基地（河北农业大学现代农业发展研究中心）、河北省农业经济发展战略研究基地和河北省农业农村经济协同创新中心等机构的支持。

　　本书是肉牛产业创新团队成员在对2018年河北省肉牛产业发展现状进行全面调研的基础上，分别就河北省肉牛产业生产、加工、养殖生产效率、产业竞争力、牛肉价格走势及牛肉消费市场等进行了分析；基于2018年肉牛产业热点问题、河北省各地区肉牛产业发展调研情况进行了专题研究。

　　本研究主要得出以下结论：

　　（1）河北省是全国养牛大省，是我国肉牛的主产区之一。河北省肉牛产业生产、消费、市场占有以及比较优势等各方面都具备了一定发展基础，但依然存在肉牛生产发展基础薄弱，肉牛良种化程度不高、产品加工能力不足，肉牛繁育场户规模不合理，生产方式和技术落后，牛肉冷链物流不发达，肉牛产业竞争力较低等问题。因此必须夯实肉牛生产发展基础，实现适度规模的肉牛繁育，强化肉牛产业化科技支撑与推广服务，推进肉牛优良品种选育和良繁体系建设，加强关联市场预警调控，提升冷链物流组织化程度，增强河北肉牛产业核心竞争力。

（2）通过观察河北省肉牛养殖业全要素生产率及其增长率发现，在其他生产条件不变的情况下，物质资本投入对于河北省肉牛养殖业单位产出增加具有促进作用，而劳动力数量增加对于肉牛养殖产出水平提高具有消减作用。全要素生产率对产出的贡献水平要高于物质资本投入和劳动投入对产出的贡献率。因此应该强化技术培训，建设规范化养殖基地；优化产业布局，构建一体化产销渠道；严格质量监管。

（3）实地调研张家口、承德、廊坊、石家庄四地的典型肉牛养殖模式，总结提炼运行模式、特征与效果。提出增加基础母牛供给、在南部平原地带创建肉牛育肥场并实现省域内的北繁南育、把肉牛产业打造成我省精准扶贫的重点产业、打造名优特牛肉产品、提高从业人员素质、加大肉牛保险的政策实施力度等建议。

（4）河北省牛肉消费水平总体低于全国，尤其是农村地区差距更大，但增速较快，尤其是城镇消费。河北省以及全国牛肉需求量快速提升，而生产供应能力有待提高，在这种趋势下，牛肉产品的进口量将会提高。因此，国内牛肉生产者一方面应该大力发展生产，提高国内牛肉供应数量；另一方面，需要进一步提高出口牛肉产品质量，提高出口价格，以获取更高收益。政府可以针对不同类型的企业给予相关政策支持。

（5）河北省牛肉供给量大于消费量，人均牛肉消费低于全国平均水平；牛肉消费数量增多但比重下降；居民牛肉消费存在结构差异；河北居民牛肉消费特征：消费主力呈现年轻化，牛肉消费障碍主要来自价格高、烹饪烦琐、不方便购买和不喜欢吃，影响居民牛肉购买行为的因素有居住地、年龄、收入水平、对牛肉的喜好程度等。牛肉消费意愿和行为影响因素存在差异性，只有同时满足两者的影响因素消费意愿才会转换成消费行为。

（6）河北省肉牛粪污处理方式主要有生态堆肥还田、厌氧发酵生产沼气、生态发酵床、利用蚯蚓处理牛粪、牛粪干湿分离等。当前主要面临养殖场缺乏合理规划、规模化程度不高、粪污收储及资源化利用体系运转不良、环保意识薄弱、监管不严等问题。因此，应该科学编制规划、提高准入门槛、加强执法和督查力度、强化宣传示范与技术指导、加强政策引导和资金支持。

（7）河北省发展肉牛养殖有着较好的饲料资源基础，但当前依然存在饲草结构不合理、优质饲草短缺，秸秆及饲草加工研究不够、粗饲料配合利用及区域性优势资源有待开发利用等问题。因此，我省在玉米秸秆的深度开发及科学利用上还需进一步深入研究，以进一步提高秸秆养牛效率，实现肉牛的精细化饲养。

（8）河北省规模以上肉牛屠宰企业呈现地域分布特点明显、普遍开工不足、屠宰肉牛品种相对集中、屠体品质有待提高、产品形态单一且附加值低、市场消费层级低的特点。加工企业产品类型以酱卤、高温制品为主，销售区域差异较大、销售市场以批发商、农贸市场为主，生产工艺普遍以传统工艺为主，普遍有引进新工艺、提高产品品质的技术需求，产品开发意向为调理产品等深加工产品。

（9）中美贸易战会对河北肉牛养殖业造成一定消极影响，但也为河北省肉牛养殖带来了前所未有的发展机遇。为把握机遇，消除不利影响，应当适当发展高端肉牛养殖、推进肉牛养殖产业延伸、加大大豆种植补贴力度、调整大豆进口的区域结构、推动首蓿规模种植和品质提升、开发利用河北本地秸秆等资源。

（10）隆化县肉牛产业发展基础和态势良好，并且形成了多种成功的产业经营模式。但肉牛产业发展仍存在肉牛品种改良技术不成熟、缺乏服务基层的配种人员和疫病防控体系不健全、金融需求和供给间不均衡等问题，因此应提高品种改良率、开展基层改良员和兽医专项培训、提高饲养水平和完善金融扶持政策。

（11）从肉牛生产形势分析与产量疫病调查、技术创新分析、经营主体分析、竞争力分析、市场形势分析等六大方面对河北省肉牛产业进行了预测预警，提出了培育适合河北地方养殖的肉牛品种、推进肉牛养殖良性发展、适当发展高端肉牛养殖、壮大肉牛加工产业发展、推进肉牛养殖产业延伸、重视肉牛疾病防疫、积极推进粮改饲试点、开发利用河北本地秸秆等资源、加强技术创新和推广、探索肉牛新产业新业态、不断开拓牛肉营销新渠道、提高从业人员素质、加大肉牛产业扶贫力度等对策措施。

（12）对保定市、沧州市、张家口市、承德市及唐山市肉牛产业实地调研基础上，详细剖析了河北各市肉牛产业现状、发展模式或典型案例、发展举措，并针对各市不同情况提出了肉牛产业发展的相应对策。

（13）为推动河北肉牛产业健康发展，分别对涞源小母牛项目、河北省肉牛新产业新业态、肉牛场常见疫病进行了专题调查。小母牛项目是一种扶贫新模式，深入分析小母牛项目运作机制及特征，对提升肉牛产业扶贫效果，有着良好示范作用；分析总结小群体大规模肉牛养殖模式、"草畜一体化"循环经济模式等 7 种新业态的经验，并提出了河北省肉牛业发展建议；对河北省石家庄、保定、承德、廊坊、秦皇岛 5 个市区 10 个规模养殖场进行了问卷调查，对肉牛养殖业中的常见病发病情况及发病季节进行了跟踪调查，并对结果进行了解读和分析。

本书由赵慧峰负责全书的内容设计和组织工作，马长海、赵慧峰对全书进行了统稿和审定，各章的具体分工如下：第一章：马长海、赵慧峰、高彦、王秀芳、刘璞；第二章：马长海、段清朋、段清伟；第三章：王秀芳；第四章高彦、刘璞、刘梦岩、牛丽英；第五章：赵慧峰、李立；第六章：姜国均；第七章：田树飞、岳春旺、孙茂红、孔祥浩、李秋凤；第八章：谢鹏；第九章：马长海、赵慧峰；第十章：赵慧峰、杨雨芳；第十一章：马长海、赵慧峰、王秀芳、高彦、刘璞、史秋梅、李秋凤、谢鹏、李立、刘梦岩、牛丽英；第十二章：第一部分由徐国忠、张秀江、剧勋完成，第二部分由范京惠、王晓芳完成，第三部分由武二斌完成，第四部分由李素霞、朱今舜完成，第五部分由刘志勇、齐彪、项爱丽完成；第十三章：第一部分由王秀芳完成，第二部分由吕彦英、郭伟婷、张伟涛完成，第三部分由苏硕青、赵增元、李树静完成。

由于作者学术水平所限，很多地方的研究浅尝辄止，不足之处有待今后完善，欢迎同行专家学者不吝赐教。

著　者

2019 年夏于保定

目　　录

第一章 河北省肉牛产业发展报告

肉牛产业是我国畜牧业的重要组成部分，对促进国民经济发展、资源利用及居民膳食结构改善等都发挥着积极作用。随着社会经济发展和人们生活水平的提高，消费者对动物蛋白来源的肉及其制品更加青睐，特别对牛肉的需求明显上升。2017年全球牛肉总产量为6 000多万吨，人均占有9.30千克，牛肉需求量次于猪肉居第二位，世界牛肉产量最多的国家依次为美国、巴西和中国，人均占有量最多的国家分别是澳大利亚、阿根廷、美国和加拿大。我国作为世界第三大牛肉生产国，牛肉生产和消费市场大。2015年农业部印发了《关于促进草食畜牧业加快发展的指导意见》（农牧发〔2015〕7号），目的是通过优化农业种植结构，转变农业发展方式，促进粮经饲三元种植结构协调发展，形成粮草兼顾、农牧结合、循环发展的新型种养结构，有效解决地力持续下降和草食畜禽养殖饲草料资源不足的问题，适应城乡居民畜产品消费结构升级，实现资源综合利用、减少资源浪费和环境污染，提高产业效益。2016年，国家首次制定并发布实施的《全国草食畜牧业发展规划（2016—2020年）》强调，发展肉牛产业等草食畜牧业是国家建设现代畜牧业的重要内容，对加快农业结构调整、转变经济发展方式，推进农业供给侧结构性改革，具有重要的战略意义。河北省是全国养牛大省，是我国肉牛的主产区之一。2017年河北省肉牛存栏198.4万头，位居全国第16位；出栏341.9万头，位居全国第4位；2017年牛肉产量55.9万吨。深入分析河北省肉牛产业发展中存在的问题，以期探索进一步推进河北省肉牛产业持续、快速、健康发展之策。

一、中国肉牛产业发展基本状况

2018年，虽然受到美国贸易保护的影响，但我国肉牛业总体发展平稳，国内牛肉消费需求保持强劲态势，养殖行情利好，但受实际饲养管理水平和经验的差异化影响，不同从业群体的养牛利润率差别显著。肉牛业产能不足的问

题更加凸显,牛肉市场进一步开放,进口与走私不可避免地成为国内肉牛供应
体系中的重要组成部分。粮改饲、草牧业协同发展、产业扶贫等一系列国家政
策的相继出台对于稳固牛源基地、强化资源利用起到了积极作用,以牛业为主
导的新型种养模式不断涌现,但对于现有秸秆资源的开发与利用进程仍较为迟
缓。自主品牌企业迅速成长,带动了肉牛商业模式的创新发展,产业链的协调
性得以加强,但市场经济体制下的规模化肉牛企业普遍盈利难的问题仍未得到
有效解决。

(一) 中国肉牛生产状况

1. 肉牛存栏量和出栏量

中国牛的发展历程经历了从生产资料到生活资料的转变,养牛业的地位也
发生了重大变化,经历了家庭副业、独立产业、支柱产业的变化,甚至在有的
地区已成为当地的主导产业。从近些年肉牛出栏数量和年底存栏量看,都经历
了不同程度的增长,2008 年肉牛存栏量只有 5 225.3 万头,到 2016 年增长到
了 7 441.0 万头,8 年增长了 42.40%,年均增长 5.30%。2008 年肉牛出栏量
只有 4 446.1 万头,到 2017 年增长到了 5 161.9 万头,9 年增长了 16.10%。
年均增长 1.79%(表 1-1、图 1-1)。

表 1-1 肉牛出栏数量和年底存栏量(2008—2017 年)

单位:万头,万吨

指标	2008	2009	2010	2011	2012
肉牛存栏量	5 253.3	5 918.8	6 738.9	6 646.4	6 698.1
肉牛出栏量	4 446.1	4 602.2	4 716.8	4 670.7	4 760.9
牛肉产量	613.2	635.5	653.1	647.5	662.3
指标	2013	2014	2015	2016	2017
肉牛存栏量	6 838.6	7 040.9	7 372.9	7 441.0	—
肉牛出栏量	4 828.2	4 929.2	5 003.4	5 110.0	5 161.9
牛肉产量	673.2	689.2	700.1	716.8	—

数据来源:《中国畜牧业年鉴》2009—2013、《中国畜牧兽医年鉴》2014—2017。

2. 肉牛规模养殖状况

中国肉牛规模养殖逐步提升,突出表现在规模养殖场所占比例的逐步增
加。2008 年散户(9 头以下的养殖场)所占比重高达 96.29%,规模养殖场比
例仅为 3.71%。而 2016 年散户所占比重下降到 95.05%,而规模养殖场所占
比重上升到 4.95%。

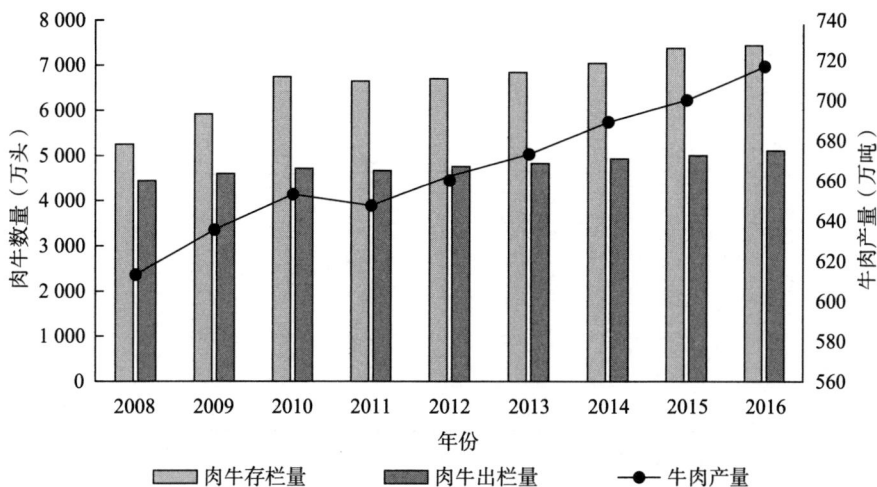

图 1-1　中国肉牛存栏量、出栏量、牛肉产量图

表 1-2　中国肉牛规模养殖场（户）数（2008—2016 年）

单位：个，%

年份	1~9 头		10~49 头		50~99 头		100~499 头		500~999 头		1 000 头以上	
	户数	占比	户数	占比	户数	占比	户数	占比	户数	占比	户数	占比
2008	13 740 400	96.29	441 189	3.09	70 440	0.49	15 255	0.11	1 896	0.013 3	614	0.004 3
2009	13 278 400	95.95	467 596	3.38	71 900	0.52	18 218	0.13	2 679	0.019 4	749	0.005 4
2010	13 007 400	96.03	436 634	3.22	76 310	0.56	20 917	0.15	3 162	0.023 3	884	0.006 5
2011	12 527 600	95.67	452 708	3.46	86 762	0.66	23 578	0.18	3 344	0.025 5	940	0.007 2
2012	12 102 600	95.65	435 588	3.44	84 322	0.67	26 108	0.21	3 473	0.027 4	1 007	0.008
2013	11 771 800	95.42	440 495	3.57	93 271	0.76	27 116	0.22	3 480	0.028 2	1 085	0.008 8
2014	11 057 400	95.29	426 627	3.44	88 652	0.76	27 110	0.23	3 445	0.029 7	1 094	0.009 4
2015	10 490 200	95.04	424 756	3.85	92 860	0.84	25 943	0.24	3 328	0.030 2	1 025	0.009 3
2016	10 006 300	95.05	409 539	3.89	82 857	0.79	24 380	0.23	3 214	0.030 5	948	0.009

数据来源：《中国畜牧业年鉴》2009—2013、《中国畜牧兽医年鉴》2014—2017。

　　肉牛养殖规模化提升的另一方面表现为规模养殖出栏量的大幅提升。2008 年小规模养殖（出栏量为 1~49 头）出栏量所占比重高达 80.6%，规模养殖（出栏量 50 头以上）仅为 19.4%。到 2016 年小规模养殖出栏量所占比重仅为 69.7%，而规模养殖比例高达 30.3%。而且呈现出 100 头、500 头、1 000 头以上等不同规模的养殖场出栏量均有较大幅度增长（表 1-3、图 1-2）。

表 1-3　不同规模养殖场（户）肉牛出栏情况

单位：%

年份	1～49 头	50 头以上	100 以上	500 头以上	1 000 头以上
2008	80.6	19.4	10.7	4.2	2.0
2009	78.6	21.4	12.6	5.3	2.2
2010	76.8	23.2	14.1	6.2	2.6
2011	75.4	24.6	14.8	6.3	2.8
2012	73.8	26.2	16.3	6.8	3.0
2013	72.7	27.3	16.7	6.9	3.2
2014	72.4	27.6	17.4	7.1	3.4
2015	71.5	28.5	17.5	7.3	3.5
2016	69.7	30.3	18.9	7.8	3.7

数据来源：《中国畜牧业年鉴》2009—2013、《中国畜牧兽医年鉴》2014—2017。

由图 1-2 不难看出肉牛小规模养殖出栏量自 2008 年至 2016 年逐步下降。而其他不同的规模肉牛养殖出栏量则逐步上升，表明中国肉牛养殖规模化程度不断提升。

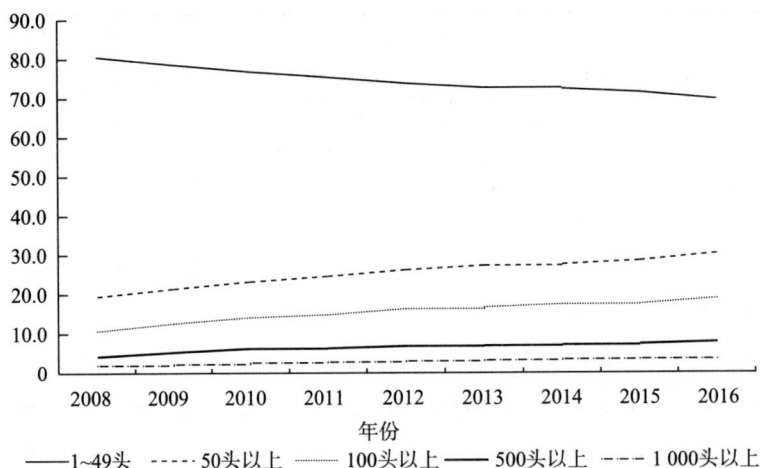

图 1-2　不同规模肉牛养殖出栏量图

（二）牛肉生产状况

中国是个肉牛产业大国。从 2016 年世界牛肉生产区域分布看，中国约占 12%，仅次于欧盟（23%）、美国（19%）、巴西（15%）。在过去的 8 年中，我国的牛肉产量也出现了一定幅度的增长，2008 年牛肉产量只有 613.2 万吨，2016 年达到了 716.8 万吨，增长了 16.89%，年均增长 2.11%（表 1-1、图 1-1）。

（三）牛肉消费状况

随着人们生活水平的提高，饮食消费中对肉类的消费比例也会加大，其中，牛肉的消费比例上升更是居民生活质量提升的重要标志。我国居民人均牛肉消费在 2006 年只有 4.35 千克，到 2017 年十一年间增加到了 5.73 千克，比 2006 年增长 31.72%。牛肉消费量连续九年保持稳步上升的态势（图 1-3）。

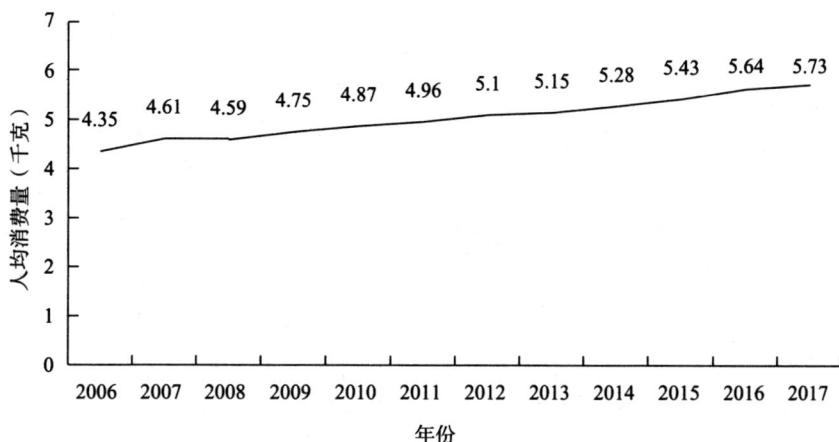

图 1-3 2006—2017 年我国表观人均牛肉消费变化图

注：表观人均牛肉消费量＝（牛肉年总产量＋牛肉进口量－牛肉出口量）÷总人口数量。

（四）牛肉进出口状况

2009 年以前我国是牛肉净出口国。随着国内需求增多，我国从 2009 年开始逐渐成为牛肉净进口国，这一趋势在 2013 年开始体现得更加明显。据统计（表 1-4、图 1-4），2017 年，我国出口牛肉总计 0.6 万吨，进口牛肉总计 70 万吨，同比增长 19.9%，进口额 30.7 亿美元，同比增长 21.8%。其中从乌拉圭进口 20 万吨，占 28%；从巴西进口 20 万吨，占比 28%；从澳大利亚进口 12 万吨，占比 17%；从阿根廷进口 9 万吨，占比 12%；从新西兰进口 8 万吨，占比 11%；其余从美国、加拿大及智利进口。进口的牛肉主要为冻去骨和冻带骨。牛肉进口渠道主要通过陆运和空运，现新增海运。

表 1-4 2001—2017 年中国牛肉进出口量

单位：万吨

年份	2002	2003	2004	2005	2006	2007	2008	2009
进口	1.1	0.81	0.34	0.11	0.12	0.369	0.42	1.42
出口	1.21	0.89	1.57	1.91	2.75	2.83	2.29	1.33

（续）

年份	2010	2011	2012	2013	2014	2015	2016	2017
进口	2.37	2.01	6.14	29.42	29.8	47.38	57.98	70
出口	2.22	2.2	1.23	0.6	0.66	0.49	0.42	0.6

数据来源：中国海关综合信息网。

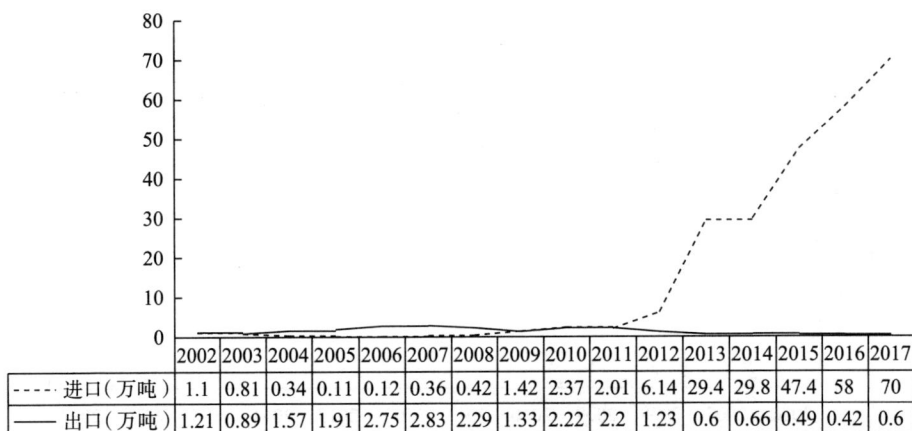

	2002	2003	2004	2005	2006	2007	2008	2009	2010	2011	2012	2013	2014	2015	2016	2017
进口（万吨）	1.1	0.81	0.34	0.11	0.12	0.36	0.42	1.42	2.37	2.01	6.14	29.4	29.8	47.4	58	70
出口（万吨）	1.21	0.89	1.57	1.91	2.75	2.83	2.29	1.33	2.22	2.2	1.23	0.6	0.66	0.49	0.42	0.6

图 1-4　牛肉进出口折线图

近年来，我国逐渐开放了欧洲相关国家的牛肉。值得关注的是，近年来我国牛肉总产量与进口量逐年增加，且出口量逐年减少，揭示了国内牛肉消费市场需求旺盛、供求压力持续加大的客观事实。

二、河北省肉牛产业发展基本状况

河北省是全国养牛大省，是我国肉牛的主产区之一。据统计，2017 年底，肉牛存栏 198.4 万头，位居全国第 16 位；出栏 341.9 万头，位居全国第 4 位，2017 年牛肉产量 55.9 万吨，较 2016 年增加 3%。2016 年河北省肉牛存栏 169.4 万头，占全国肉牛存栏量的 2.3%，在全国排第 16 位；肉牛出栏 331.9 万头，占全国肉牛出栏量的 6.5%，在全国排第 4 位；牛肉产量 54.3 万吨，占全国牛肉总产量的 7.6%，位居全国第 3 位，胴体重大约 250 千克左右，屠宰率 57% 左右，净肉率 47% 左右。肉牛品种主要以西门塔尔、夏洛莱和利木赞等大型肉牛杂交为主，还有部分淘汰奶牛、本地黄牛和牦牛。已建成肉用种公牛站 2 个，存栏肉用种公牛 58 头，年生产冻精 80 多万支，全省建有牛的冷配站点 2 495 个。粗饲料主要是黄贮和玉米秸秆，精料主要是玉米面或酒糟。疾病防控主要是口蹄疫，布病防控较少。

（一）河北肉牛生产情况

1. 种肉牛场和种公牛站情况

（1）种肉牛场发展情况。 河北省种肉牛场数量非常少。自 2008 年以来，最多的年份是 2010 年达到了 4 个种牛场，大部分的年份只有 2～3 个。先进省份一般多达 30～50 个。而且这种状况一直没有明显改观。2016 年统计数据显示，河北省肉牛场数排在全国倒数第八位（表 1-5）。

表 1-5　河北省及主要省份种肉牛场统计表

单位：个

年份	2008	2009	2010	2011	2012	2013	2014	2015	2016
全国总计	139	136	158	159	159	190	220	214	280
安徽	1	3	2	3	2	7	10	10	44
甘肃	12	10	18	19	21	27	34	34	38
内蒙古	6	8	10	20	18	23	27	25	34
湖北	5	6	6	7	10	14	14	14	15
四川	1	1	5		6	16	15	14	15
湖南	20	21	18	8	9	13	15	13	14
河北	2	3	6	2	3	3	3	4	2

数据来源：《中国畜牧业年鉴》2009—2013、《中国畜牧兽医年鉴》2014—2017。

河北省种肉牛场数量少的情况下，造成河北省种肉牛存栏量也不会很多，2016 年只有 1 409 头，排在全国倒数第 10 位（表 1-6）。

表 1-6　河北省及主要省份种肉牛场年末存栏量统计表

单位：头

年份	2008	2009	2010	2011	2012	2013	2014	2015	2016
全国总计	45 122	49 053	74 524	86 837	94 303	111 438	140 789	146 540	167 016
甘肃	7 076	6 905	10 785	10 492	13 285	13 428	17 624	23 859	28 687
内蒙古	4 786	8 935	11 085	20 823	14 131	14 916	21 673	21 374	18 851
新疆	13	13	0	2 694	3 482	4 509	10 772	17 431	15 167
陕西	3 552	3 545	2 996	7 984	6 814	6 946	17 253	15 309	14 728
安徽	5	156	35	326	460	1 841	2 264	2 829	10 820
湖北	2 349	1 503	1 881	2 487	4 030	7 357	9 333	9 354	9 724
吉林	8 344	8 935	9 992	10 480	10 273	11 218	10 228	3 070	9 219
河北	860	1 390	8 245	850	1 442	1 573	2 675	1 826	1 409

数据来源：《中国畜牧业年鉴》2009—2013、《中国畜牧兽医年鉴》2014—2017。

同样，能繁母牛数量也较少。2016 年只有 949 头，在全国倒数第 10 位（表 1-7）。

表 1-7　河北省及主要省份种肉牛场能繁母牛存栏统计表

单位：头

年份	2008	2009	2010	2011	2012	2013	2014	2015	2016
全国总计	26 565	29 361	42 097	50 763	53 571	65 923	79 167	90 565	100 094
甘肃	1 172	1 649	3 597	4 817	5 711	6 593	8 666	13 960	18 678
内蒙古	3 811	6 223	8 667	13 497	9 385	11 051	14 324	14 551	13 637
新疆	0	0	650	1 511	1 912	2 169	5 880	10 685	8 624
陕西	1 758	2 060	1 218	4 233	3 480	3 717	8 192	7 390	7 404
河北	400	1 127	7 506	430	837	480	1 630	1 109	949

数据来源：《中国畜牧业年鉴》2009—2013、《中国畜牧兽医年鉴》2014—2017。

河北省当年出场的种牛数自 2008 年以来变化幅度较大。自 2010 年以来隔年有出场种牛，而且隔年出场数量差异较大。但是总体上，河北省在全国种牛出场数明显处于落后。2016 年出场的种牛数只有 196 头，排在全国第 17 位。就是在出栏最多的 2014 年，也仅仅排在全国第 11 位。

表 1-8　河北省及主要省份种肉牛场当年出场种牛数统计表

单位：头

年份	2008	2009	2010	2011	2012	2013	2014	2015	2016
全国总计	11 522	15 313	16 078	17 578	19 085	19 898	22 088	242 200	28 522
甘肃	673	5 152	5 388	1 811	2 267	2 307	2 749	4 888	6 190
内蒙古	2 804	1 645	2 249	4 185	3 828	3 576	5 017	6 162	4 838
湖北	1 027	607	922	870	1 088	2 044	2 067	2 503	2 731
陕西	1 220	1 352	425	2 031	1 844	1 763	3 173	2 721	2 470
湖南	669	1 128	1 067	1 200	1 340	2 068	1 510	1 995	2 013
吉林	2 333	2 313	2 425	2 436	2 780	2 950	2 220	400	1 683
河北	140	23	115	0	59	0	580	0	196

数据来源：《中国畜牧业年鉴》2009—2013、《中国畜牧兽医年鉴》2014—2017。

然而，河北省肉牛场当年生产胚胎数却在全国名列前茅。自 2012 年生产胚胎以来，当年生产胚胎数一直保持在全国前三水平（表1-9）。

表1-9 河北省及主要省份种肉牛场当年生产胚胎数统计表

单位：枚

年份	2008	2009	2010	2011	2012	2013	2014	2015	2016
全国总计	683 393	55 204	49 584	12 456	12 669	13 021	13 092	19 874	20 929
海南	0	0	0	135	0	0	0	8 600	8 523
湖南	2 538	3 451	3 671	4 132	4 470	5 507	4 885	6 125	6 674
河北	70	0	0	0	1 373	3 528	3 580	792	2 053
贵州	0	0	0	279	267	0	293	394	1 399

数据来源：《中国畜牧业年鉴》2009—2013、《中国畜牧兽医年鉴》2014—2017。

图1-5反映了河北省种肉牛场2008—2016年发展变化，显示在2010年能繁母牛出栏存栏和年末存栏量出现大幅提升，之后恢复平稳。而生产的胚胎数自2011年以来各年也不均衡，但是总体上仍处于全国领先水平。

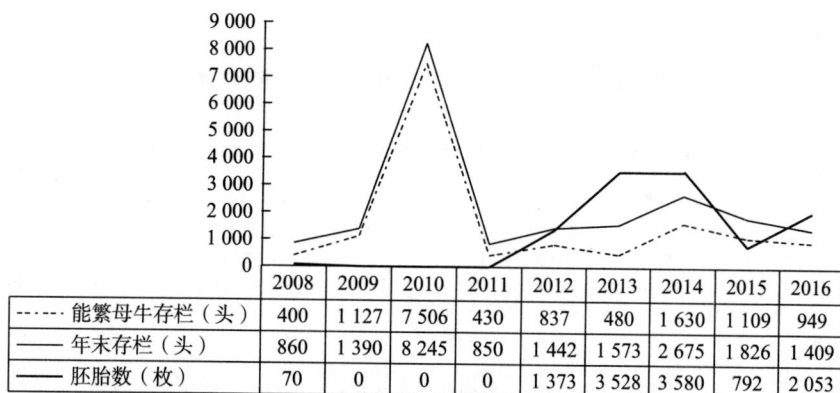

图1-5 河北省种肉牛场基础数据图（2008—2016年）

（2）种公牛站发展情况。 河北省种公牛站数比较稳定，自2009年以来一直保持在2~3个。除了2015年，湖北和重庆比较特殊，出现突然陡增外，其他年份，河北省种公牛站数在全国位居第2~3位（表1-10）。

表1-10 河北省及主要省份种公牛站数

单位：个

年份	2008	2009	2010	2011	2012	2013	2014	2015	2016
全国总计	51	62	84	45	39	34	33	70	45
内蒙古	2	3	5	5	5	5	5	6	5

（续）

年份	2008	2009	2010	2011	2012	2013	2014	2015	2016
吉林	0	0	2	2	2	2	2	2	4
河南	3	4	4	4	3	3	3	2	4
山东	8	10	19	3	3	3	3	4	3
河北	4	2	2	2	2	2	2	2	3
黑龙江	0	0	0	0	0	1	2	2	3
湖北	1	5	4	4	5	1	1	20	1
重庆	1	1	1	1	1	0	0	17	0

数据来源：《中国畜牧业年鉴》2009—2013、《中国畜牧兽医年鉴》2014—2017。

虽然河北省种公牛站在全国范围看位居前列，但由于每个种公牛站饲养规模较小，因此种公牛站年末存栏数并不多。2016 年只有 274 头，仅仅位居全国第八位（表 1-11）。

表 1-11　河北省及主要省份种公牛站年末存栏数

单位：头

年份	2008	2009	2010	2011	2012	2013	2014	2015	2016
全国总计	1 731	1 937	5 772	2 318	2 568	2 921	2 915	4 744	5 496
北京	0	0	176	190	186	0	0	1 046	980
河南	144	307	419	355	323	35	457	240	655
内蒙古	150	210	236	346	369	404	456	474	443
江苏	31	31	30	65	33	71	379	46	396
吉林	0	0	110	120	143	152	150	149	386
黑龙江	0	0	0	0	0	97	127	98	359
山东	43	36	259	39	39	367	311	511	359
河北	198	123	109	122	134	89	101	120	274

数据来源：《中国畜牧业年鉴》2009—2013、《中国畜牧兽医年鉴》2014—2017。

同样受到饲养规模的限制，河北省种公牛站生产的精液也不是很多。2016 年只有 291.2 万份，位居全国第五位（表 1-12）。

表 1-12　河北省及主要省份种公牛站当年生产精液统计表

单位：万份

年份	2008	2009	2010	2011	2012	2013	2014	2015	2016
全国总计	39.83	1 615.04	1 820.24	1 833.98	1 735.82	2 355.77	2 032.87	2 399.17	3 127.5
河南	0	485	272.02	323.52	188.63	200.82	195.55	288	525
吉林	0.4	0	94.6	66	156.1	176.4	173.81	172.8	454.2
内蒙古	0	13.02	100.02	151.01	171.02	231.6	351.55	348.75	353.2
北京	0	0	200	220	219	0	0	318.87	309.7
河北	0	260	210	170	160	148	135	135.6	291.2

数据来源：《中国畜牧业年鉴》2009—2013、《中国畜牧兽医年鉴》2014—2017。

　　图 1-6 可以比较明显的显示，自 2008 年起，河北省种公牛站年末存栏与当年生产精液的相互关系。不难看出，增加精液生产，必须增加种公牛饲养。当然，在种公牛站规模适度的前提下，必须增加种公牛站数量。

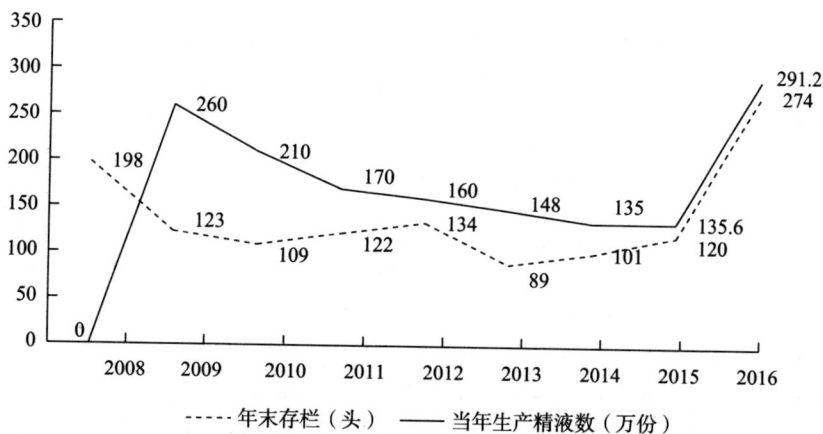

图 1-6　河北省种公牛站年末存栏及生产精液数

2. 肉牛存栏量和出栏量

　　（1）河北省存、出栏总体情况及在全国地位。河北省肉牛年末存栏自 2008 年以来变化幅度不大。总体看来，有一定程度的增长。2008 年只有 131.4 万头，到 2017 年增长到 198.4 万头，增长了 50.99%。平均年增长 5.67%。而肉牛出栏量变化幅度更小，总体上是一种小幅下降趋势。2008 年出栏量为 354.1 万头，2017 年仅为 341.9 万头，仅为 2008 年出栏量的 96.55%（图 1-7）。

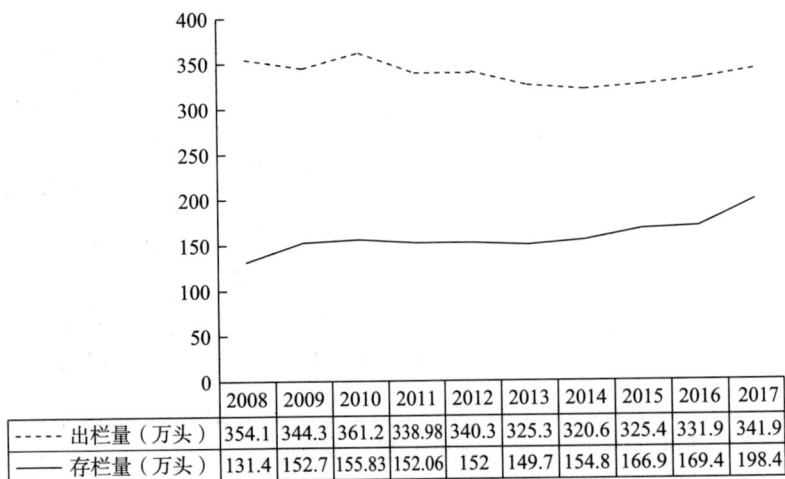

	2008	2009	2010	2011	2012	2013	2014	2015	2016	2017
---- 出栏量（万头）	354.1	344.3	361.2	338.98	340.3	325.3	320.6	325.4	331.9	341.9
—— 存栏量（万头）	131.4	152.7	155.83	152.06	152	149.7	154.8	166.9	169.4	198.4

图 1-7　河北省 2008—2017 年肉牛出栏和年末存栏图

　　自 2008 年以来，河北省肉牛存栏量一直不高，虽然有所增长，增长缓慢，但始终占全国的份额约为 2%～3%。2016 年河北省肉牛存栏量仅为 169.4 万头，在全国排在了第 16 位（表 1-13）。相对于存栏量，河北省的出栏量自 2008 年以来一直名列前茅，保持 320 万头以上的出栏量，始终排在全国第 3～4 位（表 1-14）。

表 1-13　2008—2016 年肉牛存栏量统计表

单位：万头

年份	2008	2009	2010	2011	2012	2013	2014	2015	2016
全国总计	5 253.3	5 918.8	6 738.9	6 646.38	6 698.1	6 838.6	7 040.9	7 372.9	7 441
云南	301.8	401.5	666.24	669.95	675.1	658.9	681.3	688.2	721.8
河南	648.8	657.5	634.2	612.91	602.7	610.1	626.6	650.4	620.8
四川	573	633.6	440	490.3	477.4	487.9	529.4	561.8	552.8
青海	392.3	389.9	406.35	401.65	396.4	423.6	427.1	429.6	457.9
西藏	483.3	392.6	458.42	461.9	451.3	467.5	467.5	471.3	466.6
河北	131.4	152.7	155.83	152.06	152	149.7	154.8	166.9	169.4

　　数据来源：《中国畜牧业年鉴》2009—2013、《中国畜牧兽医年鉴》2014—2017。

　　从河北省肉牛出栏量和年末存栏量的关系可以看出，河北省在肉牛养殖模式上是以购买架子牛育肥为主。全国平均肉牛出栏与年末存栏之比为 0.69，而河北省肉牛出栏与年末存栏之比高达 1.96。这与河北省本地养殖习惯、饲料秸秆资源丰富等多种因素有关。

表 1-14　2008—2016 年肉牛年末出栏量统计表

单位：万头

年份	2008	2009	2010	2011	2012	2013	2014	2015	2016
全国总计	4 446.1	4 602.2	4 716.82	4 670.68	4 760.9	4 828.2	4 929.2	5 003.4	5 110
河南	560	559.8	551.94	545	534.6	535.5	546	548.6	550.2
山东	458.2	454.3	449.35	433.39	437.3	443.4	440.8	447.5	445.5
内蒙古	267.8	294	306.79	306.79	316.3	320.2	336.8	326.4	339.7
河北	354.1	344.3	361.2	338.98	340.3	325.3	320.6	325.4	331.9
吉林	271.3	283.8	293.73	294.34	296.4	297	299.6	303.2	306.4
四川	249.6	251.8	255.82	251.06	254	264.7	278.7	295.5	305.2
云南	236.2	252.6	268.47	273.33	279.1	275.7	287.3	292.8	300.4

数据来源：《中国畜牧业年鉴》2009—2013、《中国畜牧兽医年鉴》2014—2017。

（2）河北省各市存、出栏情况。河北省肉牛养殖区域分布总体上比较均衡，从 2014—2016 年的统计数据看，石家庄市（含辛集市）肉牛出栏量始终排在第一位，2015、2016 年前承德市排在第二位，唐山市第三。秦皇岛市、邢台市始终排在最后两位（表 1-15）。

表 1-15　河北省各市肉牛出栏量统计表

单位：百头

年份	全省	石家庄市（含辛集）	唐山市	秦皇岛市	邯郸市	邢台市	保定市（含定州）	张家口市	承德市	沧州市	廊坊市	衡水市
2014	32 062	5 862	4 846	1 838	2 906	2 019	2 904	3 133	5 233	4 503	3 919	2 931
2015	32 542	5 705	4 946	1 880	2 908	2 074	2 995	3 362	5 364	4 609	3 867	2 903
2016	33 193	5 731	5 350	1 785	2 934	2 151	3 224	3 585	5 662	4 653	3 198	2 679

数据来源：《河北农村统计年鉴》2016—2017。

从 2014—2016 年河北省各市肉牛存栏量统计数据看，承德市始终强势排在第一位，2014 年沧州排在第二位，但是沧州市自 2015 年肉牛存栏量下滑严重。石家庄市、唐山市肉牛存栏量基本处于第 2、3 位。但与承德市肉牛存栏量差距较大。秦皇岛市、邢台市、保定市（含定州市）、张家口市、廊坊市存栏量都较低（表 1-16）。

表 1-16　河北省各市肉牛存栏量统计表

单位：百头

年份	全省	石家庄市（含辛集）	唐山市	秦皇岛市	邯郸市	邢台市	保定市（含定州）	张家口市	承德市	沧州市	廊坊市	衡水市
2014	20 434	3 805	3 415	1 675	3 097	1 808	1 847	2 068	6 608	4 504	2 588	3 222
2015	16 686	3 805	2 901	1 403	2 932	1 790	1 771	1 885	6 618	3 964	2 238	3 159
2016	16 936	3 541	3 163	1 176	2 822	1 652	1 716	1 604	6 882	2 570	1 638	2 872

数据来源：《河北农村统计年鉴》2016—2017。

图 1-8、图 1-9 分别描述了河北省各市 2016 年肉牛出栏量、存栏量各自占的比例。图中明显看出石家庄市、承德市、唐山市属于河北省肉牛养殖强势大市。数据同时也表明：石家庄市、唐山市肉牛养殖的重点在于购入架子牛育肥。

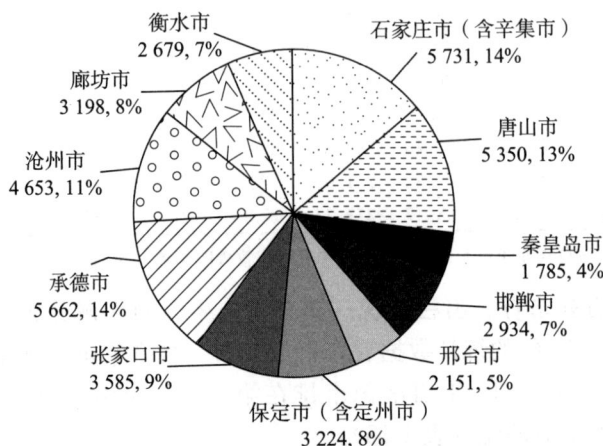

图 1-8　2016 年河北省各市肉牛出栏占比图

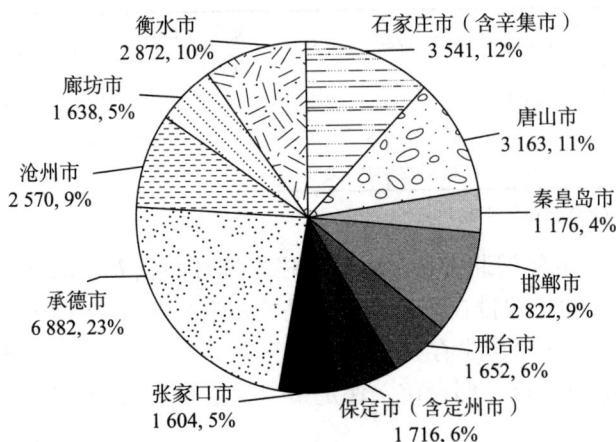

图 1-9　2016 年河北省各市肉牛存栏占比图

3. 河北省肉牛规模养殖情况

（1）河北规模养殖总体情况及在全国地位。 从 2016 年全国不同省份规模化养殖程度看，河北省肉牛养殖规模化程度处于全国中等偏下水平，散户和规模化养殖场户占比也与全国平均水平基本相当。除了上海这一特殊区域没有肉牛养殖和西藏全部为散养外，北京市和天津市两个直辖市比较特殊，由于特殊区域的限制，他们的规模化养殖水平远远高于其他省市（表 1-17）。

表 1-17　2016 年各省不同规模肉牛养殖场所占比例

单位：%

规模	年出栏 1～9 头场 （户）占比	年出栏 10～49 头场 （户）占比	年出栏 50～99 头场 （户）占比	年出栏 100～499 头场 （户）占比	年出栏 500～999 头场 （户）占比	年出栏 1 000 头以上 场（户）占比	规模 养殖场 占比
全国总计	95.05	3.92	0.79	0.23	0.03	0.01	4.95
北京	36.14	44.32	15.34	8.87	1.48	0.65	63.86
天津	46.51	41.80	11.11	4.83	0.34	0.05	53.49
河北	93.68	5.36	0.74	0.22	0.03	0.01	6.32
山西	91.77	6.84	1.04	0.37	0.04	0.02	8.23
内蒙古	82.24	14.17	3.17	0.74	0.11	0.03	17.76
辽宁	84.08	13.39	2.11	0.61	0.08	0.01	15.92
吉林	84.28	11.57	3.85	0.60	0.13	0.03	15.72
黑龙江	81.12	15.71	2.76	0.72	0.10	0.02	18.88
上海	0.00	0.00	0.00	0.00	0.00	0.00	0.00
江苏	96.12	3.40	0.10	0.29	0.06	0.03	3.88
浙江	96.02	3.35	0.52	0.13	0.00	0.00	3.98
安徽	96.29	2.66	0.73	0.29	0.04	0.01	3.71
福建	97.81	1.87	0.19	0.10	0.02	0.02	2.19
江西	97.93	1.69	0.29	0.09	0.01	0.00	2.07
山东	90.53	7.11	1.87	0.53	0.07	0.02	9.47
河南	97.54	1.93	0.27	0.22	0.03	0.01	2.46
湖北	95.88	2.62	0.88	0.57	0.05	0.02	4.12
湖南	94.97	4.10	0.79	0.16	0.01	0.00	5.03
广东	98.62	1.17	0.16	0.06	0.00	0.00	1.38
广西	98.96	0.90	0.11	0.03	0.00	0.00	1.04
海南	97.85	1.88	0.24	0.03	0.00	0.00	2.15
重庆	99.01	0.85	0.11	0.03	0.00	0.00	0.99
四川	96.30	3.05	0.49	0.16	0.02	0.00	3.70
贵州	98.71	1.09	0.17	0.03	0.00	0.00	1.29
云南	98.61	1.19	0.15	0.05	0.00	0.00	1.39
西藏	100.00	0.00	0.00	0.00	0.00	0.00	0.00
陕西	96.83	2.47	0.58	0.13	0.01	0.00	3.17
甘肃	96.64	2.63	0.50	0.20	0.04	0.01	3.36
青海	93.48	5.52	0.61	0.32	0.07	0.03	6.52
宁夏	93.75	5.72	0.41	0.12	0.02	0.01	6.25
新疆	90.91	7.11	1.55	0.47	0.05	0.02	9.09

数据来源：《中国畜牧兽医年鉴 2017》。

河北省自 2008 年以来,经过震荡调整和反复,总体上规模化程度略有下降,到 2009 年河北省肉牛规模化养殖场户数占比达到 7.58%,而 2016 年河北省肉牛规模化养殖场户数降为 6.32%(表 1-18)。

表 1-18　2008—2016 年河北省不同规模肉牛养殖场所占比例

单位:%

年份	年出栏 1~9 头场(户)占比	年出栏 10~49 头场(户)占比	年出栏 50~99 头场(户)占比	年出栏 100~499 头场(户)占比	年出栏 500~999 头场(户)占比	年出栏 1 000 头以上场(户)占比	散户占比	规模养殖场占比
2008	93.405 9	5.790 1	0.727 9	0.107 2	0.008 6	0.002 5	93.41	6.59
2009	92.423 6	6.697 2	0.773 0	0.143 6	0.011 2	0.003 3	92.42	7.58
2010	92.485 2	6.625 5	0.754 6	0.163 4	0.016 9	0.004 3	92.49	7.51
2011	92.839 4	6.294 8	0.711 1	0.170 5	0.021 9	0.007 1	92.84	7.16
2012	93.801 9	5.458 1	0.522 6	0.202 6	0.028 8	0.014 6	93.80	6.20
2013	95.422 6	3.821 8	0.561 6	0.175 5	0.027 8	0.012 2	95.42	4.58
2014	95.324 6	3.955 8	0.514 9	0.186 8	0.026 2	0.012 1	95.32	4.68
2015	94.404 4	4.759 5	0.619 4	0.212 3	0.023 4	0.010 5	94.40	5.60
2016	93.677 0	5.359 4	0.737 2	0.223 5	0.031 1	0.011 3	93.68	6.32

数据来源:《中国畜牧业年鉴》2009—2013、《中国畜牧兽医年鉴》2014—2017。

(2)河北省各市肉牛规模养殖状况。 河北省各市规模养殖状况差异较大。2016 年河北省全省平均规模养殖出栏数占比为 42.05%。而廊坊市规模养殖出栏数占比高达 92.36%,廊坊市的散养非常少,基本达到规模养殖。衡水市紧随其后,规模养殖出栏数占比也高达 71.26%。排在第三位的是承德市,规模养殖出栏数占比为 52.39%。规模养殖出栏数占比最低的是张家口市,只有15.14%。可见张家口市肉牛养殖基本上以散养为主,而且一家一户养几头肉牛比较普遍。

表 1-19　2016 年河北省各市不同规模肉牛养殖场出栏数所占比例

单位:%

规模	年出栏 1~9 头场(户)年出栏数占比	年出栏 10 头场(户)年出栏数占比	年出栏 50 头场(户)年出栏数占比	年出栏 100 头场(户)年出栏数占比	年出栏 500 头场(户)年出栏数占比	年出栏 1 000 头以上场(户)年出栏数占比	散养出栏数占比	规模养殖出栏数占比
全省	57.05	42.95	22.17	14.56	6.25	3.24	57.05	42.95
石家庄市	58.37	41.63	14.08	6.45	3.16	0.99	58.37	41.63
辛集市	56.25	43.75	12.69	7.07	0.00	0.00	56.25	43.75

（续）

规模	年出栏 1～9 头场（户）年出栏数占比	年出栏 10 头场（户）年出栏数占比	年出栏 50 头场（户）年出栏数占比	年出栏 100 头场（户）年出栏数占比	年出栏 500 头场（户）年出栏数占比	年出栏 1 000 头以上场（户）年出栏数占比	散养出栏数占比	规模养殖出栏数占比
唐山市	63.22	36.78	15.66	12.01	5.53	2.54	63.22	36.78
秦皇岛市	64.21	35.79	20.16	13.70	4.71	1.38	64.21	35.79
邯郸市	62.50	37.50	14.71	8.32	2.75	0.87	62.50	37.50
邢台市	69.28	30.72	18.30	10.87	1.86	0.00	69.28	30.72
保定市	60.11	39.89	17.53	11.33	5.05	1.95	60.11	39.89
定州市	74.33	25.67	7.86	6.54	5.67	0.00	74.33	25.67
张家口市	84.86	15.14	8.25	4.18	0.96	0.00	84.86	15.14
承德市	47.61	52.39	24.19	16.39	4.93	2.91	47.61	52.39
沧州市	67.73	32.27	18.98	8.90	3.03	2.37	67.73	32.27
廊坊市	7.64	92.36	72.73	66.19	54.33	36.07	7.64	92.36
衡水市	28.74	71.26	56.67	36.74	10.68	4.03	28.74	71.26

数据来源：河北省主要畜牧统计数字（2016）。

廊坊市肉牛规模养殖中大规模所占比重明显高于其他市，年出栏 100 头出栏数占比达 66.19%，年出栏 500 头出栏数占比达 54.33%，年出栏 1 000 头出栏数占比达 36.07%。其他市与之相比相去甚远。

4. 河北省肉牛养殖单产及成本收益分析

（1）河北省肉牛养殖单产分析。就肉牛单产来看，河北省和黑龙江省的单产水平一直处于前两位，自 2015 年以来，河北省更是超越黑龙江省，跃升至第一位，大于出栏大省河南，并且大大高于全国平均水平。表明河北省有着养殖传统和丰富的养殖经验，近些年来，更是不断提升架子牛育肥水平，使单产水平不断突破。但从另一方面，也折射出，河北省更注重架子牛育肥，而忽视了种牛饲养和良种繁育等基础工作。

表 1-20 各地区散养肉牛主产品单产量

单位：千克

地区	2010	2011	2012	2013	2014	2015	2016
河北	504.09	499.22	491.46	498.44	505.05	510.61	524.34
黑龙江	511.63	528.80	488.32	500.50	508.50	509.17	509.50
河南	374.03	383.70	393.40	399.65	410.48	412.82	418.16

（续）

地区	2010	2011	2012	2013	2014	2015	2016
陕西	370.70	384.47	386.97	387.37	387.52	390.00	396.78
新疆	291.34	311.89	315.26	410.57	323.99	358.47	355.08
宁夏	289.72	296.16	305.43	311.56	310.85	314.29	314.87
全国	390.25	400.71	396.89	418.01	407.73	415.89	419.79

数据来源：《全国农产品成本收益资料汇编 2017》。

（2）河北省肉牛养殖成本收益分析。 从 2016 年河北省及主要省份看，河北省肉牛养殖的成本收益水平不高，河北省成本利润率为 24.15%，全国平均的成本利润率为 28.03%，比全国平均水平略低，与先进省份差距较大。河南高达 47.63%，陕西和宁夏也有 39.59% 和 38.62%。而从统计数据可以看出，河北省肉牛养殖走的是一条高投入、高产出、低收益的路子。2016 年河北省肉牛养殖总成本为每头牛 10 191.94 元，比全国平均 8 429.34 元高出 20.91%，而河北省肉牛养殖产值为每头牛 12 653.03 元，只比全国平均水平每头牛 10 792.39 元高出 17.24%，而与先进省份差距很大。在成本支出中，仔畜费支出占比较大，明显高出全国平均和其他省份，从而导致总成本上升。由此可以看出河北省肉牛养殖仍然具有较大利润提升空间（表 1-21）。

表 1-21　2016 年河北省及主要省份肉牛养殖成本收益情况表

单位：元，%

省份	产值合计	主产品产值	副产品产值	总成本	人工成本		仔畜费		精饲料费		青粗饲料费		成本利润率
					费用	占比	费用	占比	费用	占比	费用	占比	
河北	12 653.03	12 620.31	32.72	10 191.94	634.44	6.22	7 742.89	75.97	1 375.06	13.49	348.20	3.42	24.15
黑龙江	12 112.00	12 088.00	24.00	10 108.70	758.40	7.50	6 334.33	62.66	2 101.66	20.79	799.33	7.91	19.82
河南	11 035.49	10 975.54	59.95	7 475.13	1 519.49	20.33	4 503.36	60.24	1 043.59	13.96	304.38	4.07	47.63
陕西	10 656.67	10 565.67	91.00	7 634.00	1 369.31	17.94	5 172.00	67.75	764.89	10.02	235.44	3.08	39.59
宁夏	8 531.30	8 448.66	82.64	6 154.30	936.16	15.21	3 389.81	55.08	1 283.11	20.85	367.47	5.97	38.62
新疆	9 765.84	9 683.38	82.46	9 011.73	1 118.31	12.41	6 549.93	72.68	760.85	8.44	405.99	4.51	8.37
全国平均	10 792.39	10 730.26	62.13	8 429.34	1 056.02	12.53	5 615.39	66.62	1 221.53	14.49	410.14	4.87	28.03

数据来源：《中国畜牧业年鉴》2009—2013、《中国畜牧兽医年鉴》2014—2017。

从河北省近些年成本收益统计数据看，自 2008 年以来，肉牛养殖总成本不断攀升，由 2008 年的 5 851.78 元一直上升到 2016 年的 10 191.94 元，而产值也由 2008 年的 6 835.76 元上升到 2016 年的 12 653.03 元。主要原因为牛肉价格上升导致肉牛价格上升，以及养殖投入要素价格上升。而肉牛养殖产值和成本结构却发生了一些变化。与不断攀升的肉牛主产品产值截然相反的是副产品产值不断缩减，2008 年为 90.77 元，而 2016 年只有 32.72 元。人工成本占比不断提高，这与劳动力成本提高有关。精饲料费占比稍有下降，这与精饲料合理使用和不断节约相关。成本和产值共同作用的结果显示，自 2008 年以来成本利润率，除了 2012、2013 两年由于牛肉价格高导致收益率偏高外，其他年份在震荡中小幅上升（表 1-22）。

表 1-22　2008—2016 年河北省肉牛养殖成本收益情况表

单位：元，%

年份	产值合计	主产品产值	副产品产值	总成本	人工成本		仔畜费		精饲料费		青粗饲料费		成本利润率
					费用	占比	费用	占比	费用	占比	费用	占比	
2008	6 835.76	6 744.99	90.77	5 851.78	272.51	4.66	4 407.33	75.32	870.63	14.88	202.61	3.46	16.82
2009	6 771.39	6 703.06	68.33	5 900.07	232.83	3.95	4 270.57	72.38	1 046.25	17.73	249.02	4.22	14.77
2010	7 149.52	7 116.36	33.16	6 129.08	230.67	3.76	4 593.94	74.95	987.91	16.12	228.94	3.74	16.65
2011	8 295.20	8 263.40	31.80	7 001.38	294.41	4.21	5 167.36	73.80	1 210.95	17.30	247.01	3.53	18.48
2012	10 922.50	10 890.17	32.33	7 920.77	441.21	5.57	5 870.36	74.11	1 232.78	15.56	288.54	3.64	37.90
2013	13 335.81	13 303.09	32.72	9 580.55	558.50	5.83	7 315.27	76.36	1 273.14	13.29	338.79	3.54	39.20
2014	13 086.27	13 054.40	31.87	10 694.15	609.90	5.70	8 245.97	77.11	1 407.42	13.16	336.12	3.14	22.37
2015	12 578.23	12 544.28	33.95	10 589.06	651.82	6.16	8 104.99	76.54	1 395.10	13.17	343.24	3.24	18.79
2016	12 653.03	12 620.31	32.72	10 191.94	634.44	6.22	7 742.89	75.97	1 375.06	13.49	348.20	3.42	24.15

数据来源：《中国畜牧业年鉴》2009—2013、《中国畜牧兽医年鉴》2014—2017。

（二）河北省牛肉产量

1. 河北省牛肉产量及在全国地位

河北省是肉牛养殖（育肥）大省。同时也是牛肉生产大省。这主要源于自身养殖的肉牛就地屠宰，还因为从外省收购肉牛回河北屠宰。2014 年前，河北省牛肉产量排名一直在河南省、山东省之后，位居全国第三名，直到 2014 年内蒙古以微弱优势超越河北省，把河北省挤出前三名。总体上说，河北省作为全国牛肉生产大省的地位没有动摇。而且十几年以来，河北省牛肉产量一直稳定在 52～59 万吨，2017 年为 55.9 万吨。这对于河北这一人口大省的牛肉消费至关重要。

表 1-23　河北省及主要省份牛肉产量（2008—2016 年）

单位：万吨

年份	2008	2009	2010	2011	2012	2013	2014	2015	2016
全国总计	613.20	635.50	653.07	647.49	662.30	673.20	689.20	700.10	716.80

（续）

年份	2008	2009	2010	2011	2012	2013	2014	2015	2016
河南	84.10	84.00	83.05	82.00	80.40	80.60	82.10	82.60	83.00
山东	70.70	69.60	68.66	66.23	67.00	67.90	66.60	67.90	67.00
内蒙古	43.10	47.40	49.71	49.73	51.20	51.80	54.50	52.90	55.60
河北	56.80	55.30	58.08	54.46	55.30	52.30	52.40	53.20	54.30

数据来源：《中国畜牧业年鉴》2009—2013、《中国畜牧兽医年鉴》2014—2017。

2. 河北省各市牛肉产量

河北省各市牛肉产量差异较大。2009—2016 年的统计数据显示，除了廊坊市牛肉产量近几年持续下降外，其他地市牛肉产量年度间变化不大。各地市中，石家庄市（含辛集市）、承德市、唐山市牛肉产量始终名列全省前三位。沧州市牛肉产量持续稳定在 71 000～76 000 吨。秦皇岛和邢台市牛肉产量始终排在后面（表 1-24）。

表 1-24　河北省各市牛肉产量（2009—2016 年）

单位：吨

年份	2009	2010	2011	2012	2013	2014	2015	2016
全省	552 627	581 000	544 609	553 000	523 000	524 046	531 907	542 545
石家庄市（含辛集）	94 351	97 636	98 107	97 253	92 406	90 942	90 253	89 008
唐山市	79 080	82 318	82 436	82 718	79 906	79 267	79 606	84 414
秦皇岛市	29 201	30 040	29 912	30 002	29 282	29 282	29 739	28 391
邯郸市	45 050	47 362	47 559	47 702	45 794	45 611	45 808	46 045
邢台市	32 976	33 555	32 958	33 057	31 933	31 997	32 829	33 156
保定市（含定州）	43 462	46 070	47 373	47 468	46 237	46 330	47 451	49 177
张家口市	43 767	49 472	49 956	50 106	48 954	49 541	51 820	54 715
承德市	79 290	84 173	85 180	85 436	83 642	83 809	85 988	89 336
沧州市	71 485	73 288	75 162	75 387	72 824	72 678	71 864	72 536
廊坊市	75 926	77 061	77 977	78 211	63 295	62 432	61 313	49 908
衡水市	43 167	46 607	47 584	47 727	45 150	45 021	44 721	40 860

数据来源：《河北农村统计年鉴》2010—2017。

（三）河北省牛肉消费量

从肉类消费总量看，除了四川、陕西省外，其他省的消费水平无论城镇还是农村，各省之间差异不大，相对来说，城镇居民肉类消费稍多于农村居民。牛肉的消费除了新疆和青海外，其他省份城镇居民牛肉人均消费量大大高于农村地区。

从以上各省牛肉消费来看，无论城镇还是农村，牛肉消费占肉类消费的比重，新疆维吾尔自治区和青海省都遥遥领先，分别排名第一、二位。这与他们的民族特点、生活习惯有很大关系。

河北省牛肉消费在全国处于中等偏下水平，城镇牛肉消费占肉类消费之比为 8.15%，农村牛肉消费占肉类消费之比为 2.34%，可见，河北省城镇居民对牛肉的消费能力和消费水平远远大于农村居民。一方面的原因是居民消费习惯的影响，居民更习惯消费其他肉类，如猪肉、鸡肉；另一方面原因是居民收入水平偏低，对价格相对较高的牛肉消费不强。这一状况说明目前河北省牛肉消费对肉牛养殖业发展拉动能力不强。但随着居民可支配收入的不断提升，河北省居民，尤其农村居民的牛肉消费潜力巨大。

表 1-25　2016 年河北省及主要省份居民人均牛肉消费量

单位：千克/人

省份	城镇			农村		
	肉类	牛肉	占比	肉类	牛肉	占比
四川	42.99	2.28	5.30%	33.23	0.46	1.38%
陕西	17.2	1	5.81%	9	0.2	2.22%
河北	28.95	2.36	8.15%	18.78	0.44	2.34%
辽宁	28.44	3.56	12.52%	24.89	0.67	2.69%
吉林	23.68	3.11	13.13%	16.75	0.84	5.01%
青海	26.5	5.4	20.38%	26.7	4.6	17.23%
新疆	26.03	5.34	20.51%	20.57	4.33	21.05%

数据来源：《河北统计年鉴 2017》、《四川统计年鉴 2017》、《陕西统计年鉴 2017》、《辽宁统计年鉴 2017》、《吉林统计年鉴 2017》、《青海统计年鉴 2017》、《新疆统计年鉴 2017》。

（四）河北省牛肉市场占有状况

内蒙古自治区和黑龙江省的市场占有率非常高，二者合计市场占有率，从 2010 年的 27.02%，到 2014 年上升到 47.23%，近两年虽然稍有下滑，但也一直保持在 40% 以上，相当于占据了半壁江山。因此两省（区）肉牛产业竞争力优势明显。其他西部省份市场占有率普遍较低。尤其四川市场占有率逐年下滑，由 2010 年的 12.76% 下降到 2016 年 5.58%。

河北省肉牛市场占有率除了 2011 年和 2012 年较低外，其他年份均保持在

8%左右。应该说，河北省肉牛养殖从市场占有率看也表现出一定竞争力，但与内蒙古自治区和黑龙江省相比，还有较大差距。因此，河北省应把内蒙古自治区和黑龙江省作为追赶目标，力求缩小差距（表1-26、图1-10）。

表 1-26   河北省及相关省份牛肉市场占有率（2010—2016）

单位：%

年份	2010	2011	2012	2013	2014	2015	2016
内蒙古	19.17	12.56	15.13	14.33	24.06	25.64	26.55
黑龙江	7.85	20.36	21.56	22.98	23.17	17.91	18.14
河北	7.90	2.12	2.33	8.33	7.87	8.91	8.98
新疆	8.18	8.53	8.71	8.60	7.50	7.84	8.18
西藏	6.53	5.14	5.57	5.87	4.84	5.48	6.72
四川	12.76	11.12	12.11	7.69	5.39	5.96	5.58
宁夏	5.09	5.59	6.57	6.06	5.26	5.81	5.27
甘肃	1.09	1.45	1.75	2.42	1.45	2.05	2.15
青海	0.90	0.74	0.75	0.94	0.89	0.83	1.09
合计	69.47	67.62	74.48	77.21	80.44	80.42	82.65

数据来源：《中国畜牧业年鉴》2011—2013、《中国畜牧兽医年鉴》2014—2017。

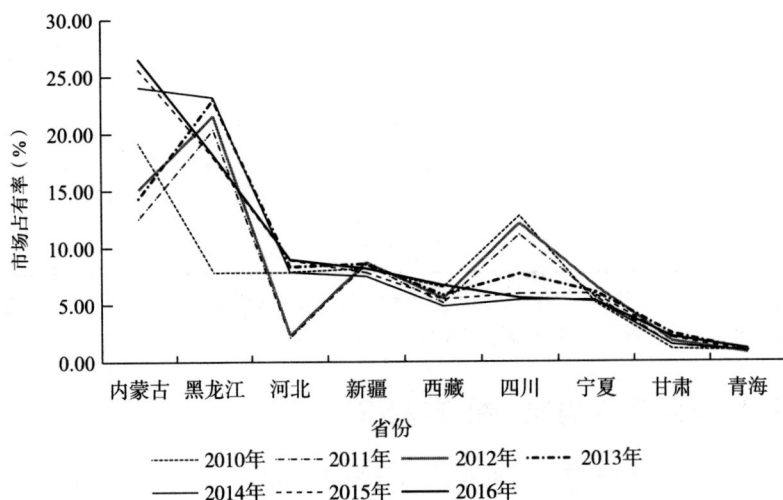

图 1-10   河北省及主要省份牛肉市场占有率

（五）河北省肉牛产业比较优势分析

从各省牧业产值看，河南省、四川省牧业产值均超过了 2 500 亿元，是典型的牧业大省，河北省、黑龙江省紧随其后，牧业产值也达到了将近 2 000 亿元，内蒙古自治区、吉林省、云南省处于第三梯队，牧业产值也都超过了 1 000 亿元。所以河北省的牧业体量比较大。

从肉牛产值看，河南一骑绝尘，遥遥领先，产值达到了 548.4 亿元，吉林省、黑龙江省紧随其后，产值均超过 300 亿元。河北省肉牛产值为 254.7 亿元，处于中游水平。

从肉牛产值占牧业产值比重看，全国占比为 12.07%，而西藏占比达到了 40.30%，也就是说，西藏牧业产值的 40% 多是肉牛贡献的。因此，比较优势指数高达 3.42。吉林和甘肃的占比分别达到了 29.37% 和 25.59%，比较优势指数分别为 2.43 和 2.12。而河北省肉牛产值占牧业产值比重只有 13.13%，比较优势指数仅为 1.09，仅高于全国平均水平。主要是因为河北生猪、奶牛、蛋鸡肉鸡等对牧业产值贡献较大。当然这些产业之所以贡献大的一个很重要的原因是国家支持力度较大，尤其奶牛和生猪（表 1-27）。

表 1-27 2016 年河北省及主要省份肉牛产业显示性比较优势

省份	牧业产值（亿元）	肉牛产值（亿元）	占比（%）	比较优势指数	排序
西藏	113.8	47	41.30	3.42	1
吉林	1 252.8	367.9	29.37	2.43	2
甘肃	299.7	76.7	25.59	2.12	3
河南	2 611.3	548.4	21.00	1.74	4
内蒙古	1 202.9	218	18.12	1.50	5
黑龙江	1 854.8	302.8	16.33	1.35	6
云南	1 141.8	178.3	15.62	1.29	7
河北	1 939.2	254.7	13.13	1.09	8
陕西	695.9	60.6	8.71	0.72	9
四川	2 551.7	168.9	6.62	0.55	10
全国	31 703.2	3 826	12.07	1.00	

数据来源：《中国畜牧业统计 2016》。

（六）河北省肉牛市场价格分析

1. 主要饲料价格波动分析

2018 年，肉牛养殖主要饲料玉米、豆粕价格均出现较大的波动。玉米由 1.76 元/千克上涨至 1.97 元/千克，涨幅达 11.93%。豆粕由 3.18 元/千克上涨至 3.58 元/千克，涨幅达 12.58%，年底回落至 3.32 元/千克，涨幅 4.4%。

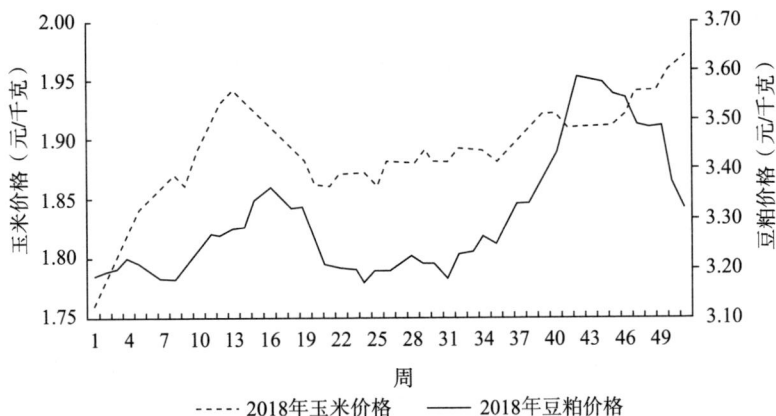

图 1-11　主要饲料周价格

资料来源：天津市农业农村委员会官方网站。

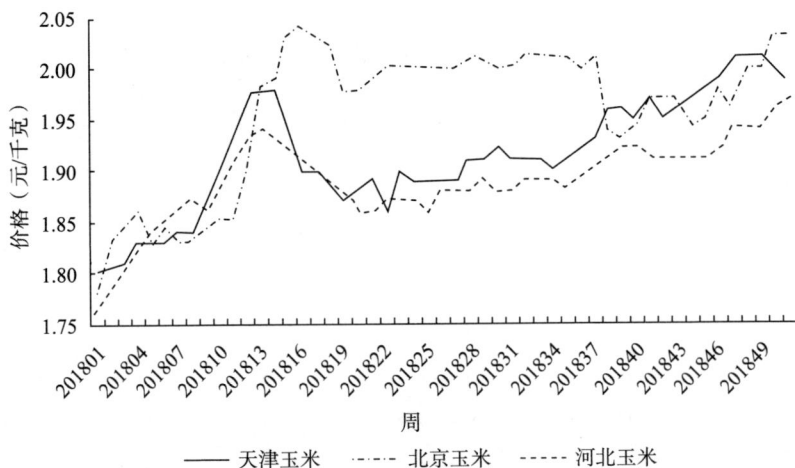

图 1-12　京津冀玉米价格

资料来源：天津市农业农村委员会官方网站。

表 1-28　饲料价格上涨幅度

单位：%

饲料	玉米			豆粕		
地区	天津	北京	河北	天津	北京	河北
年度涨幅	10.00	14.04	11.93	1.30	6.92	4.40

资料来源：天津市农业农村委员会官方网站。

　　与京津地区相比，河北省饲料价格上涨幅度居中，都处于略高于天津，低于北京的趋势。

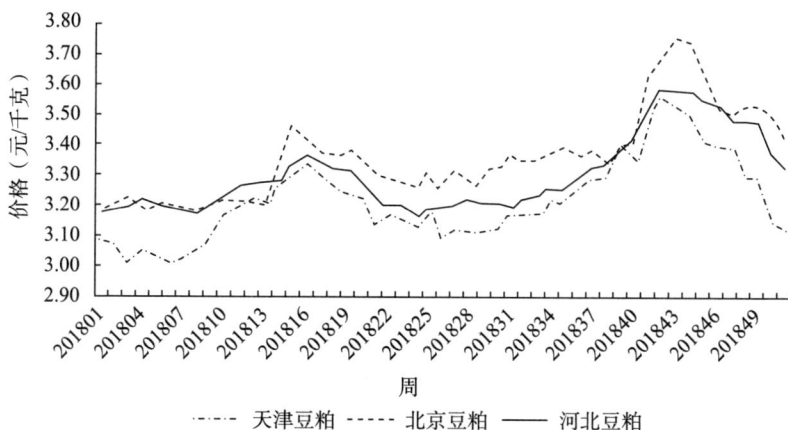

图 1-13　京津冀豆粕价格

资料来源：天津市农业农村委员会官方网站。

2. 牛产品价格变动分析

回顾 2018 年牛产品价格走势，全年平均价格仍基本遵循季节性变化规律，且处于历史高位。

由图 1-14 可见，活牛价格全年稳中有升，较 2017 年同期普遍上涨 1.8 元左右，年最低价格出现在 27 周即 7 月上旬左右，最高价格出现在年末 12 月下旬左右，夏冬季节差异较明显。全年涨幅 7.64%，高于豆粕价格涨幅，低于玉米价格涨幅。

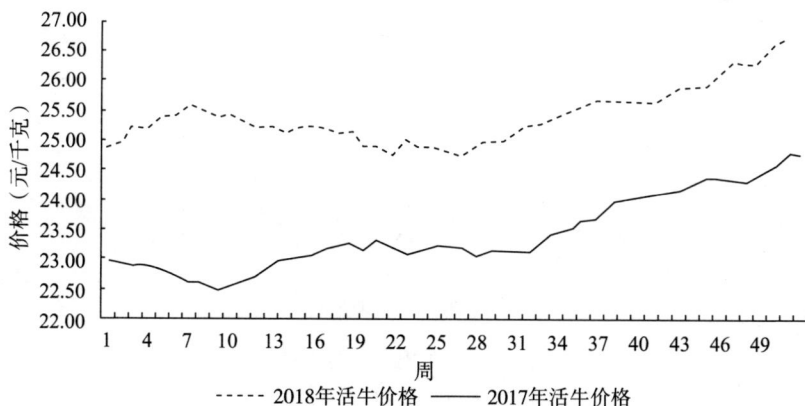

图 1-14　河北省活牛周价格

资料来源：天津市农业农村委员会官方网站。

由图 1-15 可见，2018 年牛肉价格较 2017 年同期普遍上涨 4.4 元左右，年最低价格出现在第 1 周和 24 周，即 1 月上旬与 6 月中旬左右，最高价格出现在年末 12 月下旬，夏冬季节差异较明显。全年涨幅 6.44％，低于活牛价格涨幅。

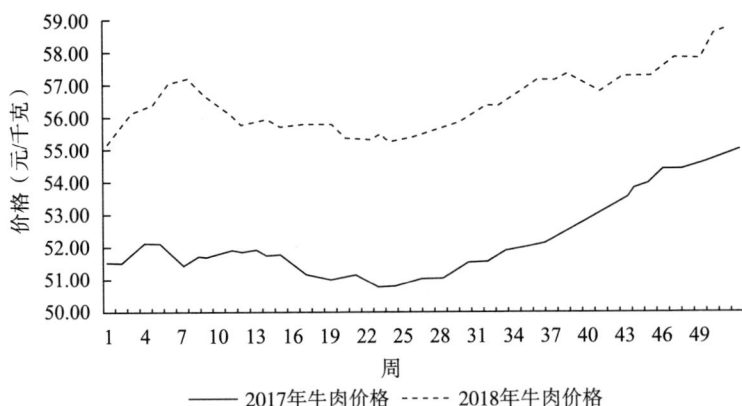

图 1-15　河北省牛肉周价格

3. 京津冀牛产品价格对比分析

相对于北京市和天津市，河北省牛肉价格较为平稳，波动较小，全年涨幅 6.44％，远低于天津市 13.64％、北京市 11.87％的涨幅。河北省活牛价格全年涨幅较高，达到 7.64％，高于天津市 5.77％。

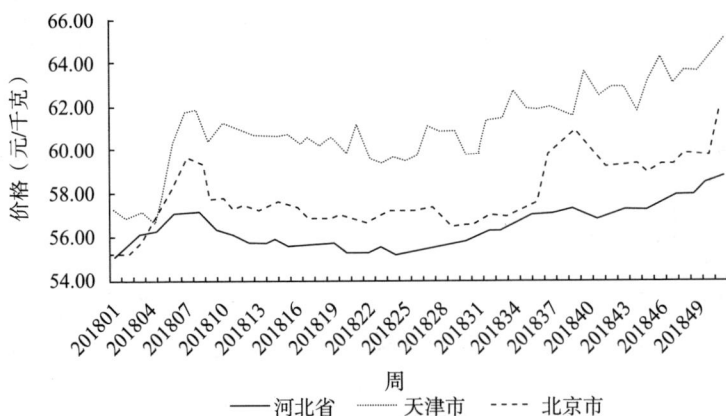

图 1-16　牛肉周价格比较

资料来源：天津市农业农村委员会官方网站。

4. 活牛及牛肉价格走势预测

2019 年我国活牛及牛肉市场价格将继续遵循往年规律，呈现季节性走势，且全年均价依然不会出现明显变化。图 1-14、图 1-15 显示，2017—2018 年河北省活牛与牛肉价格呈曲线上升态势，每年上半年价格稳中有降，下半年价格

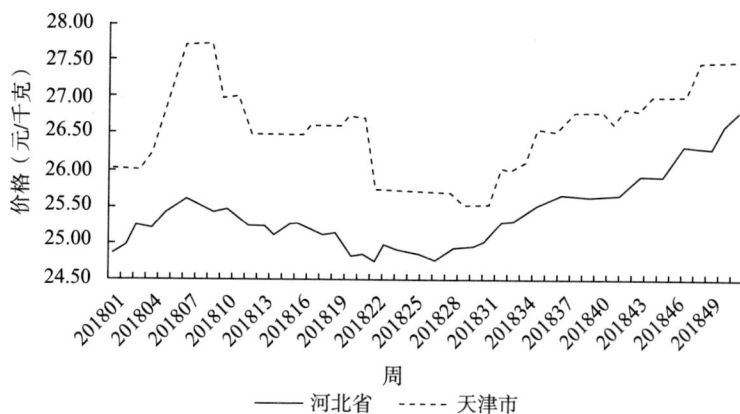

图 1-17 活牛周价格比较

资料来源：天津市农业农村委员会官方网站。

快速攀升，季节变化较为明显。依据这一特点，以及收集的相关数据，运用指数平滑法 2019 年活牛和牛肉进行价格预测。

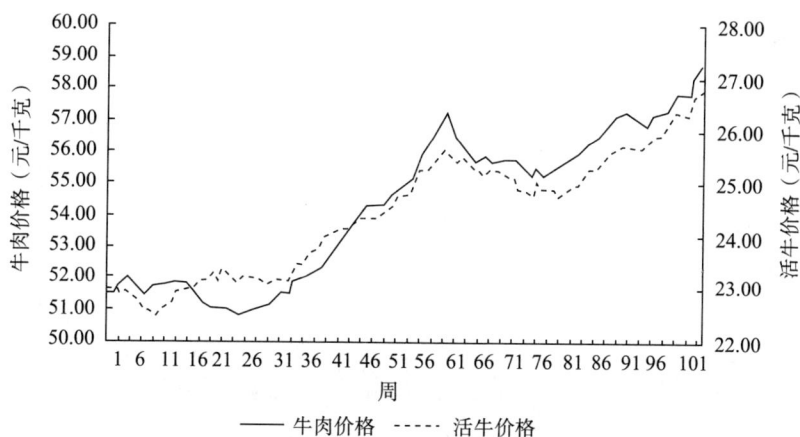

图 1-18 2017—2018 年河北省活牛与牛肉周价格走势

图 1-19 显示预测模型与实际观测值拟合较好，2019 年活牛价格会在 2 月、4 月达到小高峰，随后逐渐下降，7 月份降至最低点，随后稳步上涨至 28.49 元/千克附近（表 1-29）。

表 1-29 2019 年活牛价格预测

单位：元/千克

月份	1	2	3	4	5	6	7	8	9	10	11	12
预测值	26.95	27.01	26.89	27.03	26.99	26.95	26.94	27.21	27.65	27.85	28.13	28.49

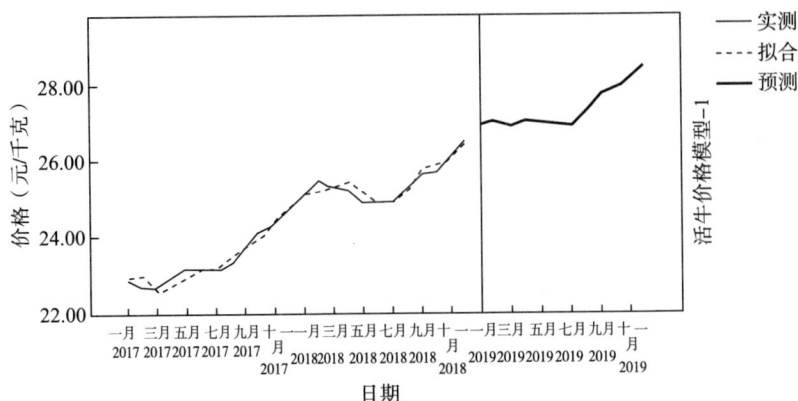

图 1-19 活牛价格预测模型拟合图

图 1-20 显示预测模型与实际观测值拟合较好，2019 年牛肉价格会在 2 月达到小高峰，随后逐渐下降，6 月份降至最低点，随后稳步上涨至 62.56 元/千克附近（表 1-30）。

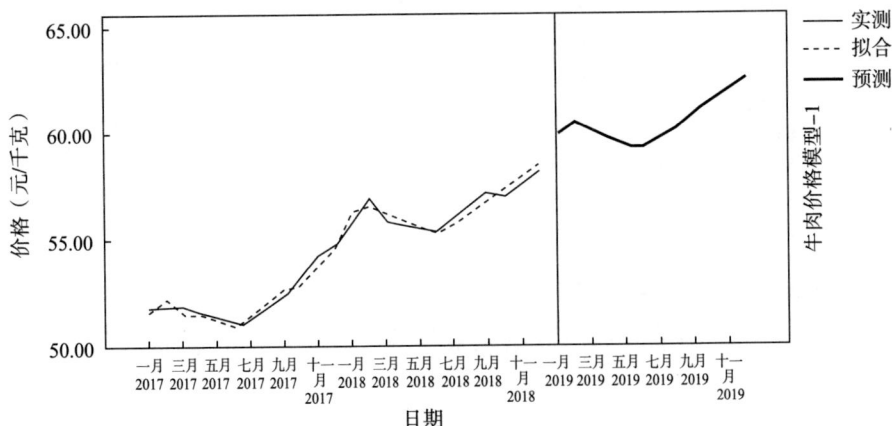

图 1-20 牛肉价格预测模型拟合图

表 1-30 2019 年牛肉价格预测

单位：元/千克

月份	1	2	3	4	5	6	7	8	9	10	11	12
预测值	59.90	60.41	59.95	59.72	59.37	59.18	59.51	60.21	60.86	61.26	61.93	62.56

总体来看，随着人们生活水平、消费观念、健康意识的持续提升，肉牛市场的发展将会越来越广阔。在饲料成本与牛肉产品需求不断上升的推动下，2019 年肉牛产品价格将分别保持持续上涨的态势，但是波动幅度不会太大。

（七）河北省肉牛产业发展模式分析

河北省作为肉牛繁育与牛肉生产大省，多年的发展孕育了多种依托当地资源禀赋的肉牛产业发展模式，在带动我省产业发展、促进农民增收、保障市场牛肉供应等方面发挥了重要作用。

1. 河北省肉牛产业主要发展模式

（1）"育肥场＋农户繁育"的龙头企业带动型发展模式。该模式主要是以承德市隆化县北戎农业科技有限公司探索的肉牛产业发展模式为代表。其模式运行特征：由育肥场集中饲养育肥牛和农户散养母牛并提供架子牛的方式进行养殖，农户重点进行繁育后，将小牛或者架子牛出售给育肥场，既节省了养殖成本又增加了农民收益；成立专业养牛合作社，建立了合作社与养牛户的稳定合作机制；与污染处理企业建立合作关系，建设了牛粪无害化处理设施，提升了环境治理与生态平衡能力，形成了"母牛繁育——育肥牛——屠宰加工——牛粪无害化处理——生物有机肥——生态种植"的循环经济产业链；与肉牛加工企业、销售企业合作，不仅提升了加工能力，而且还开拓了国内、国际大市场，形成了稳定的优质育肥场的产加销一条龙产业化发展模式。

（2）"品种改良为核心"的科技引领型发展模式。该模式以河北天和肉牛养殖有限公司的肉牛品种改良养殖及产业化发展为代表。其运行特征：胚胎生物技术的研究与推广是公司的核心任务；公司具备先进的实验技术条件；公司拥有实力雄厚的研发、生产管理及其教学团队；积极开展与国内外著名产学研机构的长期合作。

（3）以"屠宰加工为核心"的产加销一条龙发展模式。该模式主要是以廊坊市大厂县、三河市等地的肉牛屠宰加工企业为代表。以河北福成五丰食品股份有限公司为例，其模式运行特征：屠宰加工企业是产加销一条龙肉牛产业发展模式的引领性企业，是由国家有关部门认定的国家级农业产业化龙头企业；延长产业链条，形成产加销一条龙产业体系；注重基地建设，保证屠宰加工牛源供给；上市融资规模较大，完成了资本积累和规模扩张；注重产品的市场开拓。

（4）"育肥场＋养殖小区"的育肥场龙头企业带动发展模式。该模式以承德市隆化县华商恒益农业开发有限公司的肉牛养殖为代表。其模式运行特征：形成了以肉牛育肥为核心的肉牛繁育、养殖、饲料加工、粪污处理、生态有机种植的良性循环生态产业链，养殖与种植有机农产品于一体，实现了农业全产业链经营；以租赁方式为当地养牛户提供标准化牛舍，形成养殖小区模式；实现了肉牛养殖与生态农业发展的有机结合。

（5）"肉牛养殖＋牛棚顶光伏项目"精准扶贫式发展模式。以张家口禾牧昌畜牧养殖有限公司创建的肉牛产业扶贫模式为代表。张家口禾牧昌畜牧养殖有限公司是一个具有一定资金实力和发展潜力的市级养殖业龙头企业。具体做法：贷款供建设单位项目投资使用，项目建设单位为银行提供贫困户贷款担保物为贫困户做担保保障，并负责贷款的还本结息（政府每年给予一定的贴息补贴支持）。该项目将肉牛养殖与精准扶贫相结合，带动当地贫困户脱贫并走向富裕之路。

(6)"肉牛生产与文化相结合"的发展模式。以承德市隆化县创建的隆化肉牛文化创意产业园为代表。深入拓展"文化＋科技＋产业"深度融合的发展新空间，积极培育牛文化、牛科技、牛创意等产业，推动传统肉牛产业的转型升级。大力培育肉牛产业明星企业，对部级、省级、市级龙头企业，申报中国驰名商标、河北省著名商标、承德市知名商标企业及新参加产品认证、管理体系认证、第三方检测机构认证的企业进行一定的资金以奖代补扶持。重点扶持经营创新，鼓励龙头企业到北京、天津、上海等大城市开设特色馆，重点扶持北戎在北京创办的生态牛肉展销中心——九号公社。加大对"隆化肉牛"在电视、报纸、微信等多媒体领域的品牌宣传力度，谋划在北京、天津、上海等大都市定期筹办隆化肉牛文化节、美食节等活动。

(7)"饲草饲料＋肉牛养殖"循环经济发展模式。多年来限制肉牛产业发展的瓶颈之一就是养殖成本高，效益低，因此，开发当地饲料资源是降低肉牛养殖的饲养成本的重要途径。畜牧业和饲料饲草业紧密结合，大大促进了标准化种植与规模化养殖水平的明显提升，节粮增产、节粮增效、节地增收效果十分明显，同时有效延伸拉长了农业产业链并提升了价值链，全面提升了农业综合效益和竞争力，正成为我国新旧动能转换和加快产业化升级的有力措施。

2. 肉牛产业发展模式优化选择取得的经验

(1)践行农业产业化经营的理念至关重要。农业产业化经营在我国已经推行了40多年，但是河北省肉牛养殖仍然处于散和点状的状态，没有形成产业链条，影响了经济效益的提升，这是肉牛产业不景气的根本原因。可喜的是有的企业和地区已经开始尝试将产业链条向前向后延伸，并取得了不错的效果。

(2)不断开拓牛肉营销新渠道。河北省牛肉销售市场主要有批发市场、农贸市场、早市、牛肉品牌连锁店、超级市场。随着社会发展，牛肉品牌连锁店是近几年出现的零售业态。其他零售渠道：如快餐连锁店、星级宾馆饭店、机构购买者等。在市场多元化发展形势下，牛肉产品生产销售模式也应相应的发生改变。随着电子商务的发展和青年消费群体的不断壮大，牛肉由家庭传统菜肴转向方便、快捷型快消品的商业定位转型。同时，原有产业模式中的规模化屠宰加工厂建设转向城市街区加工分割中心；规模化食品加工厂建设转向中央厨房配送中心；由屠宰加工向形象、连锁餐饮店面延伸，这些都将是新业态下肉牛屠宰加工产业的发展方向。

（3）肉牛养殖服务体系不断健全是肉牛产业发展的保障。 建立了县、乡、村三级动物防疫服务体系，形成了覆盖了所有行政村的良种繁育体系。饲草饲料保障体系完备。依托国家、省肉牛产业技术体系，农户足不出户就可享受到国家、省肉牛产业技术体系专家的直接指导。科技培训越来越受重视，"基层农技人员知识更新"项目的实施，以提高基层农技人员的科技素质、技能水平为目标，以服务区域主导产业、解决农业生产关键问题为重点，通过深入调研访谈，摸清底数，科学制定培训模块，精选具有较高理论水平和实战经验的高端师资团队，讲授引领现代农业发展的前瞻技术，理实结合，组织学员进园入场参观考察，消化培训成果，收到了实实在在的效果。"新型职业农民培训项目"的实施，2017 年培训农民 3 000 余人。

三、河北省肉牛产业发展中存在的问题

（一）肉牛生产发展基础薄弱，支撑力度不强

肉牛产业的主要发展基础是种公牛站和种肉牛场发展情况。河北省种公牛站数比较稳定，自 2009 年以来一直保持在 2～3 个，河北省种公牛站数在全国位居第 2～3 位。但由于每个种公牛站饲养规模较小，因此种公牛站年末存栏数并不多。2016 年只有 274 头，仅仅位居全国第 8 位。同样受到饲养规模的限制，河北省种公牛站生产的精液也不是很多。2016 年只有 291.2 万份。位居全国第 5 位。河北省种肉牛场数量非常少。自 2008 年以来，最多的年份是 2010 年达到了 4 个种肉牛场，大部分的年份只有 2、3 个。而且这种状况一直没有明显改观。2016 年河北省种肉牛场数排在全国倒数第 8 位。河北省种肉牛场数量少的情况下，造成河北省种肉牛存栏量也不会很多，2016 年只有 1 409 头，排在全国倒数第十位。河北省在全国种牛出场数明显落后。2016 年出场的种牛数只有 196 头，排在全国第 17 位。既是在出栏最多的 2014 年，也仅仅排在全国第 11 位。因此，从种公牛站和种肉牛场的各项技术指标看，支撑河北肉牛产业发展的基础较薄弱。这些指标意味着河北省肉牛繁育中"重育轻繁"，结果导致必须大量外购架子牛，这不仅会导致运输成本的上升，更重要的是长途运输会伴随着肉牛的应急疾病发生，从而进一步影响肉牛养殖的经济效益。

（二）肉牛良种化程度不高，产品加工能力不足

牛肉生产与肉牛品种直接相关，尽管我国肉牛饲养数量位列世界前列，但其中本地良种肉牛及外来改良牛之和仅占 35%，黄牛改良不足 20%，良种化

程度较低。随着各地对牛种进行杂交改良，许多地方牛品种的纯种基因难以保留，优良性状损失较为严重。以隆化县郭家屯镇河南村的肉牛养殖为例。河南村是典型的户养母牛繁育村，全村 200 多户人家，几乎家家户户都养肉牛；养殖数量每户 30～50 头不等，长期采取山区放牧与圈养相结合的养殖方式；养殖品种主要是当地传统黄牛，或者是已经经过几代杂交的所谓的优良品种；母牛繁育方式主要是本交，很少采用人工授精。从 2018 年开始，县畜牧局下达禁牧令后，养殖户的养殖收益受到很大的影响。收益受影响的一个重要原因是，肉牛养殖品种改良落后的问题。在过去允许放牧的条件下，尽管当地黄牛和多代改良牛的成长速度慢、品相不佳带来的市场价格远远赶不上优良品种，但是，因养殖成本低农户出售一头牛也能赚到 1 000 元左右，禁牧后只能圈养，当地黄牛的养殖低成本优势尽失，农户养殖意愿大大受挫。

另外，牛肉生产与牛肉分割等先进加工技术紧密关联，虽然随着各种现代化生产线技术和自动化设备的引入，和发达国家牛肉加工的设备及技术差别不大，但受肉牛产业链产业化、标准化、规范化、市场化培育不足等因素影响，发达国家牛肉加工附加值高达 30%～40%，我省乃至我国牛肉加工附加值却远低于发达国家，不足其1/3。

（三）肉牛繁育场户规模不合理，难以实现繁育适度规模效益

肉牛繁殖和育肥应具有不同适度肉牛饲养规模原则，肉牛繁殖应采取相对小的适度规模。也就是通常的散户规模较好。给每头能繁母牛更多生产条件，更多活动面积。而肉牛育肥则相反，一般应该大规模饲养（当然受环境承载力、疫病防疫、环保条件约束，也存在规模适度问题）。但河北省肉牛繁殖和育肥，与养殖规模恰恰不协调。河北省肉牛繁殖场户规模偏大，而河北省肉牛育肥规模偏小。河北省肉牛繁殖场户规模偏大造成难以保证对每头能繁母牛的精细化饲养，从而无法保证出生小牛成活率和健康水平。虽然河北省肉牛发展目前的重点在育肥，肉牛繁殖明显偏弱，但依然存在肉牛繁殖规模过大问题。河北省自 2008 年以来，经过震荡调整和反复，总体上规模化程度略有下降，到 2009 年河北省肉牛规模化养殖场户数占比达到 7.58%，而 2016 年河北省肉牛规模化养殖场户数降为 6.32%。从 2016 年全国不同省份规模化养殖程度看，河北省肉牛养殖规模化程度处于全国中等偏下水平。河北省各市规模养殖状况差异较大。2016 年河北省全省平均规模养殖出栏数占比为 42.05%。而廊坊市规模养殖出栏数占比高达 92.36%，衡水市紧随其后，规模养殖出栏数占比也高达 71.26%。排在第三位的是承德市，规模养殖出栏数占比为 52.39%。规模养殖出栏数占比最低的是张家口市，规模养殖出栏数占比只有 15.14%。

（四）生产方式和技术落后，资源环境约束趋紧

生产方式和技术落后，资源环境约束趋紧。虽然我国肉牛生产方式比过去有了明显转变，但尚未形成高度专业成熟的生产模式，养殖方式仍较落后，区域布局不合理，种养结合不紧密，许多自然草场地区仍延续放牧等粗放饲养方式，肉牛生产养殖总体上仍以农户为单位的小规模饲养方式为主，缺乏规范化、科学化的养殖管理方式和饲草料加工利用，无法有效保证肉牛饲料利用效率和肥育效果，难以提高肉牛质量与规格，牛肉产品品质和数量与国外差距较大，与发达国家相比，我省每头肉牛屠宰胴体重约低 100 千克，牛肉生产成本均高于国际平均水平一倍以上，严重影响我省牛肉产品的竞争力。同时，肉牛标准化养殖粪便综合利用率不高，局部地区环境污染问题突出，环境保护压力较大。

（五）饲料价格波动较大，肉价及涨幅与周边地区相比较低

2018 年肉牛养殖的重要饲料玉米、豆粕价格波动幅度较大，分别在 4 月和 10 月形成了小波峰，年度最大涨幅分别达到 11.93%，12.58%，远高于活牛价格 7.64%、牛肉价格 6.44% 的涨幅。饲料是肉牛养殖的重要基础，肉牛养殖成本中饲料费用比重仅次于仔畜费的比重，位居第二。饲料价格的大幅波动会影响肉牛养殖者的生产稳定性，饲料价格的大幅上升，会带动肉牛养殖成本的提高，在活牛价格、牛肉价格涨幅不高的情况下，将会挤压肉牛养殖者、生产者的利润空间。

2018 年河北省牛肉价格、年内上涨幅度均低于京津地区，结合饲料价格的大幅上涨，河北省牛肉生产者收益要远低于京津地区。随着国民生活水平的提高及消费方式的转变，经济发达地区对高档、精品牛肉的需求倾向越发明显，对高档牛肉价格的接受度逐步提高。而河北省低端牛肉产品比重较高，仍以传统牛肉为主，同质化严重。高档牛肉生产加工能力较弱，产业链较短，不能满足差异化消费需求，在市场上难以实行产品分级和优质优价。再加上居民收入、消费水平偏低，这些共同造成牛肉价格较低、收益较少的现状。在京津冀协同发展的趋势下，如何利用好河北省的区位优势提高牛肉生产效益，是亟待解决的问题。

（六）牛肉冷链物流不发达，影响产业进一步提升

有关数据显示，进口冷冻牛肉的均价低于国产牛肉价格约 1 倍，而从澳洲进口到中国的冷鲜牛肉比澳洲进口冷冻牛肉价格高约 25 元/千克，比各国进口冷冻牛肉均价高约 28 元/千克，比国产牛肉低约 4 元/千克。冷鲜肉是指严格

执行兽医检疫制度,对屠宰后的畜胴体迅速进行冷却处理,使胴体温度在 24 小时内降为 0～4℃,并进行高标准排酸,在后续的加工、流通和销售过程中始终保持 0～4℃范围内的生鲜肉(需具备完善的冷链运输体系)。在发达国家的生鲜肉消费中,冷鲜肉已达 90％以上。由此可见,冷鲜肉作为档次更高的牛肉产品,价格也明显高于冷冻产品,而由于进口冷鲜肉对于生产作业特别是远途冷链运输的要求十分苛刻,投入成本显著增高,极大削弱了进口价格的优势。目前我国冷鲜肉的市场份额占比极小,发展潜力巨大,应作为河北省品牌牛肉企业破解价格与技术瓶颈的主攻方向之一。当前,河北省冷链资源众多,冷链行业发展迅速,但同样存在标准体系不完善,组织化程度较低等问题,冷链"不冷","断链"现象十分严重。其根本原因就是与上游生产企业合作不紧密,资源信息对接不畅。

(七) 肉牛产业竞争力较低,市场影响有限

河北省肉牛存栏量 2008 年和 2009 年排在全国第 16 位,自 2011 年以来,河北省肉牛存栏量一直排在全国第 14 位,2017 年河北省肉牛存栏量有较大幅度提升,达到 198.4 万头,增长 13.4％(数据来自河北农调总队)。但肉牛存栏量的排位不会有大幅上升。因此,河北省在肉牛存栏方面没有比较优势。我省主要以农牧户为单位分散养殖,肉牛规模化程度还较低。2017 年我省肉牛规模化养殖率是 20.7％(出栏 50 头以上)。小规模饲养不仅不利于先进饲养技术的采用,而且不利于牛肉产量的提高,容易受到市场波动和进口冲击的影响。尤其是随着饲草料、人工成本的快速上升,国内牛肉产品与优势国家产品竞争在质量和价格上都处于不利地位,价格倒挂严重,这也是牛肉进口大幅增加的原因。我省大部分地区肉牛生产标准化水平整体较低,养殖场设施条件简陋,机械化生产程度低,标准化、智能化养殖技术水平不高。饲养管理粗放,粪污处理、疫病防控等设施设备配套跟不上,导致疫病风险大、养殖效益低。同时大量的中小养殖户既没有跟龙头企业有效联结,也没有通过合作社组织起来。河北省牛肉消费在全国处于中等偏下水平,城镇牛肉消费占肉类消费之比为 8.15％,农村牛肉消费占肉类消费之比为 2.34％,这一状况说明目前河北省牛肉消费对肉牛养殖业发展拉动能力不强。河北省肉牛养殖的成本利润率处于中等偏下水平,说明河北省散养肉牛养殖盈利能力不强。河北省肉牛市场占有率除了 2011 年和 2012 年较低外,其他年份均保持在 8％～9％。应该说,河北省肉牛养殖从市场占有率看也表现出一定竞争力,但与内蒙古自治区和黑龙江省相比,还有较大差距。河北省牛肉产值占牧业产值比重只有 13.13％,比较优势系数仅为 1.09,略高于全国平均水平。所有这些都集中反映出河北省肉牛产业竞争力不足。

四、促进河北省肉牛产业健康发展的对策

（一）多措并举，夯实肉牛生产发展基础

首先，必须改变河北"重育轻繁"的肉牛产业发展思想。长期以来，之所以河北省肉牛产业发展基础不稳，很重要的一个原因就是人们根深蒂固的思想。河北省是一个肉牛出栏大省，却是一个肉牛存栏小省。这一状况折射出河北发展肉牛的滞后理念和思想。因此，必须解放思想，从目前的"重育轻繁"转变为"繁育并重"。其次，制定出台财政、税收、金融、保险、土地等各方面鼓励和扶持政策。发改委、农业厅等部门通过各种项目利用财政资金通过补贴、贴息、参股等多种方式支持种肉牛场和种公牛站的建设和发展，不仅增加数量，还要提升建设规模。在省级政府优惠范围内，加大对种肉牛场和种公牛站的各种税收、收费优惠力度。农业发展银行通过低息措施引导种肉牛场和种公牛站发展。创新开发种肉牛和种公牛政策性保险产品，提高种肉牛场和种公牛站抗风险能力。对种肉牛场和种公牛站的建设实行更为宽松的土地使用政策。再次，鼓励高校、科研院所与种肉牛场和种公牛站进行校企联合，充分发挥高校、科研院所的技术、人才优势，将新技术加快运用到实际生产中去，产生经济效益，还有利于新技术在实践中不断优化升级。最后，加大畜牧专业技术和管理人才的引入力度。制定相关人才政策，在薪酬、住房、子女上学、家属就业等各方面为畜牧专业技术及管理人才提供便利，充分发挥他们在技术和管理上的优势，提升肉牛繁育水平。

另外，为调动全省肉用母牛饲养积极性，增加基础母牛数量，提高肉牛标准化规模养殖水平，2014年起，河北省政府就实施了《肉牛基础母牛扩群项目实施方案》，对肉牛基础母牛存栏3万头以上的母牛养殖大县和肉牛基础母牛存栏500头以上大型肉牛养殖场实行补助。实践中，河北省99％的肉牛养殖户肉牛存栏量在10头以下。母牛的小规模家庭或养殖场养殖会带来收益，而较大规模养殖反而收益越低，甚至亏损。所以，建议基础母牛扩繁工程的实施对象扩大到小规模养殖农户和养殖场。

（二）实现适度规模的肉牛繁育，提升肉牛繁育质量和效益

肉牛繁育应采用不同发展思路：肉牛繁殖采取适度小规模，尤其适合有条件的农村地区一家一户饲养，如张家口、承德农村地区，土地、草场、秸秆资源丰富，通过"合作社＋养殖户"方式把农民组织起来，进行肉牛繁殖。也可以利用"小母牛项目"的方式，结合农村扶贫，解决养殖户的资金不足问题。但这两种方式必须保证对农户养殖进行技术支撑和技术跟进，化

解疫病风险。肉牛育肥要适度大规模化，在满足环境、环保、疫病防治等基本约束下，提高肉牛养殖规模。尤其对河北省规模化较低的市，农业部门应该在深入调研的基础上，研究提升肉牛养殖规模水平的具体政策和措施。标准化规模养殖是肉牛产业调结构、转方式的重要抓手，应继续扩大肉牛标准化规模养殖项目实施范围，进一步支持适度肉牛规模养殖场的升级和改造，提升标准化生产水平。新形势下，落实新的环保理念，处理好生产发展和环境的关系，加快粪便收集环节工艺研究，提高规模养殖场粪污处理利用基础设施设备配备率，鼓励企业完善粪便污水综合处理利用技术，发展差异化生态工程处理模式。

（三）强化肉牛产业化科技支撑与推广服务，提高产业科技含量

集聚现代肉牛产业技术体系、科研院所和企业力量，加强肉牛良种繁育、标准化规模养殖、重大动物疫病防控、优质饲草料种植与加工等核心技术与设施装备的联合攻关和研发，突破关键领域的技术瓶颈，提升产业竞争力。加强基层畜牧技术推广体系建设，提升基层技术推广骨干的服务能力，提高基层推广机构和人员的能力素质，加强科研攻关的力度，加快科研成果转化，解决生产中遇到的难题。特别针对肉牛整体遗传水平不高、良种化程度低、品种培育缓慢等问题，在有条件场区，应加大新培育的专门化肉牛新品种和新技术示范推广：一是推广肉牛品种登记和生产性能测定，建立肉牛遗传评估体系；二是利用全基因组选择技术、MOET 育种技术、克隆技术等，推广胚胎早期遗传检测和体细胞、单细胞克隆技术，构建种公牛精准培育体系；三是结合分子育种技术与计算机技术，研发适合各肉牛产区的肉牛引进品种及其经济杂交配套模型和操作技术；四是开展肉牛繁殖生物新技术创新示范，建立肉牛育种繁殖管理平台，实现肉牛智能化选种选配。

（四）推进肉牛优良品种选育和良繁体系建设，推广牛肉深加工技术

实施肉牛遗传改良计划，大力支持肉牛国家核心育种场建设，完善生产性能测定配套设施设备配置，规范开展生产性能测定工作，督促育种企业提高场内测定的质量及国产优秀种公畜数量和质量。加强种畜禽遗传评估中心基础设施建设，提高遗传评估的准确性和及时性。加快主要肉牛育种进程，坚持引进与本地培育相结合，加强肉牛品种联合培育创新，挖掘地方牛品种资源，选择群体规模大、育种基础好的现有杂交群体开展杂交育种，培育一批专门化肉牛新品种，提高育成品种和引进品种的生产性能。加快推进肉牛联合育种，鼓励

支持以企业为主，联合高校和科研机构等成立联合育种组织，支持建设区域性联合育种站，健全肉牛遗传交流共享机制。

建立标准化规范化肉牛屠宰加工体系，推广牛肉深加工技术。目前我省肉牛私屠乱宰泛滥，严重影响河北省牛肉产品信誉，阻碍了河北省牛肉打开全国特别是京津市场。建立标准化规范化肉牛屠宰加工体系，确保无菌、安全、规范化屠宰。推广牛肉深加工技术，对牛胴体实施精细化分割，提高牛肉附加值。

（五）加强关联市场预警调控，保证肉牛产品市场价格稳定

替代品、原饲料、进出口贸易和经济政策等因素不同程度地影响着肉牛产品的市场价格，为保证价格的稳定性，应该严密监控上述因素的发展变化，建立完善相关市场预警机制，积极防范不确定事件对牛肉市场及价格的冲击影响。

首先，完善替代品及原饲料市场预警与调控机制。将牛肉市场的预警调控与猪肉、鸡肉、羊肉等替代品，玉米、豆粕、小麦等原饲料的预警调控机制有效结合，确保整个畜牧业及价格系统平稳运行。再者，适时适度的实施相关经济政策。鉴于政府相关政策会影响到牛肉市场参与者的行为及其预期，在市场健康运行的情况下，应尽量减少市场干预。在实施必要的政策调控时，要确保政策的前瞻性、适时性和适度性。对于经济危机、畜禽疫病、自然灾害等不可控因素，理应结合现有机制，及时、合理调控市场，尽量减少该类不确定性冲击所产生的负面影响。

其次，利用地域优势发展河北省牛肉品牌，提高生产者收益。河北省地处京津冀协同发展核心区域，应充分利用地域优势，开发京津市场，通过农博会、展览会、洽谈会等形式，做优做精特色品牌，做大做强企业品牌，通过品牌营销进入市场消费领域，提供能满足现代生活需求的高品质牛肉产品。

（六）提升冷链物流组织化程度，拓展牛肉消费地域空间

2016 年，中国畜牧业协会与中国仓储与配送协会、中国蔬菜流通协会、中国果品流通协会、全国工商联水产业商会等 5 家协会共同成立了全国冷链运营联盟，目的是打通以"农业生产＋冷链物流"为核心的产业链上下游，形成全国冷链运营体系，完善有关标准，实现资源有效整合。在产业下游，以集中屠宰、品牌经营、冷链冷鲜为主攻方向，推进肉牛标准化屠宰，优化牛肉及其制品结构，加快推进肉品分类分级，扩大冷鲜肉和分割肉市场占有率。鼓励和支持企业收购、自建养殖场，延伸产业链，带动合作社、专业大户、家庭农

（牧）场等经营主体，推进"龙头企业＋合作社"等经营模式，为农牧民提供资助，完善利益联结。积极探索"互联网＋"与各类肉牛养殖生产经营主体深度融合，构建多元产品流通网络，加强产加销有序连接。冷链运输是衔接冷鲜牛肉生产与流通销售的关键核心技术，鼓励河北省内品牌牛肉企业积极参与到该体系中来，充分汲取冷链运营资源，为升级冷鲜牛肉技术，扩大冷鲜牛肉市场份额，从而增强自主牛肉品牌核心竞争力积蓄能量。

（七）挖潜革新，增强河北肉牛产业核心竞争力

肉牛产业核心竞争力是牛肉产业全方位的整体体现，由于肉牛产业技术支撑不足，消费拉动力度不够，产业之间链接机制不协调，导致河北省肉牛产业竞争力不强。因此，必须采取如下措施：第一，培育适合河北地方养殖的肉牛品种。河北省目前几乎没有本地肉牛品种，大部分养殖企业盲目买来架子牛按照固定的饲料配方进行养殖，导致河北省肉牛养殖成本高，形成了高投入而没有高产出的资源浪费型养殖模式，造成河北省肉牛养殖资源消耗大、成本收益率低的结果。因此，应加强适合河北地方的肉牛品种培育，并且深入研究开发本地秸秆等资源，"变废为宝"，支持河北肉牛养殖业发展。第二，推进肉牛养殖产业延伸。河北肉牛产业链发展不均衡，长期以来，肉牛养殖盈利能力差，部分企业亏损严重，致使部分肉牛养殖企业难以持续下去，也在一定程度上，无法保证屠宰加工企业对牛源的需求，甚至迫使部分屠宰加工企业去外地收购育肥牛。因此，需要推进肉牛养殖产业链延伸，加强肉牛产业之间的链接，建立产业间利益协同的运行机制。第三，加强技术创新和推广。探索低成本可繁母牛养殖及高效肉牛育肥集成新方案，加强精细化饲养管理，推广母牛低成本养殖。此外，已有肉牛育肥技术的综合、集成、适宜本地发展的新方案。提升肉牛养殖中的信息化系统应用，实现养牛环节的信息化管理。建立牛肉生产可追溯体系，让消费者放心消费。在推广方面，雨污分流工艺以及防水、防渗、放溢流的粪污储存设施等实用工艺将大面积推广。第四，探索肉牛新产业、新业态。目前河北省已经探索出了"育肥场＋农户"养殖模式、"饲草饲料＋肉牛"养殖循环经济模式、天和肉牛公司的科技引领模式、屠宰加工场加产品加工销售模式、优质育肥场的牛肉直销模式、肉牛生产与文化相结合模式、肉牛养殖加牛棚顶光伏项目精准扶贫模式7种肉牛产业新业态。通过对这些新业态的优缺点分析，进行二次创新，并进行推广。第五，不断开拓牛肉营销新渠道。在市场多元化发展形势下，牛肉产品生产销售模式也应相应的发生改变。随着电子商务的发展和青年消费群体的不断壮大，牛肉由家庭传统菜肴向方便、快捷型快消品的商业定位转型。同时，原有产业模式中的规模化屠宰加工厂建设转向城市街区加工分割中心；规模化食品加工厂建设转向中央厨房配送

中心；由屠宰加工向形象、连锁餐饮店、面延伸，这些都将是新业态下肉牛屠宰加工产业的发展方向。

参考文献

曹兵海.2017年肉牛产业发展情况、未来发展趋势及建议［J］.中国畜牧杂志，2018（3）：138-144.

孙彦琴，等.我国肉牛产业发展的现状及问题对策［J］.中国草食动物科学，2018（4）：64-67.

第二章 河北省肉牛养殖业 生产率研究

河北省肉牛养殖历史悠久，是全国肉牛养殖大省之一。河北省肉牛主繁育区包括了张家口、承德、沧州、衡水等县市。经过20世纪70年代末至80年代末的改良起步阶段和90年代的快速发展时期，河北省肉牛业进入了平稳发展阶段。目前，河北省建立起覆盖全省的改良网络，推广世界先进肉牛品种冻精，为提高母牛生产性能奠定基础，良种生产能力、供应能力以及肉牛的生产水平和良种覆盖率都得以提高，从而促进了农民就业增收。据统计，2016年河北省牛肉产量54.3万吨，存栏169.4万头，肉牛出栏331.9万头，同比分别增长2.1%、1.5%、1.9%，分别居全国第4位、第16位和第4位，肉牛规模养殖比例达到35%。20世纪80年代前后，河北省从国外引进安格斯、西门塔尔、利木赞、夏洛莱等优良品种作为种公牛，由传统养殖为主转变为以外购活牛、屠宰产肉为主。2016年存栏肉用种公牛1 409头，年生产冻精291.2万份，全省现有种公牛站3个，配种、改良品种、配套服务等环节形成了比较完善的体系。2012年，全省共有54家年屠宰加工能力超过1万头的屠宰加工企业，延伸了自养殖、加工到运输销售的产业链条。

随着我国对牛肉进口的不断开放，河北省肉牛养殖业已经进入"全球化竞争"时代。目前，河北省肉牛产业在养殖环节中仍然有很多积累已久的问题没有得到根本的解决，例如发病率高、防疫力弱；犊牛价格起伏大；食品安全和环保双重压力等。本研究意在利用肉牛产业相关的统计数据，从河北省肉牛养殖业发展现状、优劣势、机遇与挑战的现实情况出发，分析河北省肉牛养殖业成本构成及各要素生产效率，确定各要素对产出的作用，从全要素生产率角度分析影响河北省肉牛养殖业生产效率的问题，提出弥补河北省肉牛养殖业不足之处的有效对策，以使得河北省在未来的激烈竞争环境中提高肉牛养殖效率，取得稳定发展。

一、河北省肉牛养殖业发展现状

（一）河北省肉牛养殖业基本现状分析

河北省肉牛养殖业经过了长期发展，形成了一定的规模和社会认可，肉牛生产水平不断提高，牛肉产量保持稳定增长。我国社会主要矛盾已经发生极大转变，从追求饱腹到追求品质和安全，消费档次不断提升，对牛肉的认可度和需求量也在与日俱增。根据国际发达国家经济发展的规律，人均 GDP 达到 1 000 美元时，居民在牛肉上的消费会明显增加。2016 年，我国人均 GDP 接近 8 000 美元，河北省人均 GDP 超过 6 000 美元，牛肉的消费量明显增加，逐渐成为消费者餐桌上重要的肉类消费品种，牛肉价格不断上涨，促进了河北省肉牛养殖业的快速发展。

1. 河北省肉牛养殖业容量分析

2016 年河北省肉牛存栏 169.4 万头，肉牛出栏 331.9 万头，同比分别增长 1.5%、1.9%，分别居全国第 16 位和第 4 位，肉牛规模养殖比例达到 35%。20 世纪 80 年代前后，河北省从国外引进安格斯、西门塔尔、利木赞、夏洛莱等优良品种作为种公牛，由传统养殖为主转变为以外购活牛、屠宰产肉为主。2016 年存栏肉用种公牛 1 409 头，年生产冻精 291.2 万份，全省现有种公牛站 3 个，配种、改良品种、配套服务等环节形成了比较完善的体系。加工企业向规模化、标准化发展，农业产业化龙头企业积蓄资金，加大自主研发投入力度。2012 年，全省共有 54 家年屠宰加工能力超过 1 万头的屠宰加工企业，延伸了自养殖、加工到运输销售的产业链条。

图 2-1 描述了 2007—2016 年河北省肉牛年末存栏数和肉牛存栏数占全省大牲畜存栏数的比重变化情况。从整体来看，10 年里河北省肉牛年末存栏数平稳上升，2016 年达到了 169.4 万头，占大牲畜年末存栏数的比重由 2007 年的 20.36% 上升到 36.22%。分阶段来看，2007—2010 年是河北省肉牛存栏数的第一个增加期，2010 年年末存栏数为 155.8 万头。2010—2013 年存栏数一直处于减少状态，降幅为 4%。2013—2016 年，河北省肉牛存栏数又步入了增加阶段，增幅为 13.16%。

如图 2-2 所示，整体上看，2007—2016 年河北省肉牛出栏数在波动中下降，2010 年出栏数最高，而 2014 年出栏数最低。从绝对数量上看，2016 年比 2007 年相比下降了 27.8 万头，相对下降了 7.73%。从环比增长率来看，九年中相比上一年出栏率下降的年份居多，2011 年的环比增长率为 −6.2%，为降幅最大的年份；2010 年环比增长率为 4.9%，为增幅最大的年份。近两年来，河北省肉牛年末出栏数均有所增长，且增幅逐渐增加。同时应该注意的是，全

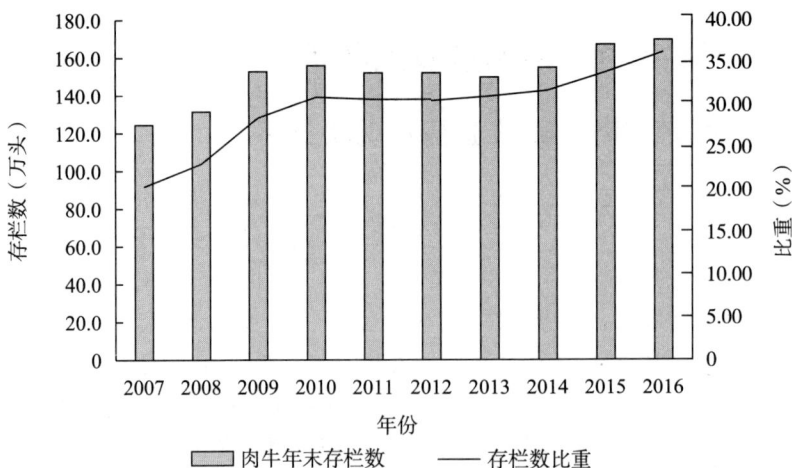

图 2-1 2007—2016 年河北省肉牛年末存栏数及占大牲畜存栏数比重

国肉牛年末出栏数由 2007 年的 4 359.5 万头增加到 2016 年的 5 110 万头，河北省与全国相比仍然存在相当大的数量差距。

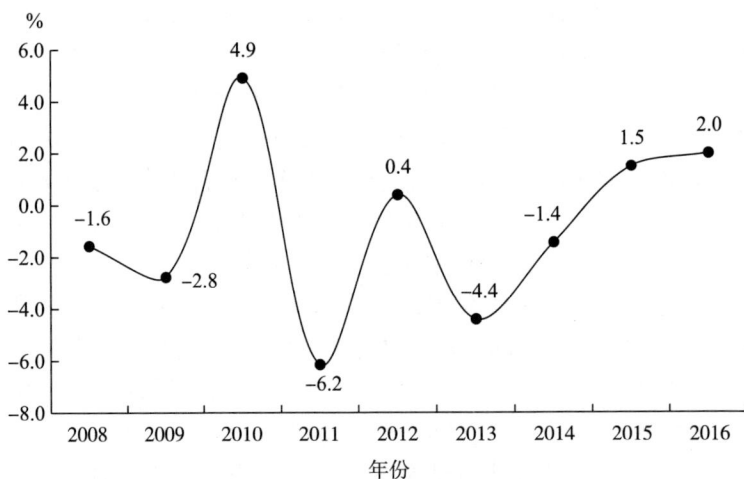

图 2-2 2007—2016 年河北省肉牛年末出栏数环比增长率

表 2-1 2007—2016 年河北省肉牛养殖规模结构

单位：个

年份	年出栏 1~9 头场（户）数	年出栏 10~49 头场（户）数	年出栏 50~99 头场（户）数	年出栏 100~499 头场（户）数	年出栏 500~999 头场（户）数	年出栏 1 000 头以上场（户）数	总计
2007	945 924	57 990	5 704	988	61	16	1 010 683

（续）

年份	年出栏 1～9头场 （户）数	年出栏 10～49头场 （户）数	年出栏 50～99头场 （户）数	年出栏 100～499头场 （户）数	年出栏 500～999头场 （户）数	年出栏 1 000头以上 场（户）数	总计
2008	604 915	37 225	4 714	694	56	16	647 620
2009	567 221	40 784	4 744	881	69	20	613 719
2010	553 586	39 359	4 517	978	101	26	598 567
2011	547 186	36 837	4 191	1 005	129	42	589 390
2012	539 788	31 245	3 006	1 166	166	84	575 455
2013	541 482	21 565	3 187	996	158	69	567 457
2014	553 572	22 854	2 990	1 085	152	70	580 723
2015	519 461	26 027	3 408	1 168	129	58	550 251
2016	481 568	27 348	3 790	1 149	169	58	514 082

数据来源：《中国畜牧业年鉴》2009—2017。

在我国长期的经济发展中，家庭是肉牛养殖业的主体。近年来，肉牛生产经营方式发生很大转变，规模养殖比重不断提高，规模扩大有利于肉牛养殖业的发展，农户养殖水平和组织化程度不断提高。表2-1表示的是2007—2016年河北省肉牛养殖规模结构。2007年河北省肉牛年出栏1～9头的场（户）数为945 924，占比93.59%；年出栏10～49头的场（户）数为57 990，占比5.74%；年出栏50～99头场（户）数为5 704，占比0.56%，共计所占比重为99.89%。而年出栏100头以上的场（户）数为1 065，占比0.11%。2016年河北省肉牛年出栏1～9头的场（户）数为481 568，占比93.68%；年出栏10～49头的场（户）数为27 348，占比5.32%；年出栏50～99头场（户）数为3 790，占比0.74%，共计所占比重为99.73%，与2007年相比下降了0.16%。而年出栏100头以上的场（户）数为1 376，占比0.27%，与2007年相比上升了0.16%。2007至2016年的十年中，合计总数由2007年的1 010 683下降到514 082，降幅达到了49.14%。

如图2-3所示，2008年河北省肉牛养殖年出栏100头以下和100头以上的场（户）数都存在较大幅度下降。2008年后，河北省肉牛养殖年出栏100头以下的中小规模养殖场（户）数持续下降，但下降幅度均小于2008年。特别地，2015年与2016年的降幅明显大于2009—2013年。年出栏100头以上的大规模养殖场（户）数在2011—2013年有所波动，但总体呈现增长的特征。这说明河北省正大力发展标准化规模养殖，肉牛养殖场户积极转变养殖方式，通过生产设施化和集约化，提高整体生产水平。

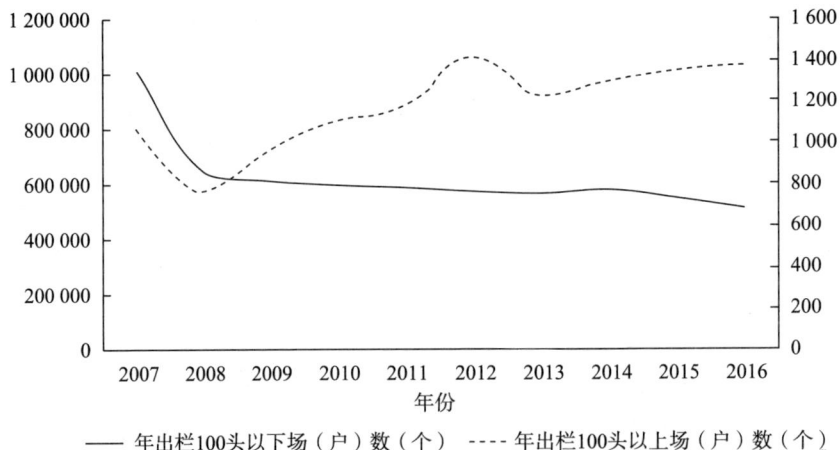

图 2-3　2007—2016 年河北省肉牛养殖结构变化示意图

2. 河北省肉牛养殖业产量分析

2007—2016 年河北省肉类总产量总体有所上升，但 2010 年、2015 年和 2016 年略有下降。猪肉产量一直多于牛肉产量和羊肉产量，属于市场消费量最大的主要肉类产品。2016 年与 2007 年相比，猪肉产量增加了 17.69%，是三种主要肉类产品中增长幅度最大的。牛肉产量高于羊肉产量，地位仅次于猪肉。但 2007—2016 年，牛肉产量总体下降，羊肉产量却有上升。2014—2016 年，牛肉产量又有增加。2016 年牛肉产量 54.3 万吨，同比增长 2.1%，居全国第 4 位。2016 年比 2007 年牛肉产量降低了 5.89%。2007—2010 年羊肉产量持续增长，2011 年略有下降后又持续增长。2016 年较 2007 年，羊肉产量增加了 33.33%。

从三种主要肉类产品在河北省肉类总产量中的占比来看，猪肉无疑占据了市场上的绝大多数份额，占比一直在 56% 以上，最高年份甚至超过 60%。牛肉所占比重与产量变化基本相同，在波动中减少，由 2007 年 14.57% 下降到 2016 年的 11.86%。羊肉产量在 2007 年后经过四年的连续增加，占比逐年上升，2010 年达到了 7.03%。此后所占比重一直在 6.6% 左右，2016 年占比达到十年最高，为 7.08%。从近三年的产量变化和产出份额增减上可以发现，2014 年后，猪肉产量下降而牛羊肉产量增加，占比也随着增加。说明在生产方面，猪肉养殖已经基本上趋于饱和状态；在消费方面，虽然牛羊肉作为新兴的肉类品种相比于传统的猪肉产出份额相差较大，但越来越受到消费者青睐却是不容忽视的事实，对猪肉的产出产生了一定的影响。随着人们生活水平的提高，对于高档、健康消费产品的需求持续增加，猪肉产量不会出现大幅度的上涨，取而代之的是牛羊肉市场的逐渐繁荣。

表 2-2　2007—2016 年河北省牛肉及其他主要肉类产量与比重

年份	肉类总产量（万吨）	猪肉总产量（万吨）	占比（%）	牛肉总产量（万吨）	占比（%）	羊肉总产量（万吨）	占比（%）
2007	396.2	225.5	56.92	57.7	14.57	24.3	6.14
2008	421.1	245.8	58.37	56.8	13.49	26.5	6.29
2009	426.6	253.6	59.45	55.3	12.96	28.0	6.56
2010	416.7	245.2	58.84	58.1	13.94	29.3	7.03
2011	418.2	246.6	58.97	54.5	13.02	28.4	6.79
2012	442.9	259.0	58.48	55.3	12.49	28.7	6.48
2013	448.8	265.3	59.11	52.3	11.65	29.1	6.48
2014	468.1	281.2	60.07	52.4	11.19	30.4	6.49
2015	462.5	275.0	59.46	53.2	11.50	31.7	6.85
2016	457.7	265.4	57.99	54.3	11.86	32.4	7.08

数据来源：《中国畜牧业年鉴》2008—2017。

3. 河北省肉牛养殖业单产水平分析

河北省肉牛养殖仍然处在发展的初级阶段，养殖规模上主要以散户为主，且规模化程度较低。以《中国畜牧业年鉴》中河北省肉牛散养户为主要对象来计算河北省肉牛养殖业单位产出水平。如图 2-4 所示，河北省肉牛单产水平在 2007—2016 年下降后又上升，大致可以分为两个阶段：第一阶段为 2007—2012 年，2007—2009 年出现了短暂的上升，由 430.10 千克/头上升至 504.22 千克/头，上涨幅度为 17.23%，与产量的变化基本一致，牛肉产量稍存在滞后，在 2010 年达到最大。2009—2012 年肉牛单产水平持续下降。第二阶段为 2012—2016 年，连续四年河北省肉牛单产水平连续增加，2012 年河北省肉牛单位产出水平为 491.46 千克/头。2016 年，这一指标值增加了 32.88 千克。在此阶段里，河北省着重提升了肉牛养殖效率，引入国外科学管理理念和先进养殖技术，调整要素分配和养殖结构，养殖效率的提升带动河北省肉牛单位产出水平也随之增加。近年来，肉牛养殖模式得以总结和推广，与全国肉牛养殖的平均单产水平相比较不难看出，河北省肉牛单产水平一直超过全国平均单产水平，二者之间的差距有先减小后增大的特点，2016 年与 2015 年相比，差距又进一步拉大。

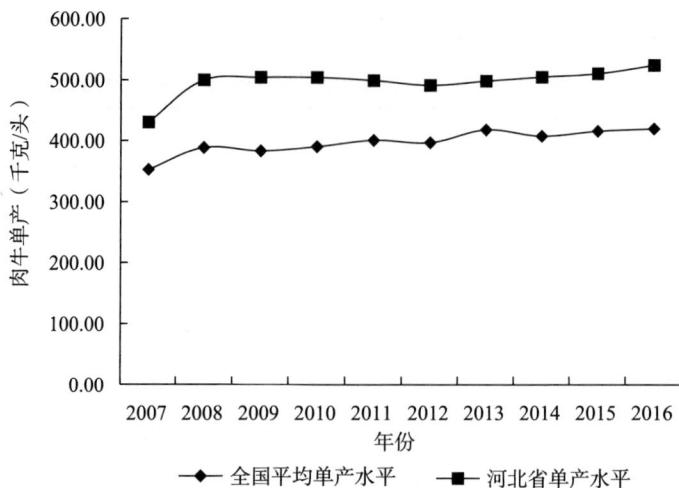

图 2-4　2007—2016 年河北省与全国肉牛单产水平对比图

（二）河北省肉牛养殖业 SWOT 分析

1. 河北省肉牛养殖业优势与机会分析

（1）河北省肉牛养殖业优势分析。

第一，得天独厚的区位优势。河北省地处华北，南部多以平原为主，西部、东北部以山地丘陵为主，西北部和北部以高原为主，环抱京津、雄安新区，具有良好的区位优势。在国家京津冀协同发展背景下，河北无疑在地理位置上拥有其他任何省份不具有的天然优势。目前，京津地区非常发达，需求旺盛，市场广阔，但由于受首都功能限制，畜牧产业发展受到约束，河北恰恰可以利用自己独有的地域优势，发展肉牛养殖，满足京津牛肉市场需求。建设雄安新区无疑又给河北发展肉牛养殖增添了又一发展机遇。按照国家对雄安新区的规划定位，雄安新区也不会发展肉牛养殖业，雄安的牛肉必然也是从其他地区调入。因此，环京津、雄安的特殊地域特点，决定了河北发展肉牛养殖尤其是高端肉牛养殖具有较大潜力。

第二，不断优化的肉牛优良品种结构。20 世纪 80 年代先后引进了西门塔尔、夏洛莱、利木赞、安格斯、海福特、短角等优良品种肉用种公牛，确立了以西门塔尔、夏洛莱、利木赞等品种为主体的肉牛改良路线；近年来，又确立以西门塔尔、夏洛莱、利木赞等传统肉牛品种为主体，弗莱维赫为补充的肉牛改良路线，以和牛和安格斯为主体的高档肉牛生产繁育路线。目前，肉牛品种以西门塔尔、夏洛莱和利木赞等大型肉牛杂交为主，还有部分淘汰奶牛、本地黄牛和牦牛。

第三，丰富的饲料秸秆资源。河北省肉牛产业在中国发展较早，21 世纪初期河北省提倡大力开发秸秆资源，促进河北省秸秆型畜牧业大发展。完善秸秆开发利用基础设施建设；河北省地处华北平原，地势平坦开阔，土壤肥沃，气候温和，雨热同期，饲料资源丰富，促进了河北省以牧场为依托的肉牛养殖区转变为以玉米秸秆为依托的肉牛养殖区。河北省北部是张家口、承德两市宽广的牧区或半牧区，东南部平原地区具有丰富的玉米等农产品，可以作为肉牛养殖的饲料资源。其产量和种植面积的多少影响了河北省肉牛养殖业的发展基础。

根据图 2-5 所示，2003—2013 年，总体上看河北省玉米产量增长比较明显。2003 年，河北省玉米产量为 1 073.57 万吨。2013 年，河北省玉米产量增加了 644.46 万吨，涨幅超过 60%，年均增长率为 4.23%。玉米是主要的饲料来源，河北省 10 年内玉米产量的增长将会降低肉牛养殖的一部分成本。2014—2016 年，河北省玉米产量增速有所减缓，2015 年增速略有下降。2015年和 2016 年产量增加 49.72 万吨，年均增长率为 0.96%。2003 年至 2007 年，玉米产出的增长速度较快，均在 3% 以上。但是在 2008 年之后，环比增长率较低，只在个别年份具有较高的增长率，如 2011 年增长率为 8.68%，2016 年增长率为 4.99%。截止到 2016 年，河北省的玉米产出达到 1 753.64 万吨，相比 2000 年增加了 76.34 个百分点，相比 2007 年增长了 23.34 个百分点。

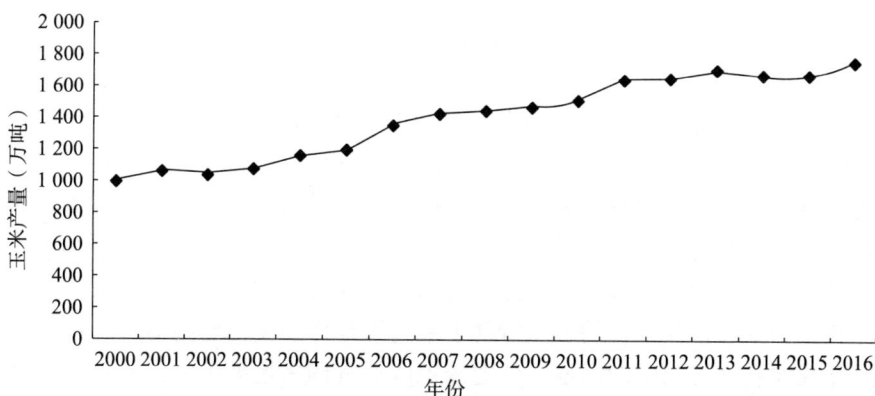

图 2-5　2000—2016 年河北省玉米产量

从河北省玉米种植规模来看，2000—2016 年玉米的种植规模逐渐扩大，在 16 年间虽然偶有下降，但总体上平稳上升，增长幅度并不太大。2000 年，河北省玉米种植面积为 2 478.57 千公顷。2016 年，该指标值增加了 712.48 千公顷，为 3 191.05 千公顷。2003 年、2008 年、2016 年出现了小幅下降。2003年和 2008 年的种植面积下降将整体变化分为了三个增长阶段。2000—2002 年为第一阶段，2004—2007 年为第二阶段，增幅略高于前一阶段，2009—2015年为第三阶段，这一阶段的增长期较长，增幅与前一阶段基本相同，且

2009—2012 年的增幅略小于 2013—2015 年的增幅。

依靠广阔的玉米种植面积和较高生产水平提供了丰富的饲料资源，能够满足各种规模形式的养殖基地，达到了降低成本，提高利润率的目的，从而促进肉牛养殖业的发展。玉米种植面积增速低于玉米产量的增速，一方面这符合经济生产情况，另一方面也反映出玉米种植中技术的作用，提高了玉米的生产效率，加之河北省独特的自然条件和资源禀赋，有助于河北省肉牛养殖业发展形成优势。

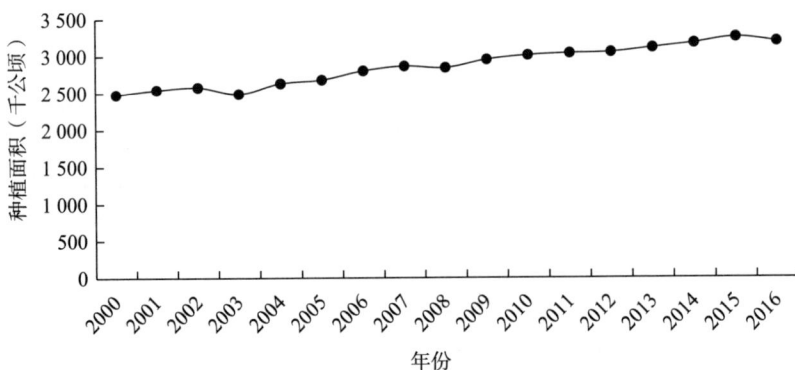

图 2-6   2000—2016 年河北省玉米种植面积

（2）河北省肉牛养殖业机会分析。

第一，居民膳食结构不断改善。居民物质条件和生活水平都得到了改善，随之产生了对美好生活、健康食品的向往，饮食结构和习惯也在悄然发生变化。牛肉是一种健康肉类品种，具有蛋白质含量高、脂肪含量低、胆固醇含量低的特点，与猪肉相比有更多明显的益处，逐渐受到越来越多肉类消费者的青睐，走入了消费者的菜篮子里。

第二，牛肉消费需求持续增加。我国是全球第三大牛肉消费国，仅次于美国和欧盟。城市常住人口的膨胀带动了牛肉等高档肉类消费的增长。随着西餐文化在我国餐饮习惯中的渗透，各地区牛肉消费群体逐渐扩大，同时穆斯林少数民族这一牛肉刚性需求群体很大，共同造成了我国牛肉消费需求的较快增长。在 2000 年，我国牛肉消费总量约为 510.2 万吨，2016 年增长至 767 万吨，涨幅为 50.33％。但 2016 年国内牛肉供给小于需求的量达到 77 万吨（不考虑牛肉进口量）。虽然长久以来猪肉是我国消费者餐桌上的宠儿，在猪肉、牛肉、羊肉等肉类产品总和中占据了相当大的比重，但猪肉市场上供大于求的现象比较明显，形成了消费者经济，消费量不增反降。牛肉的优势在于其属于高品质肉类，具有猪肉不可比拟的优点，符合了当代消费者追求健康饮食的潮流，与猪肉消费量形成了相反的变化方向。2016 年，中国牛肉产量为 716.8 万吨，与牛肉消费市场上巨大的需求潜力相比仍然处于不足，具有相对较大的生存空间和市场发展前景，加上河北具有环京津、环雄安的独特地理优势，不断增长的牛肉市场需求必将拉动河北肉牛养殖业发展。

第三，河北省交易市场规模加大。河北作为全国较大的肉牛交易中心，肉牛交易市场也比较多，仅仅张家口市就有张北肉牛交易市场、康保肉牛交易市场、宣化肉牛交易市场、蔚县肉牛交易市场、东明肉牛交易市场、怀安肉牛交易市场、张家口肉牛交易市场、沽源肉牛交易市场、尚义肉牛交易市场等多家市场。消费者增长的牛肉消费需求引导了产业发展方向，河北省肉牛养殖业抓住机会，成为带动产业链发展的基础产业。

2. 河北省肉牛养殖业劣势及威胁分析

（1）河北省肉牛养殖业劣势分析。

第一，种牛场数量偏少，专业化程度不高。从表2-3可以看出，2007—2016年，河北省的种肉牛场数量与全国水平相比相差较远。2010年，河北省种肉牛场占比为最高，但仅到达3.80%，安徽、甘肃、湖北、四川、湖南、陕西、贵州、山西、新疆、云南、山东均在10个及以上；2008年种公牛站为4个，占全国种公牛站总数的7.84%，具体变化情况如下。与中国其他的主要牛肉主产省区相比，河北省种牛场建设的专业化程度不够，存在一定差距，从规模养殖场数量和种牛存栏量看牛源依然短缺，需要从外地购买仔畜再投入到当地的肉牛养殖当中。由于仔畜费用在肉牛养殖业中占有极大比重，所以这样一来，既提高了本地肉牛养殖业的生产成本，很大程度地降低了肉牛养殖所得收益，又因为繁育母牛数量不足导致河北省肉牛养殖业发展难以形成长期持续的优势。缺少种肉牛场导致牛源短缺，中小型养殖企业在选留种牛的时候往往是通过观察体型外貌的方式决定，这种选种方式导致了基础母牛的质量相对比较低下。

表 2-3　河北省种肉牛场和种公牛站数量

年份	种肉牛场（个）			种公牛站（个）		
	全国	河北省	占比（%）	全国	河北省	占比（%）
2007	116	1	0.86	49	2	4.08
2008	139	2	1.44	51	4	7.84
2009	136	3	2.21	62	2	3.23
2010	158	6	3.80	84	2	2.38
2011	159	2	1.26	45	2	4.44
2012	159	3	1.89	39	2	5.13
2013	190	3	1.58	34	2	5.88
2014	220	3	1.36	33	2	6.06
2015	214	4	1.87	70	2	2.86
2016	280	2	0.71	45	3	6.67

数据来源：《中国畜牧业年鉴》2008—2017。

第二，饲料秸秆未得到充分合理利用。粗饲料大部分就地取材，不利于牛的消化，很多较长秸秆不能被充分利用，作为精饲料的部分农副产品由于技术水平有限，转化率低，营养配比难以达到均衡，造成资源浪费的同时还没能带来经济效益的提高。

第三，缺乏发展所需资金。虽然政府对肉牛养殖户给予了一定的养殖补助，但养殖户仍然需要承担另外的养殖费用，面临着较大的资金压力，机械化程度有限，大多还是依靠人工养殖，劳动强度较大。

第四，新技术普及率低。虽然技术服务体系相对齐全，但技术人员以高龄为主，知识内容比较落后、新技术的普及率低，即使遇到问题也不知道该如何寻求帮助，或者求助的成本较高而干脆放弃。

（2）河北省肉牛养殖业威胁分析。

第一，肉牛养殖环节乱用兽药和落后加工技术阻碍河北肉牛养殖业发展。有些肉牛养殖户在肉牛养殖环节会使用兽药甚至投放违禁药品，这些行为严重影响到牛肉的质量安全。近些年随着消费者对牛肉需求量的增加，牛肉价格相应地持续上涨，刺激了肉牛养殖户追求利润的增加而施用大量添加剂快速促使肉牛生长，以牛肉质量下降为代价，增加牛肉产量。肉牛加工企业缺乏先进的加工技术，分割肉牛大多仍然采用较为落后的技术，只是简单地对肉牛进行分割，技术上远远不能达到对牛肉品质分级处理的程度，活牛宰杀的过程中存在很多严重影响牛肉质量安全的风险因素，最终导致威胁到消费者的食用安全，反过来会在一定程度上影响肉牛养殖业的发展。

第二，缺乏统一标准规范，养殖和加工环节监管不力。河北省是中国牛肉主产省区之一，应该更加注重牛肉质量安全问题，但在这方面仍存在很大漏洞。肉牛屠宰加工企业没有对监管体系进行完善，肉牛养殖、加工、流通整个产业链上没能形成一体化的监管体系，没有根据市场的需求状况制定统一严格规范生产养殖标准和收购标准，更没有分级制度。在肉牛的养殖环节，养殖户投入的兽药和饲料，没有明确规定的添加剂等的不规范使用难以符合安全生产要求，威胁着消费者的食品安全。在肉牛屠宰加工环节，欠缺先进处理技术和完善的卫生处理系统，造成牛肉产品在加工环节的二次污染，很多方面难以与国外的产品相比，导致消费者对牛肉的质量安全存在严重质疑。

第三，中美贸易战增加了河北肉牛养殖业的不确定性。首先，中美贸易战会造成饲草饲料供应紧张、价格上涨，致使养殖成本上升。2017 年我国大豆进口总量约为 9 552.98 万吨，其中来自美国的进口量约为 3 285.28 万吨，占大豆进口总量的 34.39%，美国是我国大豆主要进口来源国之一。而 2017 年我国大豆总产量仅约为 1 473 万吨，进口大豆总量约是我国大豆总产量的 6.49 倍。在对美加征 25% 关税的情况下，美国对华大豆出口将下降 60%～70%。

目前中国进口大豆几乎全部用于压榨加工，约80％的加工产品为豆粕。进口减少，会使饲料成本进一步增加，这无疑会对饲料价格产生重要影响，最终影响肉牛养殖业。美国是我国最大的苜蓿进口来源地。如果对从美国进口的苜蓿加征25％关税，意味着苜蓿草到牛场的价格每吨将增加550～600元。这让本就处于高成本、低收益的河北肉牛养殖业更加窘困，迫于成本上升的压力美国苜蓿进口量肯定会下滑。国内供应方面，对于规模养殖场牧场面临的是高额牧草运输成本，增加的运输成本最后还是养殖场买单。另外，如果考虑应用替代饲草料降低或弥补这一部分苜蓿缺口，短期内养殖场面临饲料配方调整，养殖场生产效率会受到影响，短期无法避免阵痛。

贸易战持续时间不确定，预期利润下降，肉牛养殖风险加大。对美国大豆、苜蓿等加征关税，造成河北肉牛养殖饲料、饲草成本上升，养殖利润下降。当前扩大肉牛养殖规模不是很好的选择，一方面，尽管牛肉价格短期会上升，但成本增加大大压缩了肉牛养殖的利润空间，使得河北省肉牛养殖业在原本就不景气的情况下"雪上加霜"；另一方面，美国政府对华贸易政策具有时间上的不确定性，两败俱伤的贸易战通常不会持续下去，回到谈判桌才是最终的明智选择。然而，中美贸易战持续时间有多长？最终谈判结果如何？目前仍然难以准确判断。

二、河北省肉牛养殖业成本结构与单要素生产率分析

对河北省肉牛养殖业的生产成本构成进行说明，研究主要生产要素的生产效率及变化情况，进而分析2007—2016年河北省肉牛养殖所用成本要素对于牛肉产出的具体作用及程度，从成本角度出发提高生产率水平。

（一）肉牛养殖业成本概念及构成

肉牛养殖业成本指的是对于投入到肉牛养殖各个环节中的各种自然资源，生产者所必须支付的费用，总体上包括了养殖过程中对于生产要素支付的资金和劳动力费用，在统计上主要包括了物质与服务费用和人工成本，另外还有一小部分的土地成本，但占肉牛养殖总成本比例极小，其影响不作为本研究的重点内容，本研究只计算了支付生产资料消耗的物质与服务费用和养殖过程中所支付的人工成本。

物质与服务费用指的是投入到养殖环节用于支付的直接消耗的生产资料和间接消耗的生产资料的费用之和。根据物质生产资料在肉牛养殖过程中的参与程度，将物质与服务费用大致分为了直接费用和间接费用。直接费用包括了仔畜费、精饲料费、青粗饲料费、饲料加工费、水费、燃料动力费（电费、煤

费、其他燃料动力费)、医疗防疫费、死亡损失费、技术服务费、工具材料费、修理维护费、其他直接费用等支出;间接费用例如固定资产折旧、保险费、管理费、财务费、销售费等属于间接地参与肉牛养殖的支出。由于除仔畜费、饲料费用外,其他各项费用占物质与服务费用的比例很小,且各项总和占比也很小,故本研究将肉牛养殖支付的物质与服务费用划分为三大部分,一为仔畜费用,二为饲料费用,三为其他费用。除去支付的土地成本(认为固定不变)后,肉牛养殖总成本包括四大费用:仔畜费用、饲料费用、其他费用、人工费用。对各项费用的解释如下:

仔畜费用:指肉牛养殖过程中,用于自行购买或自家养殖场繁育牛犊或架子牛花费的费用。

饲料费用:指投放到肉牛养殖生产中的精饲料和青粗饲料的总费用。

其他费用:指肉牛养殖过程中,物质与服务费用除仔畜费用与饲料费用之外的各项其他费用的总和,包括了直接费用除去仔畜费用和饲料费用的部分,也包括物质与服务费用中的间接费用部分。

人工费用:指肉牛养殖过程中,用于支付雇工工资和家庭劳动成员所得的总和。

(二) 河北省肉牛养殖业成本变动分析

河北省肉牛养殖业成本对肉牛产业效益产生着直接的影响,各成本的绝对与相对变化呈现着不同的特征,从仔畜费用、饲料费用、其他费用、人工费用等具体说明。

1. 河北省肉牛养殖业各成本增长变动分析

根据表 2-4,自 2007 年至 2016 年十年之间,总成本呈现增加的特点,且增加速度较快。2007 年总成本为每头 4 383.78 元,2016 年增长为每头 10 191.94 元,相比 2007 年增加了 5 808.16 元,相比 2007 年增加了 132.49%,涨速迅猛,年均增长率为 9.83%。这一段时间内的总成本的下降主要来自仔畜费用、饲料费用、其他费用下降的共同影响,相比之下,人工费用有所上升。我国肉牛养殖业的仔畜费用、饲料费用及人工费用主要影响了经济效益,仔畜费用和饲料费用的弹性最大。从河北省肉牛养殖的单位总成本来看,2008 年增长率为 33.49%,是十年来的最高值;2013 年单位总成本比 2012 年增加了 20.95%,是 2008 年以后的最快增长速度。2008 年至 2013 年河北省肉牛养殖单位总成本的快速增长一方面来自物价水平的提高,各种费用表现出的通货膨胀共同导致了增长现象的发生;另一方面,根据完全竞争市场理论,产品价格的上升吸引其他生产者进入到该行业中来,由于牛肉的供不应求,肉牛养殖业所耗费的生产资料价格上涨,总成本提高。2007—2016 年,河北省肉牛养殖业单位仔畜费用与总成本变化特点相同，对总成本变化的影响贡献也最大，单位仔畜费用占总成本的70％以上，是河北省肉牛养殖的主要费用。饲料费用是肉牛养殖过程中的重要物质投入要素。2007—2014年，河北省肉牛养殖业的饲料费用平稳上升，在个别年份，如2010年，有短期的小幅下降。2015年饲料费用增长率为－0.29％，2016年饲料费用增长率为－0.87％。河北省肉牛养殖业饲料费用的变化原因主要表现在：一方面同样因为物价上涨；另一方面表现为河北省肉牛养殖户提高了投用的饲料质量要求，更多地愿意使用精饲料，在新技术研发、推广使用的作用下，提高了养殖效率。单位人工费用的变化呈现"先降低再增加后降低"的特点。河北省肉牛养殖业单位人工费用的变化主要可分为三个阶段。2007年至2010年为第一阶段，单位人工费用稳定下降；2010年至2015年为第二阶段，单位人工费用涨幅先增后降；2015年后为第三阶段，单位人工费用有低头的态势。物质与服务费用中的其他费用在河北省肉牛养殖业中的比例较小，总体上呈现震荡下降的特点，单位其他费用从2007年100.16元下降到2016年81.96元，年均增长率为－2.20％，变化并不大。

表2-4　2007—2016年河北省肉牛养殖业各成本变化

单位：元/头,%

年份	总成本	仔畜费用	占比	饲料费用	占比	其他费用	占比	人工费用	占比
2007	4 383.78	3 091.65	70.52	900.96	20.55	100.16	2.28	273.82	6.25
2008	5 851.78	4 407.33	75.32	1 073.24	18.34	93.61	1.60	272.51	4.66
2009	5 900.07	4 270.57	72.38	1 295.27	21.95	95.43	1.62	232.83	3.95
2010	6 129.08	4 593.94	74.95	1 216.85	19.85	80.82	1.32	230.67	3.76
2011	7 001.38	5 167.36	73.80	1 457.96	20.82	74.82	1.07	294.41	4.21
2012	7 920.77	5 870.36	74.11	1 521.32	19.21	80.40	1.02	441.21	5.57
2013	9 580.55	7 315.27	76.36	1 611.93	16.83	86.86	0.91	558.30	5.83
2014	10 694.15	8 245.97	77.11	1 743.54	16.30	86.29	0.81	609.90	5.70
2015	10 589.06	8 104.99	76.54	1 738.46	16.42	85.10	0.80	651.82	6.16
2016	10 191.94	7 742.89	75.97	1 723.26	16.91	81.96	0.80	634.44	6.22

数据来源：《中国畜牧业年鉴》2008—2017。

2. 河北省肉牛养殖业各成本比重变动分析

仔畜费用是河北省肉牛养殖业的主要组成部分。如图2-7所示，2007—2016年，河北省肉牛养殖仔畜费用的占比在10年内一直处于70％这一较高比例以上，基本在70％～80％之间上下波动，占比的变化并不大。河北省肉牛养殖业饲料费用总体上看下降了，由2007年20.55％下降到16.91％。从图上看，仔畜费用与饲料费用存在此消彼长的关系，很明显地看出，在仔畜费用占比增加的年份，饲料费用占比降低，反之饲料费用占比则增加。仔畜费用和饲料费用是河北省肉牛养殖成本中占比最大的两类费用，所占比重之和达到了总成本的 93％，在 10 年内一直维持在 93％左右的水平上，总占比变化很小，二者综合决定了河北省肉牛养殖业的成本构成情况和总成本高低。人工费用呈现"先降低后增高"的特点。2007 年，河北省肉牛养殖业人工费用占比为 6.25％，到 2010 年下降到 3.76％，总共下降了 2.49 个百分点。自 2011 年上升到 2016 年的 6.22％，接近于 2007 年在总成本中的份额。河北省肉牛养殖业其他费用总体下降，由 2007 年 2.28％下降至 2016 年 0.80％。2008 年与 2007 年相比所占比重相差 0.68％，为十年内最大比重差距。其他费用所占比例最小，在 2009 年表现出了短暂的增长，与仔畜费用、饲料费用、人工费用的占比对比来看，其他费用变动产生的作用最小。

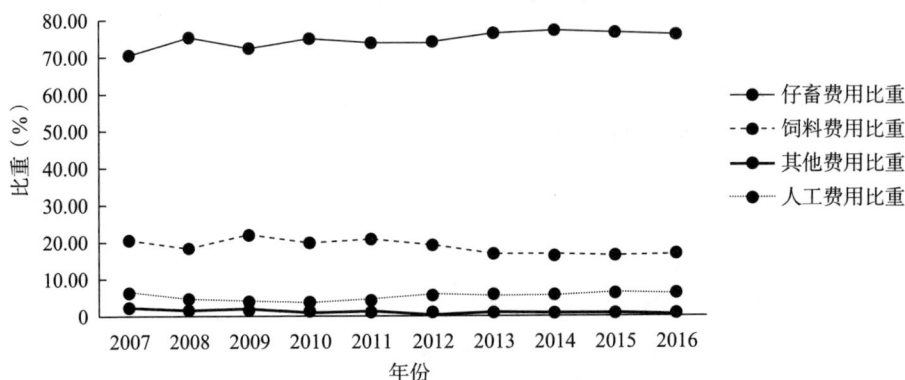

图 2-7　2007—2016 年河北省肉牛养殖业各成本比重及变化

（三）河北省肉牛养殖业单要素生产率分析

单要素生产率指的是，保证其他要素不变的基础上，投入定量某一要素所增加的产出量。单要素生产率的值越高，则说明这种要素增加越有助于提升产量，同时也说明了其生产率相对较高；反之则说明该要素带来的产出越少，且相对应的生产率越低。

利用河北省肉牛养殖业单位主产品产值（元/头）作为产出数据，选择肉牛养殖业单要素单位成本（元/头）作为投入数据来计算河北省肉牛养殖业要素生产率。在统计上，需要确保每年数值上的可比性，先对河北省肉牛养殖业产值和单要素成本的原始数据进行处理，所有数据均以 2007 年的物价水平为基准。将肉牛主产品产值与单要素成本相除之商确定为该要素的生产率。

1. 河北省肉牛养殖业各要素生产率变动分析

根据上文规定的计算公式可以看出，单要素生产率由于在总成本所占比重不同，只对各要素计算生产率进行比较，其结果是不具有可比性的。故本研究在对河北省肉牛养殖业单要素成本生产率的分析过程中，从单要素生产率在十年内的增长情况入手，以此提供提高生产率的有效依据。

如表 2-5 所示，2007—2016 年，河北省肉牛养殖业的饲料费用生产率、其他费用生产率和人工费用生产率有所上升，仔畜费用生产率下降。其他费用生产率、饲料费用生产率、人工费用生产率的年均增长率分别为 12.89%、2.73%、0.56%。饲料费用、其他费用和人工费用的增加促进了河北省肉牛产值的上升。其中，饲料费用生产率和其他费用生产率均呈现了较为明显的上升，人工费用生产率则是经过了 3 年的上升，2011 年又开始逐年下降，但截至 2016 年，其生产率仍然略高于 2007 年的生产率水平。另一方面，仔畜费用生产率略有下降，变化相对比较平稳，说明继续增加仔畜费用不太能够提高单位产值水平。河北省肉牛养殖业可以减少购买仔畜，仔畜费用过高而产出率低下，河北省肉牛养殖业面临牛源短缺的问题。

表 2-5　2007—2016 年河北省肉牛养殖业单要素生产率

年份	仔畜费用生产率	饲料费用生产率	其他费用生产率	人工费用生产率
2007	1.68	5.75	51.71	18.92
2008	1.53	6.28	72.05	24.75
2009	1.57	5.18	70.24	28.79
2010	1.55	5.85	88.05	30.85
2011	1.60	5.67	110.44	28.07
2012	1.86	7.16	135.45	24.68
2013	1.82	8.25	153.16	23.83
2014	1.58	7.49	151.29	21.40
2015	1.55	7.22	147.41	19.25
2016	1.63	7.32	153.98	19.89

数据来源：《全国农产品成本收益资料汇编》2008—2017。

表 2-5 列出的是河北省肉牛养殖业单要素生产率的变化情况。比较发现增加仔畜费用对增加产值的正向作用有限。2014 年，仔畜费用生产率从 2013 年的 1.82 下降到 1.60 上下，已经不能够单独依靠仔畜费用的增加来推进河北省肉牛养殖业产值的增长。另外三种要素生产率的增加，促进了河北省肉牛养殖业产值上升。一方面饲料费用、其他费用、人工费用可增加产值，另一方面要适当控制仔畜费用。饲料和其他费用方面，提倡提高饲料的营养含量、优化饲

料营养配比，实现科学化、专业化、高水平化养殖，增加动物福利，满足营养
成分需求；人工方面应该提高高技术人才比例，利用专业技术高效调控肉牛养
殖的各个环节；仔畜费用方面，通过增加能繁母牛数量来增加牛犊供给，达到
缓解牛源短缺、降低仔畜价格和提高仔畜费用生产率的效果。

2. 河北省肉牛养殖业总成本生产率变动分析

从图 2-8 可以看出，2008—2009 年，河北省肉牛养殖业总成本生产率下
降。2007 年，河北省肉牛养殖业总成本生产率为 1.18，到 2009 年下降至
1.14。2010 年总成本生产率为 1.16，此后上升到 2013 年的 1.39。经过平减
处理后，2007 年河北省肉牛养殖业总成本为 4 383.78 元，2014 年增加到
10 694.15元。将物价水平因素排除后，河北省肉牛养殖业成本增加主要在于
仔畜费用和饲料费用的大幅增加。2007 年河北省肉牛养殖业仔畜费用为
3 091.65 元，到 2014 年上涨到 8 245.97 元，相比 2007 年上涨了 166.72%。
2007 年河北省肉牛养殖业饲料费用为 900.96 元，到 2014 年上涨到 1 743.54
元，相比 2007 年上涨了 93.52%。仔畜费用上升一方面因为河北省肉牛养殖
能繁母畜的存栏量减少，河北省牛源短缺，导致河北省的仔畜数量下降；另一
方面，幼年仔畜的质量下降，购买高质量仔畜的价格相对上升。饲料费用上升
的主要原因还是由于 2007 年至 2014 年河北省肉牛养殖业对高质量精饲料的需
要增加，逐渐替代传统青贮饲料。2007—2011 年，河北省肉牛养殖业总成本
生产率维持在较低水平，2012 年突然升高，甚至超过全国平均生产率，2014
年后又猛然降低，之后维持在 1.25 以下。2010 年河北省肉牛养殖业总成本生
产率提高，2012 年上升最快，2013 年增速下降，2014 年总成本生产率下降，
2015 年和 2016 年变动不大，有所波动。

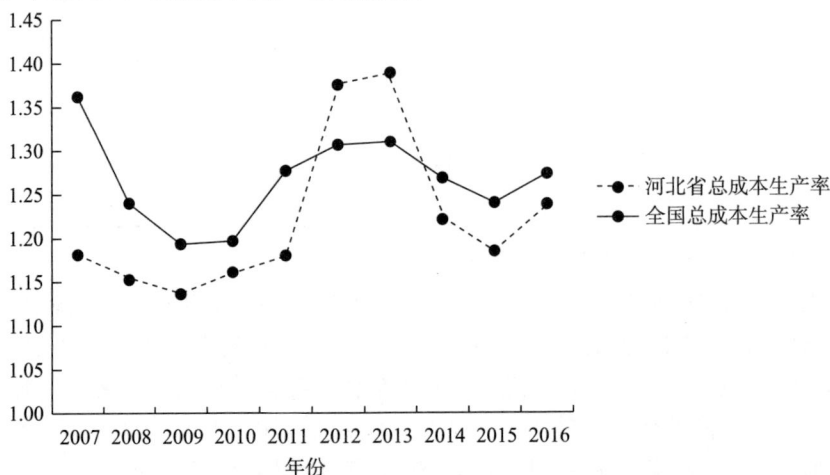

图 2-8 2007—2016 年河北省与全国肉牛养殖业总成本生产率变化对比

与全国水平相比，全国肉牛养殖的平均成本生产率在2007—2016年变化范围不大。但是在2007年之后肉牛养殖的总成本生产率下降明显。河北省肉牛养殖业总成本生产率仅在2012和2013年高于全国平均水平，绝大多数年份则低于平均水平。2007年，河北省与全国肉牛养殖业总成本生产率之差最大为0.18。其他年份的生产效率之差的绝对值在0.03和0.1之间。可以看出，河北省肉牛养殖业总成本生产率变化与全国平均成本生产率变动规律基本相似，仍然存在一定的差距。

3. 河北省肉牛养殖业劳动生产率变动分析

劳动生产率一般指的是从事劳动的人在规定的时间内的产出与所消耗的劳动量（通常以时间来测算）之间的比值。一般来说，劳动生产率能够表示为某一劳动者单位时间生产出来的产品数量，或者用某一劳动者生产单位数量产品所消耗的劳动时间来表示。单位时间的生产量越大或生产单位产品所用时间越少，代表劳动者的生产率越高。

选择河北省肉牛主产品产量作为产出指标，用工天数作为劳动力投入数据，剔除价格因素的影响，利用河北省单位肉牛主产品产量与单位用工天数相除的结果表示河北省肉牛养殖业劳动生产率。

图2-9表示的是河北省与全国肉牛养殖业劳动生产率变化。2007—2010年，河北省肉牛养殖业劳动生产率上升明显。2007年劳动生产率为30.18千克/天。2010年则增加到72.22千克/天，涨幅为139.30%，涨势迅猛。究其原因，在于河北省肉牛养殖业其他费用和人工费用生产率水平上涨明显，其他费用生产率由2007年51.71上升到2010年88.05，人工费用生产率由2007年18.92上升到2010年30.85，达到历史最高值。这一时期的仔畜费用生产率和

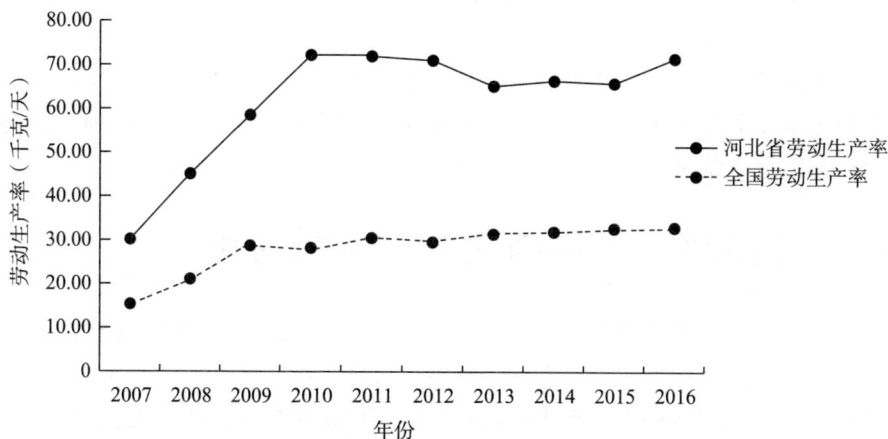

图2-9 2007—2016年河北省与全国肉牛养殖业劳动生产率变化对比

饲料费用生产率分别基本维持在 1.55 和 5.85。河北省肉牛养殖业其他费用和人工费用的投入在这四年中是降低的，而仔畜费用和饲料费用的成本投入是增加的，其他费用由 2007 年每头 100.16 元降低至 2010 年每头 80.82 元，人工费用由 2007 年每头 273.82 元下降至 2010 年 230.67 元。这段时期内，河北省肉牛养殖业的单位劳动力用工数量也是下降的，由 2007 年 14.25 日下降到 2010 年 6.98 日。河北省肉牛主产品的单产水平由 2007 年 430.10 千克/头增加到 2010 年 504.09 千克/头。其他费用和人工费用的成本投入增加而成本的生产率提高，该阶段生产率的提高主要是由其他费用和人工费用引起的。一方面，通过降低劳动力投入，提高每一单位劳动力生产量的方式来提高生产率；另一方面，运用先进技术辅助劳动者的生产，促进生产效率的提高。第二阶段，即 2011 年至 2016 年，河北省肉牛养殖业劳动生产率变动幅度降低，在 70.00 左右小幅变动，2016 年与 2015 年相比，又有所上升。2010—2015 年河北省肉牛养殖业的人工费用生产率由 30.85 下降到 19.25，降低了 11.60，2016 年上升到 19.89。从单位用工数量来看，2013 年平均单位用工数量为 7.65 日，到 2016 年为止，一直保持在 7.30 日以上的数量。说明这一阶段河北省肉牛养殖业劳动力的劳动数量基本保持平稳。2011 年，河北省肉牛的单位主产品产量下降到 499.22 千克，2016 年又增加到 524.34 千克，这一阶段河北省肉牛养殖的人工使用率略有下降。

2007—2016 年，河北省与全国肉牛养殖业平均劳动生产率对比，河北省肉牛养殖业的劳动生产率位于全国平均水平之上。尤其在 2009 年以后，与全国平均劳动生产率之间存在明显差距。2007 年，二者仅相差 14.82。2010 年，河北省肉牛养殖业劳动生产率为 72.22，全国肉牛养殖业平均劳动生产率为 28.24，二者相差 43.98，成为十年内的最大劳动率之差。此后河北省与全国平均劳动生产率的水平之差有所缩短，河北省肉牛养殖业平均劳动生产率上下波动，全国平均劳动生产率也略有上升，但二者差距一直保持在 30 以上。说明与全国肉牛养殖业平均劳动生产率水平相比，河北省肉牛养殖业在劳动力利用上是具有显著优势的。

三、河北省肉牛养殖业全要素生产率分析

在河北省肉牛养殖业的发展过程中，技术水平发挥着越来越重要的作用，从饲料的配比到肉牛的生产，在一定程度上决定了肉牛产品的质量水平。全要素生产率被广泛地应用于反映生产活动中技术的使用情况。本章通过建立 C-D 生产函数和扩展型的索洛模型计算河北省肉牛养殖业全要素生产率增长率及其变化特征。利用这一指标说明河北省肉牛养殖业的技术使用情况，为后期从技

术进步、技术利用和技术推广等方面提出推动河北省肉牛产业发展的建议提供理论支撑。

（一）模型理论说明

1. C-D 生产函数

20世纪30年代初，数学家柯布和经济学家道格拉斯共同提出了柯布-道格拉斯（Cobb-Dauglas）生产函数，并以二者的名字命名。C-D生产函数的形式非常简单，但将重要的因素考虑进了模型当中，对于研究现实生产是非常有用的。早期的生产函数被经济学家解释工业和企业的生产活动，仅通过资本投入和劳动投入两个方面研究生产行为，方程式中也只是包含了资本投入量和劳动投入量两种变量。随着生产的不断进步，技术资源作为重要的因素被引入了一般的生产函数形式中，柯布-道格拉斯生产函数在经济理论分析和实证研究中越来越起到重要作用。C-D生产函数的一般形式为：

$$Y = AL^{\alpha}K^{\beta}$$

上式中，Y 为产量，L 表示劳动投入，K 表示资本投入，A 表示当时的技术水平，α 表示劳动对于生产的相对重要性，β 表示资本对于生产的相对重要性，也可理解为，α 代表劳动所得在总产量中所占的份额，β 代表资本所得在总产量中所占的份额。另外地，在计算过程中发现，α 和 β 的重要经济含义是分别代表了劳动产出弹性和资本产出弹性。

2. 扩展型索洛模型

美国经济学家索洛于1957年提出带有全要素生产率的函数模型。索洛以经济的生产函数为基础，将产出增长分解为劳动量变动带来的增长、资本量变动带来的增长和技术进步带来的增长。概括地说，经济增长的动力来源于：其一是生产要素增加，其二是技术进步。索洛模型的基本假设条件如下：①完全竞争市场；②规模报酬不变；③技术进步保持希克斯中性。找到完全满足假设条件的经济体很难实现，本文利用变形后的索洛模型，计算河北省肉牛养殖业的全要素生产率。

设生产函数形式为：

$$Y = F(K, L, G, H, t)$$

式中，Y 代表总产出，K 表示资本投入，L 表示劳动投入，G 表示知识资本存量，H 表示人力资本存量，t 表示时间。对上式进行全微分得到：

$$\dot{Y} = \frac{\partial F}{\partial K}\dot{K} + \frac{\partial F}{\partial L}\dot{L} + \frac{\partial F}{\partial G}\dot{G} + \frac{\partial F}{\partial H}\dot{H} + \frac{\partial F}{\partial t}\dot{t}$$

式中的导数表示对各个要素在时间上进行微分，上式等号两边同时除以 Y 可表示为：

$$\frac{\dot{Y}}{Y} = \frac{1}{Y}\frac{\partial F}{\partial t} + e_k\frac{\dot{K}}{K} + e_l\frac{\dot{L}}{L} + e_g\frac{\dot{G}}{G} + e_h\frac{\dot{H}}{H}$$

式中 $e_k = \frac{\partial F}{\partial K}\frac{K}{Y}$ 为资本投入的生产率与产量在资本坐标投影的乘积，代表资本产出弹性；$e_l = \frac{\partial F}{\partial L}\frac{L}{Y}$ 为劳动投入的生产率与产量在劳动坐标投影的乘积，代表劳动产出弹性；$e_g = \frac{\partial F}{\partial G}\frac{G}{Y}$ 为知识资本投入的生产率与产量在知识资本坐标投影的乘积，代表知识资本产出弹性；$e_h = \frac{\partial F}{\partial H}\frac{H}{Y}$ 为人力资本投入的生产率与产量在人力资本坐标投影的乘积，代表人力资本产出弹性。

设 $\lambda_K = \frac{Y}{K}$ 表示资本生产率，$\lambda_L = \frac{Y}{L}$ 表示劳动生产率，$\lambda_G = \frac{Y}{G}$ 表示知识资本生产率，$\lambda_H = \frac{Y}{H}$ 表示人力资本生产率。

等号两边对 t 进行全微分，经过调整得出：

$$\frac{1}{Y}\frac{\partial F}{\partial t}t = (1 - e_k - e_l - e_g - e_h)\frac{\dot{Y}}{Y} + e_k\frac{\dot{\lambda_K}}{\lambda_K} + e_l\frac{\dot{\lambda_L}}{\lambda_L} + e_g\frac{\dot{\lambda_G}}{\lambda_G} + e_h\frac{\dot{\lambda_H}}{\lambda_H}$$

将索洛模型规模报酬不变的假设条件进行放松，得到结果如下：

$$\frac{\dot{Y}}{Y} = \frac{\dot{\lambda}}{\lambda} + \frac{e_k}{e}\frac{\dot{K}}{K} + \frac{e_l}{e}\frac{\dot{L}}{L} + \frac{e_g}{e}\frac{\dot{G}}{G} + \frac{e_h}{e}\frac{\dot{H}}{H}$$

式中的 $e = e_k + e_l + e_g + e_h$，即 $\frac{e_k}{e} + \frac{e_l}{e} + \frac{e_g}{e} + \frac{e_h}{e} = 1$，根据全要素生产率的定义可得：$\frac{\dot{\lambda}}{\lambda} = \frac{e_k}{e}\frac{\dot{\lambda_K}}{\lambda_K} + \frac{e_l}{e}\frac{\dot{\lambda_L}}{\lambda_L} + \frac{e_g}{e}\frac{\dot{\lambda_G}}{\lambda_G} + \frac{e_h}{e}\frac{\dot{\lambda_H}}{\lambda_H}$ 就代表了全要素生产率，也就是索洛余值。由此进一步推导出河北省肉牛养殖业的扩展型索洛模型为：

$$\frac{\dot{\lambda}}{\lambda} = \frac{e_k}{e}\frac{\dot{\lambda_K}}{\lambda_K} + \frac{e_l}{e}\frac{\dot{\lambda_L}}{\lambda_L} = \frac{\dot{Y}}{Y} - \frac{e_k}{e}\frac{\dot{K}}{K} - \frac{e_l}{e}\frac{\dot{L}}{L}$$

上式说明河北省肉牛养殖业全要素生产率的增长率能够利用加权平均值来表示，加权的二者分别是资本投入生产率增长率与劳动投入生产率增长率。

（二）样本来源与变量选择

由于知识资本存量和人力资本存量的指标数据不易得到，故根据前面的分析，河北省肉牛养殖业的投入要素只引入物质资本投入和劳动投入两部分。这其中，物质资本投入涵盖了河北省肉牛养殖过程中投入仔畜费用、饲料费用、其他费用（饲料加工费、水费、燃料动力费、技术服务费、工具材料费、修理维护费、医疗防疫费、死亡损失费等其他直接费用；固定资产折旧、保险费、管理费、财务费、销售费等间接费用），劳动投入主要选择了河北省肉牛养殖业的单位用工天数。统计数据时间跨度为2007—2016年。

河北省肉牛养殖业物质资本投入和劳动投入及产出量的增长率在2007—2016年各有变化。物质资本投入方面，2007年河北省肉牛养殖业的物质资本总投入为4 092.77元，到2016年增加至6 292.36元，增长了2 199.59元。这十年中的增长可分为两个阶段，第一阶段为2007—2014年，第二阶段为2014—2016年。前一阶段物质资本增加，2014年物质资本投入达到了6 626.83元，2010年有小幅减少。后一阶段物质资本减少，由6 626.83元下降到2016年6 292.36元。其中，2013—2014年上涨明显，单年分别增加951.46元和751.66元，增幅分别达到了19.32%和12.79%。从增长率变化趋势来看，河北省肉牛养殖业物质资本投入增长率在2010年出现下降，2011年之后反弹上升。2011—2012年增速放缓，年均增加仅为96.91元。2013年后增速表现加快，年均增加值达到851.56元。原因主要来源于两方面，其一是牛肉相对价格上升带来了对生产资料等物质的需求，从而这些养殖环节的物质资料费用增加，即资本投入增加；其二是仔畜费用和饲料费用增加明显，二者在总费用中占比最大，带来了物质资本投入的大幅增加。劳动投入方面，单位的用工天数下降十分明显。2007年河北省肉牛养殖业单位用工天数为14.25天，到2016年用工天数为7.34天。其中，2008年到2010年下降的速度最快，三年的劳动投入增长率分别为−22.18%、−22.36%、−18.93%。2013年和2015年的用工天数有所增加，但增加幅度并不大，分别为10.55%和1.97%，不影响十年的总体走势，整体处于下降趋势之中。

河北省肉牛养殖业单位产出水平在2007—2016年略有波动，总体上看是在波动中上升，从2007年430.10千克/头增加到2016年524.34千克/头，达到了10年来的最高水平。2010—2012年产出下降。2009年，河北省肉牛单位产出为504.22千克/头，2012年单位产出下降到491.46千克，下降了2.53%。2010—2012年，单位用工数量的减少是单位产出下降的主要原因。2013年后又开始上涨，增加到498.44千克/头。2016年的单位产出增长率为2.69%。这一阶段单位产出增长和增长率的提高主要来源于仔畜费用、饲料费用、其他费用生产效率提高对其起到的滞后作用。

物质资本投入平均每年增长2.23%。2008年，河北省肉牛养殖业物质资本投入增长率为14.84%，为9年内最高值。劳动投入年均增长率为−7.11%，说明2007—2016年，河北省肉牛养殖业用工天数投入平均来看是在减少的。单位产出年均增长率为2.23%，即河北省肉牛养殖业单位产出数量平均来看略有增加。总体来看，2007—2016年河北省肉牛养殖业的物质资本投入的费用上升，劳动力费用明显下降，肉牛养殖的单位产出是增加的。

表 2-6　2007—2016 年河北省肉牛养殖业投入产出变化情况

年份	单位产出增长率（%）	物质资本投入增长率（%）	劳动投入增长率（%）
2007	—	—	
2008	16.21	14.84	−22.18
2009	0.88	0.96	−22.36
2010	−0.03	−0.32	−18.93
2011	−0.97	1.00	−0.57
2012	−1.55	3.07	−0.29
2013	1.42	19.32	10.55
2014	1.33	12.79	−0.52
2015	1.10	−1.26	1.97
2016	2.69	−3.83	−5.41

注：物质资本以 2007 年为基期按照农业生产资料价格指数换算，此表为按照转换后数据计算。

（三）模型结果分析

本研究查阅了 2007—2016 年河北省肉牛养殖业成本收益统计数据，对河北省肉牛养殖业物质资本投入和劳动力投入对产出的贡献力做分析。将河北省肉牛养殖业主产品单位产量作为被解释变量，解释变量包括物质资本投入和劳动力用工天数，符合本研究的 C-D 生产函数具体形式如下：

$$Y_t = AX_{1t}^a X_{2t}^b$$

Y 代表河北省每年的单位肉牛主产品产量，X_1 代表单位物质资本投入，为仔畜费用、饲料费用、其他费用的投入总和，根据物价指数进行了平减，X_2 代表单位用工天数。将各个变量进行对数变换后得到的模型形式如下：

$$\ln Y_t = a\ln X_{1t} + b\ln X_{2t} + c$$

利用 Eviews 8.0 对所选数据进行回归分析，计算结果为：

表 2-7　河北省肉牛养殖业发展回归模型结果

Variable	Coefficient	Std. Error	T-Statistic	Prob.
$\ln X_{1t}$	0.106 527	0.079 433	2.341 090	0.021 8
$\ln X_{2t}$	−0.132 365	0.056 540	−2.341 082	0.051 8
c	5.573 855	0.750 636	7.425 511	0.000 1
Adjusted R^2	0.884 831	D-W stat	2.018 223	
F-statistic	27.338 959	Prob（F-statistic）	0.009 133	

从表 2-7 中模型的回归结果看出，模型调整后的拟合优度为 0.885，说明

该模型可以解释河北省肉牛养殖业单位产量与要素之间的关系，拟合优度较高。模型显著性水平 F 统计量的值为 27.339，对应概率为 0.009，模型整体显著。物质资本投入、用工天数和常数项的 t 统计量分别为 2.341、-2.341、7.426，绝对值均大于 1.812，说明变量和常数项结果具有显著性。物质资本投入的回归系数为 0.107，用工天数的回归系数为 -0.132，符合实际的经济规律，与前文分析相符。最终可得到回归方程为：

$$\ln Y_t = 0.107 \ln X_{1t} - 0.132 \ln X_{2t} + 5.574$$

由结果可以看出，河北省肉牛养殖业的物质资本投入产出弹性系数为 0.107，即在保持其他条件不变的前提下，每增加 1% 的物质资本投入，肉牛产出量就会增加 0.107%；同样地，河北省肉牛养殖业的用工天数产出弹性系数为 -0.132，表示在河北省肉牛养殖过程中，保持其他条件不变，每增加 1% 的用工数量投入，肉牛产出就会减少 0.132%。在其他生产条件不变的情况下，增加物质资本投入对提高河北省肉牛养殖业单位产出有促进作用。相反地，劳动力数量的增加对于肉牛养殖的产出水平提高具有消减作用，这是因为用工天数的增加表示了劳动力参与增加，这与现代肉牛养殖的规模和水平不相适应，会造成低效率，进一步地会降低产出。在肉牛养殖的过程中，物质资本投入的增加，包括仔畜费用、饲料费用、其他费用和人工费用总和的增加能够提高河北省肉牛养殖单位产出水平。但同时，不能再增加每单位上的用工天数，否则会导致低效率和产出减少，应该利用先进技术，构建机械化、智能化的肉牛养殖体系。

根据理论推导和回归计算结果，利用经过变形的索洛模型计算河北省肉牛养殖业全要素生产率。为了便于计算全要素生产率的增长率，所以在计算时，本章以 2007 年为基期，即认为当年全要素生产率值为 1.000。

1. 全要素生产率及其变动分析

如表 2-8 所示，河北省肉牛养殖业全要素生产率变化的上下差距不大，总体看表现为缓慢上升。较高的全要素生产率增长率出现在 2008 年、2009 年、2010 年和 2014 年，全要素生产率增长率分别为 4.51%、3.05%、2.46%、1.44%，均超过了 1%。2008 年至 2014 年，以 2007 年为基期的全要素生产率分别为 1.045、1.077、1.104、1.106、1.110、1.117、1.113。2015 年全要素增长率为 -0.40%，全要素生产率也下降了 0.004。2016 年增长率恢复到正值，全要素生产率增加了 0.003。可以看出，2008—2010 年河北省肉牛养殖得到了技术进步的成果。养殖经营体系的各部分组织架构、统筹运营规划、技术研发推广，加之扶持性的有利政策等方面给予了有效推动，这些因素起到了正向的作用。在肉牛养殖的过程中，较多地应用技术可以增强养殖的组织化和专业化程度，广泛地推广技术有利于统筹各区域的要素资源，进行优化配置，创新科研成果，利用先进技术能够防治肉牛疫病，最大程度地保证肉品在各个环节上的安全。2015 年，全要素生产率增长率下降到－0.40%，对应的全要素生产率为 1.129。总体上来看，河北省肉牛养殖业全要素生产率增长仍然不太稳定，技术的应用和管理的成效难以在长期里发挥持续性作用。技术方面，河北省还没有走到领先的地位，与先进技术的运用创新还相差很远，全要素生产率增长率没有提高反而有所下降，说明对技术的应用还不太能够适应养殖生产的需要。河北省肉牛养殖业技术投入应该能够解决实际养殖生产中遇到的问题，同时应该向周边地区推广养殖技术，加强政府部门对技术使用和推广情况的监管力度。此外，还应提高养殖户的综合素质，对养殖户进行技术培训，培育肉牛养殖业的新型职业农民，通过技术的广泛应用提高产出数量和效率水平。

表 2-8　2007—2016 年河北省肉牛养殖业全要素生产率及增长率

年份	全要素生产率	全要素生产率增长率（%）
2007	1.000	—
2008	1.045	4.51
2009	1.077	3.05
2010	1.104	2.46
2011	1.106	0.18
2012	1.110	0.37
2013	1.117	0.68
2014	1.133	1.44
2015	1.129	－0.40
2016	1.132	0.30
年均增长率		1.39

　　如图 2-10 所示，河北省肉牛养殖业全要素生产率在 2007—2016 年总体上升。到 2016 年，相比 2007 年为基期的全要素生产率增加 13.22。说明 2007—2016 年这 10 年里河北省在肉牛养殖业实现了技术上的明显进步。虽然有的年份有短暂的下降，技术的使用仍然呈上升的走势，在 2015 年和 2016 年由下降转为上升，上升的幅度变小。如前文所述，河北省肉牛养殖业全要素生产率的增长率处于震荡下降的状态。2011—2016 年的变化尤其明显，这也解释了河北省在 2010—2016 年全要素生产率增长变慢，且偶有下降的现象。从 2007—2016 年全要素生产率增长率的变化中可以看出，2008—2011 年全要素生产率增长率持续下降，2011—2014 年全要素生产率增长率连续上升，2015 年全要素生产率增长率下降到负值，2016 年回到零以上。2007—2016 年河北省在肉牛养殖过程中，在配置各生产要素投入量的同时，也注重了技术的应用，实现

了全要素生产率的总体上升。在2010年后，全要素生产率出现波动上涨的特点。2008—2010年的年均增长率为2.76%，2010—2016年的年均增长率仅为0.43%，前后相差2.33个百分点。在2010年之后，河北省肉牛养殖业技术进步与推广的速度变慢，养殖户没能在养殖生产上适应新技术，不能通过技术水平的提高实现产出和效率的提升。

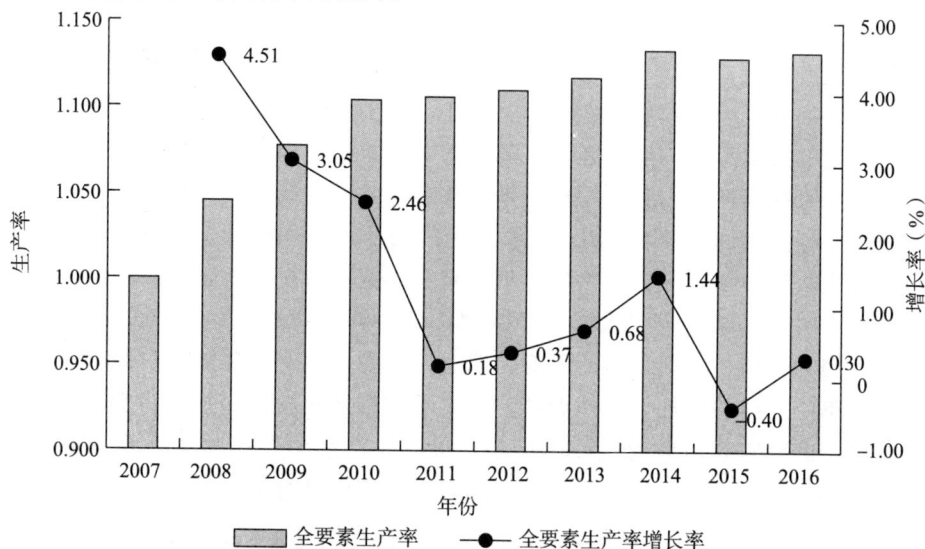

图2-10　2007—2016年河北省肉牛养殖业全要素生产率及增长率

综上所述，适量增加物质资本投入、适当降低劳动力投入数量均能够带动河北省肉牛养殖业单位产出水平的增加。从回归系数上看，河北省肉牛养殖业物质资本投入的回归系数为0.107，劳动力投入的回归系数为−0.132。只看绝对值的大小可以说明，肉牛养殖过程的劳动力投入与物质资本投入的变化对河北省肉牛单位产出起到了比较明显的影响。全要素生产率则说明了河北省肉牛养殖过程中技术作用的阶段性，全要素生产率增长的变化呈现出跳跃式下降的特点。河北省肉牛养殖业仍然没有达到较高的组织化，专业化程度不够。虽然在肉牛养殖过程中应用了比较先进的技术，但是没能形成得以持续的技术体系。尤其在2015年，全要素生产率呈现负增长，说明某些小规模养殖户缺乏对先进管理理念的接纳，无法形成对领先技术的统一培训，政府没有对落实到肉牛养殖业生产实践当中的技术使用效果给予必要的重视，监督机制不完善，导致全要素生产率没能持续地快速增长，无法形成带动整个产业发展的重要支撑，技术的应用和推广仍然处于比较低级的水平。

2. 全要素生产率对产出的贡献率分析

根据表2-9，2007—2016年河北省肉牛养殖业资本投入的平均贡献率和劳动投入的平均贡献率表示，全要素生产率对产出的贡献水平比物质资本投入和劳动投入对产出的贡献率都要高。三者由高到低排列分别是全要素生产率贡献率 44.60%、物质资本贡献率 38.02%、劳动投入贡献率−48.98%。2007—2016 年当中，物质资本贡献率较高的年份为 2010 年、2013 年和 2014 年；劳动投入贡献率较高的年份为 2009 年；全要素生产率贡献率较高的年份有 2009 年、2014 年。物质资本投入贡献率和全要素生产率贡献率与 2008 年相比均有不同程度的降低，2016 年劳动投入贡献率与 2008 年相比有所提高。前面的研究表明，河北省肉牛养殖业在 2007—2016 年物质资本投入数量大幅增加，但是对产出的贡献水平一般。因为在河北省肉牛养殖的当前阶段，仅仅增加物质资本投入来提高产出，其作用水平是非常有限的。劳动贡献率近十年来在震荡中上升。根据前面的研究结果发现，2007—2016 年，河北省肉牛养殖业的劳动力投入数量逐年降低。从平均贡献率来看，劳动力投入对于肉牛产出增长的贡献并不明显。2015 年全要素生产率增长率为负，主要因为产出增长率为负，可能是因为受到了金融危机的影响。然而，全要素生产率总体上看促进了河北省肉牛单位产出的增加。虽然养殖户对技术的掌握还没有达到足够普遍和熟练的程度，但肉牛养殖业通过技术进步，提高生产经营组织化和管理协调专业化，对单产的贡献力与资本投入和劳动力投入相比已有很大差距。

表 2-9　2007—2016 年河北省肉牛养殖业要素贡献率

单位：%

年份	物质资本贡献率	劳动投入贡献率	全要素生产率贡献率
2007	—	—	—
2008	9.80	18.06	27.86
2009	11.57	333.79	345.36
2010	131.70	−692.48	−60.78
2011	−11.05	−7.83	−18.88
2012	−21.13	−2.45	−23.58
2013	145.58	−98.04	47.54
2014	103.23	5.20	108.43
2015	−12.28	−23.63	−35.92
2016	−15.25	26.57	11.32
平均贡献率	38.02	−48.98	44.60

从河北省肉牛养殖业全要素生产率情况来看，技术使用尚未形成长期的持续效应，全要素生产率增长的变化呈现出阶段性交替增长的特点。河北省在肉牛养殖的组织化、专业化上仍然非常不成熟，虽然技术已经在肉牛养殖过程中

得到了应用，但缺乏持续性。全要素生产率对河北省肉牛产出的贡献水平最高，提高河北省肉牛产出量可以考虑继续提高全要素生产率，同时兼顾物质资本投入和劳动力投入数量的协调，借鉴并引进先进的肉牛养殖技术，通过科学的组织管理和高标准的养殖要求，增强组织化和专业度，强化监督保证质量安全，提高全要素生产率，不断追求技术创新，加快技术科研等成果的转化推广，加强品牌建设和学习交流，依靠全要素生产率的提高实现河北省肉牛养殖业产出的增加。

综合考虑河北省肉牛养殖业发展及 swot 现状，结合河北省肉牛养殖业生产率分析结果，发现制约河北肉牛养殖业生产率提高的因素很多，而且各因素之间交织在一起。肉牛养殖户及从业人员整体素质不高，新技术掌握能力差，难以普遍推广应用；规范化的肉牛养殖基地建设不足，肉牛养殖技术含量低，难以大幅提升生产率；产业布局不合理，养殖模式单一，影响了肉牛养殖行业的整体效率；产业链条延伸不足，无法发挥下游产业对肉牛养殖的拉动作用；肉牛养殖监管不严，致使牛肉品质不高，影响肉牛养殖效益。必须深入分析这些问题及原因，找到可行的解决办法。

四、提高河北省肉牛养殖业生产率的对策建议

为提高河北省肉牛养殖业生产率，充分发挥肉牛养殖业中各投入要素的作用，促进农村经济发展，带动养殖户持续增收，提出以下五点政策建议。

（一）强化技术培训，提升养殖户整体素质

肉牛养殖户是生产环节的主要力量，决定着肉牛养殖业的发展状况。对肉牛养殖户进行正规、科学的培训，提高养殖户的科学文化水平和整体素质，是河北省肉牛养殖业助力乡村振兴的重要保证。对于发展中和成熟期的产业来说，科技研发和技术创新一直是发展的"助推器"，而新技术的应用与推广必须以能够与其相适应的劳动者文化素质为基础，才能使技术的作用得到更好的发挥。在河北省肉牛产业发展势头较好的阶段，将传统资源禀赋与先进技术手段相结合，在肉牛养殖业发展过程中，提高资源要素的使用效率，增加技术利用率，通过较短时间提高牛肉的产量，保证主产品的质量安全，就要从养殖户的角度出发，将着力点放在养殖户身上，使技术最高效地为养殖户所利用。

具体地如何提高河北省肉牛养殖户整体素质，主要从肉牛养殖户和畜牧发展相关的政府职能部门提出建议：

第一，肉牛养殖户应该主动学习先进的养殖知识，总结经验，掌握最新的

技术方法，积极与市场对接，了解最新的市场动态行情，将知识及时地应用到实际的养殖实践当中；改变传统的养殖认知，积极顺应时代发展，积极参加政府相关部门组织的养殖技术培训，提高精细化经营肉牛养殖场的能力，将实际中遇到的问题提出来，形成良好的沟通反馈机制。

第二，相关部门应该前往不同规模的养殖场和养殖户中加强实际调研，发现具有普遍性、区域性、异质性、持久性的制约肉牛养殖业发展的困难问题，联合高校、专家、科研部门及时献策，成立技术小组定时对肉牛养殖户安排技术培训。

（二）提高技术含量，建设规范化养殖基地

技术含量的提高主要体现在四个方面：一是科学繁育，品种改良；二是改善饲喂方式；三是冷配网点建设；四是产品精深加工。一方面，技术的有效实施必定要以规范化养殖场为实验基地，引进种牛并加以品种改良，形成本地的牛源优势，降低成本，提高资金利用效率和技术利用效率，能够充分利用先进的设备和技术，在生产效率上居于领先地位；提供良好的养殖环境有利于肉牛良种的繁育，增加母畜数量，提高仔畜繁育量，提高肉牛的单产水平和总体产量；有利于更好地承接政府给予的各项扶持政策，建设规模化、规范化的养殖场和技术推广与实验基地。另一方面，规范化肉牛养殖基地的建设主要会存在两大制约因素：资金制约规范化基地建设，政府适当降低贷款利率来鼓励规范化肉牛养殖基地的建设，另外还有减免税收的政策，保证了肉牛养殖户建设规范化肉牛养殖基地的一部分资金，鼓励规模小的散户加入合作社，以合作社为单位获得贷款、技术、信息、生产资料等，降低成本；技术制约规范化基地建设，技术提高的第一步是肉牛养殖技术人才的引进，通过政府行政部门、企业等统一组织，吸纳大批技术人才辅助肉牛养殖的规范化基地建设，细化肉牛养殖的技术要求，实行养殖场跟踪。

具体技术的提高需要从以下几个方面进行：

第一，增加从国外引进优良品种牛的杂交牛数量，继续提高河北省优良品种改良牛覆盖率。

第二，推广青贮及氨化科学饲喂技术，转变传统粗放方式饲养肉牛，推广牧草种植和青绿多汁饲料的种植，降低生产周期、饲养成本，提高收益，科学搭配肉牛日粮，提高肉牛身体素质，提高肉牛的产肉性能。

第三，通过增加冻精冷配比例提高肉牛品种改良水平，增加冷配网点的数量，建立彼此之间的联系。

第四，肉牛屠宰加工企业引进先进技术设备，对原有设备进行更新和改造，增加牛肉制品的市场占有率，尤其提高优质牛肉生产线投入，增加牛肉产

品的品种，建立现代屠宰加工企业。

（三）调整经营方式，形成集约型发展模式

河北省地域面积辽阔，各个地市的自然环境、经济发展状况和政策扶持力度都有区别，肉牛养殖业的经营方式与发展程度也有所差别。各地区应该因地制宜，充分发挥自己的优势与特色，发现当地肉牛养殖业在发展中存在的问题，形成集约型发展模式。具体建议措施如下：

第一，各地区养殖业相关部门应该根据各自情况，以国家的政策为基础和依据，作出适合当地肉牛养殖业发展的模式，定时调查当地肉牛养殖业的发展情况，针对出现的具体问题，结合实际条件，确定恰当的改进措施，优化产业结构，提高河北省肉牛的产量、单产水平和生产率。

第二，借鉴国内国外的产业政策和典型经验，根据指定的发展规划，分析牛肉市场价格的变化趋势，避免重复建设，发展区域化且具有竞争优势产业。

第三，发展肉牛养殖循环经济，大力推广"牛—沼—菌"生产模式，加强肉牛养殖场的粪污无害化处理，提高肉牛养殖生产的综合经济效益，向规模化、标准化方向发展。

（四）搭设产业链条，降低各主体交易成本

肉牛产业包括了养殖、生产、屠宰、加工、销售多个环节，其中任何两个环节之间的脱节都会影响整个产业链条的完整性，从而降低肉牛产业的生产效益。牛肉的产销渠道是实现了肉牛产业从养殖场到收益的转化。保证牛肉的供给，将肉牛养殖和牛肉销售连接起来，有助于维持价格稳定，加速肉牛产业发展。具体建议如下：

第一，要求龙头企业充分发挥带动养殖户的作用，连接肉牛养殖环节和牛肉的销售环节，发挥自身优势，向肉牛养殖基地的养殖户提供资金、技术、信息、服务，共用品牌，利用龙头企业控制牛肉的质量标准，因此要严格控制肉牛养殖源头上的安全，联合肉牛养殖户、屠宰加工企业、物流企业，建立一体化销售网络，形成农企联动、利益共享、风险共担的产业共同体。

第二，进行牛肉品质分级，再根据牛肉的质量级别设定不同的价格标准，针对不同地区和需求特点的消费群体制定不同的销售策略。

第三，加强牛肉运输网络建设，规划便捷的购销、运输集散点，搭建重点养殖区和主要消费区之间的渠道，降低肉牛养殖户在运输成本上消耗的额外成本，保证牛肉运输到消费地点的速度和新鲜度，采取冷鲜运输，保证牛肉在运输途中的质量。

第四，一方面规范小规模的肉类交易市场，以防牛肉价格波动，另一方面

建设大型的肉类交易市场，帮助完善畜产品市场价格体系，稳定地区肉类价格，保证肉类销售渠道的稳定性、规范性、有效性，实行"互联网＋肉牛"的产销模式，及时获取技术服务和信息服务，最后，有能力的牛肉加工企业可以与国外牛肉市场合作，对接国外市场，促进牛肉出口，反向规范国内肉牛养殖的标准。

（五）严格质量监管，依托品牌创造效益

牛肉消费者越来越重视牛肉的质量安全，像很多其他商品一样，牛肉的消费也已经发生由数量到质量的转变。牛肉产出的增长要求牛肉质量过关，要从下面几个方面入手：

第一，政府舆论向标准化和生态化方向引导，充分发挥政府职能，完善监管体系，对标国际标准，从肉牛产业种养加和流通的各环节对牛肉质量进行严格监管，根据国家相关政策指定的标准进行定期和不定期的检查，对不达标的养殖户和加工企业加大惩罚力度，政府加强宣传和引导。

第二，监督养殖环节中养殖户的饲料安全，检查肉牛养殖环境是否达标，检查肉牛饲养所用兽药的安全性，是否含有药物残留或添加剂，是否符合国家相关规定的要求，明确加工环节中肉牛产地，检查屠宰过程中卫生条件，健全流通环节的环境保障体系，防止这一环节的二次污染，以免造成流通途径中品质的下降。

第三，保证合格牛肉上市供应，在包装上进行标识，包括加工、烹饪、食用的最佳方法，让消费者买得明白，吃得放心，鼓励企业自我检查和企业间的相互检查，推进区域品牌建设，以地方政府为中心，自觉维护本地品牌，通过扶持、树立区域示范企业，带动周边肉牛产业的发展，对具备一定屠宰加工规模、提高技术水平、引进先进生产设施、组织职业农民培训的肉牛产业化龙头企业给予奖励，充分利用电子商务、互联网平台等媒介扩大销售渠道和信息通道，将地区特色牛肉企业推广到国内外。

五、结论与展望

（一）主要结论

1. 河北省肉牛存栏量有所增长，肉牛规模养殖比例逐渐增加

从整体来看，河北省肉牛年末存栏数平稳上升，占大牲畜年末存栏数的比重也有增加，河北省肉牛出栏数在波动中下降。近两年来，河北省肉牛年末出栏数均有所增长，且增幅逐渐增加。同时应该注意的是，河北省与全国相比仍然存在相当大的数量差距。河北省肉牛生产经营方式发生很大转变，规模养殖

所占比例一直在增加，养殖户的技术水平和组织化程度继续增强，规模养殖的比例缓慢上升。河北省正大力发展标准化规模养殖，肉牛养殖场户积极转变养殖方式，通过生产设施化和集约化，提高整体生产水平。

2. 河北省肉类总产量总体有所上升，近两年略有下降

牛肉产量总体下降，牛肉所占比重与产量的变化基本相同，在波动中减少。猪肉产量下降而牛羊肉产量增加，占比也随着增加。说明在生产方面，猪肉养殖已经基本上趋于饱和状态；在消费方面，虽然牛羊肉作为新兴的肉类品种相比于传统的猪肉产出份额相差较大，但越来越受到消费者青睐却是不容忽视的事实，对猪肉的产出产生了一定的影响。随着人们生活水平的提高，对于高档、健康消费产品的需求持续增加，猪肉产量不会出现大幅度的上涨，取而代之的是牛羊肉市场的逐渐繁荣。河北省肉牛单产水平下降后上升，河北省越来越重视从生产效率上做文章，科学的管理经验和先进的养殖技术，调整更加适宜的养殖规模，增加动物福利，促进肉牛单位产出水平的不断增加。近年来，肉牛养殖模式得以总结和推广，与全国肉牛养殖的平均单产水平相比较不难看出，河北省肉牛单产水平一直超过全国平均单产水平，二者之间的差距有先减小后增大的特点。

3. 河北省是中国重要的粮食产区，具有很长的农耕历史

玉米是畜牧业最主要的饲料来源，河北省玉米种植面积大且产量丰富，保证了肉牛养殖业发展的饲养基础。河北省肉牛养殖业机会在于牛肉本身的优质特点。牛肉蛋白质含量高，同时脂肪和胆固醇含量都比较低，具有猪肉难以与之相比的优势。在居民普遍重视食品质量的新时代，消费者对传统猪肉的喜爱程度略有消退，逐渐转移到了牛肉上去，成为肉类市场上的新秀，改变着消费者的饮食习惯和消费结构。河北作为全国较大的肉牛交易中心，可供交易的肉牛市场很多，有助于牛肉产品的快速流通，促进牛肉市场的繁荣。市场上消费需求的普遍升级对于产业的发展无疑是历史性机遇，牛肉的需求量增加为肉牛养殖业乃至畜牧业发展水平的提高创造了条件。河北省肉牛养殖业劣势在于种牛场的建设方面远远落后于全国水平，河北省肉牛养殖牛源短缺，科学养牛认知欠缺，精饲料转化率低，缺乏资金，技术应用和推广不到位，没有知名的国内品牌。河北省肉牛养殖业威胁在于肉牛加工企业缺乏先进的加工处理技术，存在影响牛肉质量安全的风险因素。

4. 总成本不断增加，且增加速度较快

河北省肉牛养殖单位总成本的快速增长一方面来自物价水平的提高，各种费用表现出的通货膨胀共同导致了成本上升；一方面来自物价水平的提高，各种费用表现出的通货膨胀共同导致了增长现象的发生；另一方面，根据完全竞争市场理论，产品价格的上升吸引其他生产者进入到该行业中来，由于牛肉的

供不应求，肉牛养殖业所耗费的生产资料价格上涨，总成本提高。河北省肉牛养殖业单位仔畜费用与总成本变化特点相同，对总成本变化的影响贡献也最大，是河北省肉牛养殖的主要费用。河北省肉牛养殖业的饲料费用总体平稳上升，单位人工费用的变化呈现"先降低再增加后降低"的特点。物质与服务费用中的其他费用在河北省肉牛养殖业中的比例较小，总体上呈现震荡下降的特点，变化不大。

5. 仅通过增加仔畜费用已经很难促进产值的提高

河北省肉牛养殖业的饲料费用生产率、其他费用生产率和人工费用生产率实现了增长，仔畜费用生产率则有所下降，说明仅仅通过增加仔畜费用已经很难促进产值的提高。与全国肉牛养殖业平均劳动生产率相比，河北省肉牛养殖业的劳动生产率位于全国平均水平之上，且河北省高于全国平均劳动生产率的表现有越来越明显的趋势，说明在劳动力利用上，河北省肉牛养殖业具有显著优势。

6. 物质资本和劳动力数量对于河北省肉牛养殖业单位产出有促进和消减作用

河北省肉牛养殖业的物质资本投入产出弹性系数为正，河北省肉牛养殖业的用工人数产出弹性系数为负，说明在其他生产条件不变的情况下，物质资本投入对于河北省肉牛养殖业单位产出增加具有促进作用，而劳动力数量的增加对于肉牛养殖的产出水平提高具有消减作用。河北省肉牛养殖业全要素生产率增长变化的范围不大，震荡下降。河北省肉牛养殖业全要素生产率增长仍然不太稳定，河北省在肉牛养殖业的技术运用、组织化管理方面缺乏持续性。河北省全要素生产率增长率贡献率虽高，但增长率有所下降，在技术推广和创新方面，河北省肉牛养殖业还不具备优势，对技术的应用还不太能够适应养殖生产的需要。

（二）展望

本研究在对河北省肉牛养殖业发展现状以及优劣势分析的基础上，计算了河北省肉牛养殖业成本组成部分及各要素的投入产出效率，比较了各要素对河北省肉牛产出的贡献水平；利用柯布—道格拉斯生产函数和经过变形的索洛模型计算得出河北省肉牛养殖业全要素生产率及其增长率，说明了河北省肉牛养殖业全要素生产率特征表现，揭示了河北省在生产效率方面在全国的大体位置。但对河北省不同地区（地市）、不同养殖模式的生产率未做分析，这也是今后进一步研究的方向。尤其对不同养殖模式的生产率深入分析，将会为模式推广提供决策支撑。为河北省肉牛养殖业优化结构、提高全要素生产率、保持持续健康发展提供理论和现实依据。

参考文献

曹广强. 河北省肉牛养殖业生产效率研究 [D]. 吉林农业大学, 2014.

曹建民, 张越杰, 田露. 我国肉牛产业现状、问题与未来发展 [J]. 现代畜牧兽医, 2010
(3): 5-7.

曹振君, 刘中伟. 我国肉牛不同养殖模式成本收益的比较和研究 [J]. 吉林畜牧兽医,
2013, 34 (12): 48-49.

崔姹, 杨春, 王明利. 当前我国肉牛业发展形势分析及未来展望 [J]. 中国畜牧杂志,
2017, 53 (9): 154-157.

崔孟宁, 朱美玲, 李柱, 等. 基于 DEA-Malmquist 指数新疆肉牛产业全要素生产率研究
[J]. 新疆农业科学, 2014, 51 (2): 363-369.

冯俊昌. 我国肉牛不同养殖模式成本收益的比较 [J]. 养殖技术顾问, 2014 (2): 252.

冯卫. 中国肉牛产业现状及展望 [J]. 畜禽业, 2005 (1): 62-63.

高海秀, 王明利. 我国肉牛生产成本收益及国际竞争力研究 [J]. 价格理论与实践, 2018
(3): 75-78.

高鸿业. 西方经济学 (宏观部分) [M]. 北京: 中国人民大学出版社, 2010: 552.

高鸿业. 西方经济学 (微观部分) [M]. 北京: 中国人民大学出版社, 2010: 104.

韩振, 杨春. 美国肉牛产业发展及对我国的启示 [J]. 中国畜牧杂志, 2018, 54 (6):
143-147.

刘京京, 王军. 肉牛养殖成本收益变动及其影响因素分析——以农牧区六大主产省 (自治
区) 为例 [J]. 黑龙江畜牧兽医, 2018 (12): 29-33.

刘亚男. 从石家庄市肉牛业的现状看行业发展及应对策略　我们有真正的肉牛养殖业吗?
[J]. 北方牧业, 2009 (8): 19.

刘玉凤, 杨春, 王明利. 中国肉牛产业发展现状及前景展望 [J]. 农业展望, 2014, 10
(4): 36-42.

刘玉婷, 刘晓利. 基于 DEA-Malmquist 指数的黑龙江省肉牛养殖生产效率分析 [J]. 黑龙
江畜牧兽医, 2017 (24): 37-40, 291.

马亚宾. 河北省发展肉牛养殖前景广阔 [J]. 农村科技开发, 1998 (12): 28.

倪俊卿, 杜勇. 河北省肉牛改良现状及今后发展思路 [J]. 北方牧业, 2013 (15): 15, 14.

石自忠, 王明利, 等. 我国肉牛养殖成本收益与要素弹性分析 [J]. 中国畜牧兽医文摘,
2016, 32 (10): 3-5.

石自忠, 王明利, 崔姹. 我国肉牛养殖成本收益与要素弹性分析 [J]. 中国畜牧杂志,
2016, 52 (16): 54-61.

石自忠, 王明利, 胡向东, 等. 我国肉牛养殖效率及影响因素分析 [J]. 中国农业科技导
报, 2017, 19 (2): 1-8.

孙少华. 河北省肉牛业发展战略和定位分析 [J]. 北方牧业, 2012 (4): 15-17.

王贝贝. 中国肉牛生产的特点、现状及贸易需求分析 [J]. 黑龙江畜牧兽医, 2017 (6):

80-82.

王力新，王银钱，李佳，等 . 京津冀协同框架下河北省肉牛业现状与对策 [J] . 北方牧业，
2016（17）：23.

王秀芳，丁森林，王爱民 . 河北省农区肉牛业发展模式探讨 [J] . 河北农业大学学报（农林
教育版），2000（3）：73-74.

王秀芳，丁森林，于树胜 . 河北省农区肉牛养殖业发展制约因素分析 [J] . 农业技术经济，
2000（5）：45-47.

王暄 . 中美牛肉贸易新政对中国牛肉产业的影响 [J] . 合作经济与科技，2018（1）：36-39.

王银钱，吴秀娟，闫胜鸿，等 .2014 年河北省肉牛现状和形势分析 [J] . 今日畜牧兽医，
2014（12）：6-9.

吴晓晴，王银钱，孟君丽，等 . 河北省肉牛业形势分析 [J] . 北方牧业，2017（24）：9.

吴秀娟，王银钱，闫胜鸿，等 .2014 年河北省肉牛现状和形势分析 [J] . 北方牧业，2014
（22）：12-13.

徐敏云，曹玉凤，李秋凤，等 .2010 年河北省肉牛养殖现状与发展对策 [J] . 黑龙江畜牧兽
医，2011（18）：21-23.

许荣，肖海峰 . 中澳肉牛养殖成本收益比较及差异原因分析 [J] . 世界农业，2018（4）：
28-35.

严飞功，党建国 . 家庭经营仍将是我国肉牛养殖业发展的主体 [J] . 当代畜禽养殖业，2013
（2）：64.

杨春，王明利 . 基于 Malmquist 指数的农户肉牛养殖全要素生产率研究 [J] . 农业经济与管
理，2013（3）：69-75，89.

杨辉，李翠霞 . 我国肉牛产业发展现状及演进分析 [J] . 黑龙江畜牧兽医，2015（9）：
41-44.

杨晶晶，徐家鹏 . 我国肉牛产业链上下游价格传导机制与调控策略 [J] . 江苏农业科学，
2015，43（2）：424-426.

杨泽霖，尹晓飞，李存福 . 关于我国肉牛生产模式的发展潜力与对策 [J] . 中国畜牧杂志，
2011，47（20）：23-26.

杨振海，关龙，陆健 . 产业兴旺　才有希望——河北省隆化县肉牛产业发展调研 [J] . 农村
工作通讯，2018（2）：33-36.

尹春洋，白雪娟 . 宁夏肉牛养殖规模经营效率及其影响因素研究 [J] . 黑龙江畜牧兽医，
2017（18）：22-25.

尹春洋，姜羽，田露，等 . 西北地区肉牛生产技术效率及影响因素分析——基于农户微观层
面 [J] . 中国畜牧杂志，2016，52（22）：57-63.

尹春洋，田露，李志坚，等 . 肉牛养殖户适度规模经营效率及其优化路径实证分析——以西
北优势产区为例 [J] . 中国畜牧杂志，2016，52（8）：22-26，30.

张微，朱跃明，赵兴友，等 . 不同肉牛生产规模的经济效益比较分析 [J] . 中国农学通报.
2009，25（9）：1-5.

张贺 . 中国肉牛生产效率研究——基于全国 8 个肉牛主产省区的分析 [J] . 安徽农业科学，
2011，39（31）：19227-19229.

张宏，王振华，姜会明. 吉林省肉牛产业生产效率分析 [J]. 中国牛业科学，2010，36
　　（4）：67-70.

张胜利. 河北省肉牛养殖现状及对策 [J]. 北方牧业，2016（3）：12.

张微，朱跃明，赵兴友，等. 不同肉牛生产规模的经济效益比较分析 [J]. 中国农学通报，
　　2009，25（9）：1-5.

张伟，任银玲，刘婷. 河北肉牛养殖业发展的矛盾与对策思考 [J]. 黄牛杂志，2001（4）：
　　46-48.

第三章 河北省肉牛产业发展模式分析

一、河北省肉牛产业发展模式与特征

(一)"育肥场＋农户养殖"龙头企业带动型发展模式

1. 模式简介

该模式主要是以承德市隆化县北戎生态农业有限公司探索的肉牛产业发展模式为代表。承德市北戎生态农业有限公司,位于举世闻名的避暑山庄与风光秀丽的坝上草原之间的唐三营镇,是集育肥牛、屠宰加工、有机肥生产、生态种植为一体的市级农业产业化龙头企业,也是当地省级农业科技园区的核心企业。为了壮大当地肉牛产业的发展,北戎生态农业有限公司首先倡导成立了北戎牛业专业合作社,吸纳当地近50多户肉牛养殖家庭为合作社社员;同时建立起合作社与养殖户的合作机制,明确合作社要为成员提供系列化服务,包括组织成员养殖肉牛,提供种牛、饲料的购买服务,提供生物有机肥用于青储玉米种植,收购架子牛以及与肉牛养殖有关的技术和其他信息服务。本模式运行机制如图3-1所示。

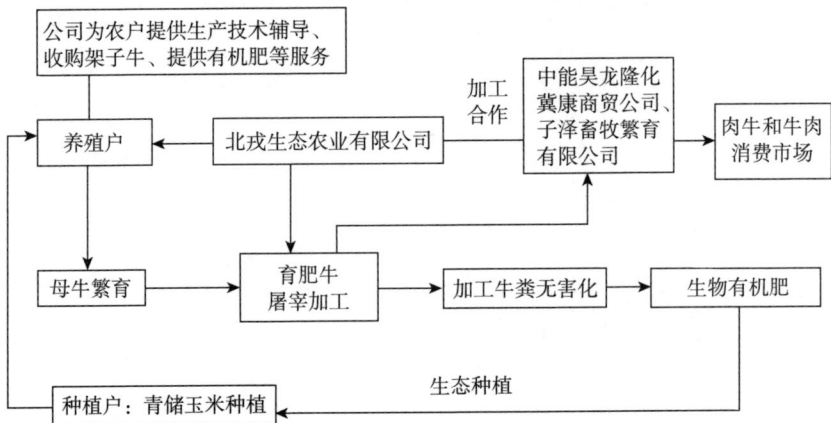

图 3-1 以"育肥场＋农户养殖"的龙头企业带动型肉牛产业发展模式示意图

2. 模式运行特征

（1）育肥场集中饲养育肥牛与农户散养母牛相结合。 由育肥场集中饲养育肥牛和农户散养母牛并提供架子牛的方式进行养殖，农户重点进行繁育后将小牛或者架子牛出售给育肥场，既节省了养殖成本又增加了农民收益。

（2）建设社户合作机制。 成立专业养牛合作社，建立了合作社与养牛户的稳定合作机制。

（3）与污染处理企业建立合作关系。 建设了牛粪无害化处理设施，提升了环境治理与生态平衡能力，形成了"母牛繁育—育肥牛—屠宰加工—牛粪无害化处理—生物有机肥—生态种植"的循环经济产业链。

（4）与肉牛加工企业、销售企业合作。 不仅提升了加工能力，而且还开拓了国内、国际大市场，形成了稳定的优质育肥场的产加销一条龙产业化发展模式。

3. 模式运行效益

（1）实现了"十乡万户"母牛繁育和"肉牛快速育肥工程"的有效衔接。 有效地解决了母牛缺乏的难题，提高了当地种植户、养殖户以及公司的经济效益。

（2）树立生态农业品牌。 在"母牛繁育—育肥牛—屠宰加工—牛粪无害化处理—生物有机肥—生态种植"的循环经济产业链的带动下，不仅肉牛养殖、屠宰、加工获得了发展，而且因生物有机肥生产和无公害农产品种植，大力发展了当地的生态农业，推动当地形成了生态型、环保型养牛产业链条，树立起"北戎"生态农业品牌，提高了当地种植户、养殖户以及公司的经济效益。

（3）与其他公司合作建立了优质育肥场的牛肉直销模式。 北戎"生态肉牛"和中能昊龙隆化冀康商贸公司合作建立了 10 万头肉牛加工产能，与子泽畜牧繁育有限公司合作打通了港澳市场。子泽畜牧繁育有限公司所生产的肉牛已全部实现了直接出口港澳，其所属的福泽公司已开展了肉牛加工，直接供应承德市大润发等超市。北戎牛业被商务部确定为肉牛贮备基地，在北京注册了新绿萌农牧科技公司，其牛肉等产品直销北京 30 个社区。凤林、益佳等规模育肥场已成为北京福成公司等企业主要活牛供应地。

（4） 在北戎肉牛专业合作社和其他各种肉牛经营主体的带动下，隆化县已经形成了深山区分散农户母牛和架子牛繁育产业带和浅山区肉牛育肥产业带。这是一种肉牛生产方式的创新，也代表着河北省乃至中国肉牛养殖未来的发展潮流，已成为肉牛产业在转型升级、提质增效中可借鉴、可复制、可推广的"样板"。

（二）以"品种改良为核心"科技引领型发展模式

1. 模式简介

该模式以河北天和肉牛养殖有限公司的肉牛品种改良养殖及产业化发展为

代表。河北天和肉牛养殖有限公司作为农业农村部认定的现代农业产业技术体系国家肉牛牦牛产业技术体系石家庄综合试验站、国家肉牛核心育种场，凭借自身掌握的肉牛胚胎生物技术优势，结合国家肉牛牦牛产业技术体系专家在肉牛饲养、育肥、屠宰加工等方面的技术力量，研发肉牛饲养和育肥模式，适时调整饲料配方，降低饲养成本。该公司根据肉牛不同育肥标准采用精细化、定制化加工分割方案，使用精准包装、-1℃冰鲜保鲜等技术提升牛肉产品附加值。通过各项技术集成，建立了一整套肉牛遗传育种、繁殖、养殖、疫病控制、粪污处理等高科技管理模式，取得良好的经济和社会效益，使其成为我国高新科技养殖模式的典范。该模式运行机制如图 3-2 所示。

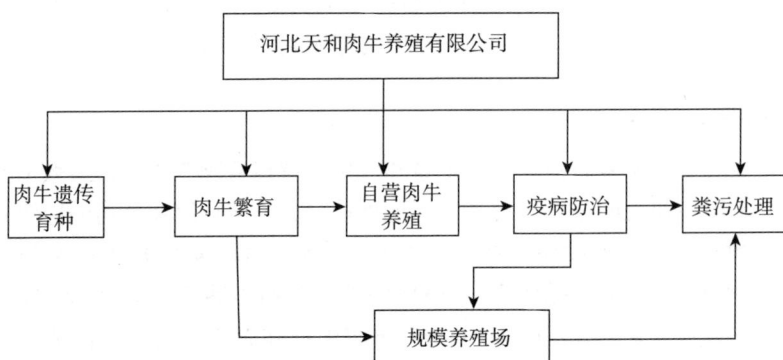

图 3-2 以"品种改良为核心"的科技引领型肉牛产业模式示意图

2. 模式运行特征

（1）以胚胎生物技术的研究与推广为核心任务。公司以胚胎生物技术为核心，长期进行良种肉牛的快速扩繁和胚胎生产，为全国同类企业及同仁源源不断地提供优质种牛、胚胎及相关技术服务，为带动我省高档肉牛产业的发展发挥了重要作用。截至目前，存栏胚胎生产供体母牛 259 头，其中纯种安格斯牛55 头，和牛 95 头，西门塔尔牛 109 头。年产优质肉牛胚胎 5 000 枚，胚胎移植总数占全国的 85% 以上。

（2）以先进的实验技术条件为保障。公司拥有胚胎生物工程实验室 1 处，流动实验室 1 处，主要开展胚胎生产、移植及相关生物技术服务，年均胚胎生产移植技术服务 3 000 头次。并多次承担常规、玻璃化胚胎冷冻保存，胚胎分割，胚胎性别鉴定等胚胎生物关键技术的研究和产业化工作，具有丰富的项目经验。牛胚胎移植及相关生物技术等各项技术指标均达到国内领先和国际先进水平。其中超数排卵可用胚胎平均数 6.5 枚以上；胚胎移植妊娠率 45% 以上；性别鉴定准确率 98% 以上；胚胎分割成功率 99% 以上；鲜、冻胚分割后移植妊娠率 50% 以上。

（3）以实力雄厚的研发、生产管理及其教学团队为中心。公司现有员工总计 50 名，其中胚胎生物工程专业技术人员 20 名，其中研究员（博士）2 名，硕士 10 名，学士 4 名及技术员 4 名，公司董事长李树静博士现为中国农业大学研究生校外导师、河北农业大学动物科技学院的特聘教授，农业农村部万枚胚胎生产项目特聘专家，在牛羊胚胎移植、胚胎分割、性别鉴定、体外胚胎生产等领域有突出建树，在国内外享有盛名，团队也被国务院授予"重点华人华侨创业团队"称号。

（4）以国内外著名的产学研机构的长期合作为引领。公司与世界最强的动物胚胎生物技术公司美国上市公司 Trans Ova Genetics 达成战略合作框架，在奶、肉牛优质种质资源引进、奶牛活体采卵＋体外受精（OPU-IVF）、克隆和动物基因模型等新技术研发方面展开密切合作。与国内的顶级院所中国农业大学、中国农科院北京畜牧兽医研究所、河北农业大学等合作建立实践教学研发基地，共同开展新技术研发、人才培养等工作。

3. **模式运行效果**

（1）围绕胚胎生物技术的研究与开发形成了大量的研究成果。围绕胚胎生物技术，公司先后承担国家项目 18 项，省市级项目 20 余项，2015 年度国家农业综合开发产业化经营项目被河北省农业综合开发办公室授予"省级示范项目"称号。项目多项技术成果填补了国内空白，达到国际先进水平，先后获得省部级以上科技进步奖 5 项；申报国家发明专利 3 项，获批 2 项；发表相关科技论文 40 余篇（其中 SCI 论文 11 篇）；建立了 PCR 牛胚胎性别鉴定技术、双犊诱导技术等 4 项新工艺；建立了纯种黑毛和牛、北美安格斯牛、西门塔尔牛 3 个育种核心群，经济效益十亿元以上。

（2）胚胎生物技术的推广为国内的良繁事业做出了重大贡献。公司以胚胎生物技术为核心，长期进行良种肉牛的快速扩繁和胚胎生产，为全国同类企业及同仁源源不断地提供优质种牛、胚胎及相关技术服务，为带动我省高档肉牛产业的发展发挥了重要作用。公司以胚胎生物技术为特色，利用国内一流的胚胎生物技术进行良种肉牛的快速扩繁和胚胎生产，业务辐射周边省市乃至全国的规模化牧场，有效带动了周边农户的畜牧生产，为国内的良繁事业做出了重大贡献。

（3）积极与高校建立产学研合作机制，培养了大批优秀技术人才。先后合作建立河北农业大学实践教学基地和中国农业大学实践教学基地，累计培养硕士 14 名，博士 6 名，培训研究人员 97 人次，培训技术骨干 243 人次，培训基层技术人员 2 375 人次，为新技术的产业化开发和应用做好了人才和技术储备。

(三) 以"屠宰加工为核心"产加销一条龙全产业链发展模式

1. 模式简介

该模式主要是以廊坊市大厂县、三河市等地的肉牛屠宰加工企业为代表。廊坊市是河北省牛羊产品屠宰加工比较集中的地区，年生产牛肉 3 万吨左右，屠宰加工产品的大部分供应北京市场，有着良好的屠宰加工基础和稳定的销售渠道。但是，近年来随着牛肉市场需求的扩大和肉牛养殖出栏数量的增长缓慢，当地的屠宰能力得不到满负荷运转，不少设备处于闲置状态。为此，原有的加工企业不断拓展自己的业务领域，有些企业利用自办育肥场来增加屠宰牛源，有些企业则采取向外拓展的方式，即通过建立养殖基地的办法增加牛源。经过几年的实践探索，形成了以廊坊地区的肉牛屠宰加工企业为核心的产加销一条龙的肉牛产业发展模式。其中的典型企业是河北福成五丰食品股份有限公司。该公司由河北三河福成养牛集团总公司牵头出资设立并在国家工商行政管理局登记注册，公司位于北京东 40 公里的三河市燕郊经济技术开发区，2004 年成功上市，上市时的注册资本为 8.19 亿元。公司是经农业部、国家税务总局、中国证监会、发改委等国家九部委联合认定的农业产业化国家重点龙头企业，主要从事奶牛及肉牛饲养、饲料加工、肉牛屠宰加工等业务。公司采用国际先进的肉牛加工工艺，精细分割，冷链控制，先后通过了 ISO9001：2000 质量管理体系认证，HACCP 认证和无公害畜产品认证，并严格按照标准执行，为消费者提供"绿色、健康、放心"的牛肉。该模式运行机制如图 3-3 所示。

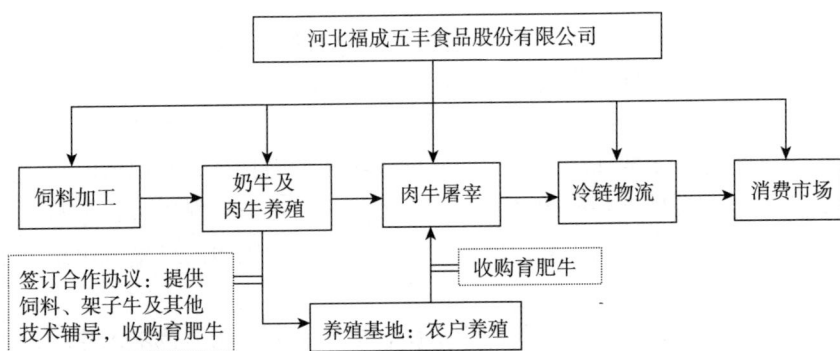

图 3-3 以"屠宰加工为核心"的龙头企业带动型肉牛产业模式示意图

2. 模式运行特征

(1) 屠宰加工企业是产加销一条龙肉牛产业发展模式的引领性企业，是由国家有关部门认定的国家级农业产业化龙头企业。 截至 2000 年前后，廊坊市的屠宰加工企业达到近百家。这些公司一方面与基地农户签订购销协议，另一方面，在市场供给不足时，公司自己购买优良品种的架子牛进行育肥，自养自宰，满足了屠宰分割的产能。

（2）**延长产业链条，形成产加销一条龙产业体系。**向前端，收购或入股饲料种植及加工企业并建立肉牛繁育基地，与养牛户签订肉牛饲养与收购协议；向后端，与加工、冷链物流及终端消费市场主体建立合作关系。逐渐形成了以屠宰加工为龙头，并向产前肉牛育肥和产后产品深加工销售扩展的产加销一条龙产业化链条。

（3）**注重基地建设，保证屠宰加工牛源供给。**河北福成五丰食品股份有限公司自成立以来，一直秉承"公司＋基地＋农户"的经营模式。在北京市顺义区、内蒙古宁城县、河北省丰宁县等地区分别建立了肉牛饲养基地，异地收购幼牛，就地饲养育肥。同时公司与农户签订饲养合同，委托农户饲养，由公司提供架子牛、饲料，并派技术人员进行指导、防疫，肉牛育肥后由公司统一收购，保证了屠宰加工所需的牛源供给。

（4）**上市融资规模较大，完成了资本积累和规模扩张。**河北福成五丰食品股份有限公司上市前，注册资本为 2.51 亿元，2004 年上市后，实现注册资本金 8.19 亿元的资本积累。2005 年，公司先后建成了年出栏量可达 4 万头的肉牛养殖场、种牛繁育项目、4 万头肉牛屠宰线技术改造项目、4 000 吨低温冷库技术改造项目、3 000 头奶牛基地技术改造项目、乳制品生产线、肉类制品生产线等生产能力，为生产规模的扩张奠定了强大的物质基础。

（5）**注重产品的市场开拓。**基于地缘优势和屠宰加工的传统，廊坊地区的屠宰加工牛肉大部分供应了北京市场，经过之后多年的市场拓展，廊坊的牛肉也摆上了上海、广东等地高档饭店餐桌。

3. **模式运行效果**

（1）已经形成稳固的"公司＋基地＋农户"的经营模式，带动基地农户走出了一条养牛致富之路。河北福成公司成立以来已带动农户 3 000 多家，其中存栏 50 头以上的养牛大户 50 多家。

（2）拓展了新的消费市场。以河北廊坊大厂河口公司为例，公司在建场初期主要进行肉牛的屠宰，主要供应北京市场。随着牛肉市场的波动和北京市场竞争压力的增大，他们将北京市场中不易销售的部分牛肉低价购回，进行产品深加工，在互联网上销售，取得了良好的经济效益。

（3）延长了产业链，提高了肉牛产业的附加值。以屠宰加工带动养殖，实施产业化经营，提高附加值，延长产业链。作为全国第一家现代化肉类加工企业，大厂华安肉类有限公司为全省肉牛产业的发展起到了良好的示范带动作用。华安公司平均每天分割 30 吨的牛肉送进北京、上海等地的高档饭店，带动了 1 000 多农户的肉牛养殖。在河北省，像华安这样的肉牛屠宰加工企业很多，仅大厂回族自治县就已经发展到十几家，屠宰加工企业坚持欧盟卫生标准和伊斯兰屠宰方法，实现了屠宰、分割、排酸、速冻、冷藏一条龙现代化生产，开发出风靡全国的"肥牛"产品，抢占了国内高档牛肉市场。不断延伸的产业链条，成为河北肉牛在全国市场上具有较强竞争力的"资本"。

（四）"育肥场＋养殖小区"育肥场龙头企业带动发展模式

1. 模式简介

该模式以承德隆化县华商恒益农业开发有限公司的肉牛养殖为代表。华商恒益农业开发有限公司是一家民营企业，成立于 2014 年 5 月，项目建设地址为隆化县张三营镇南园子村，注册资金 1 000 万元，占地 296 亩，2016 年 6 月被承德市人民政府认定为市级重点龙头企业。公司的主要业务包括三部分，一是高品质肉牛繁育、养殖、育肥与销售，这也是主业；二是有机肥生产和销售；三是有机农产品种植与销售。目前，公司拥有高标准牛舍 11 幢，其中有 3 幢用于肉牛繁育，实施胚胎移植技术培育与品种改良，重点繁育黑盎克斯高档肉牛与销售，其余 8 幢牛舍主要是以租赁方式租给养殖户使用。该模式运行机制如图 3-4 所示。

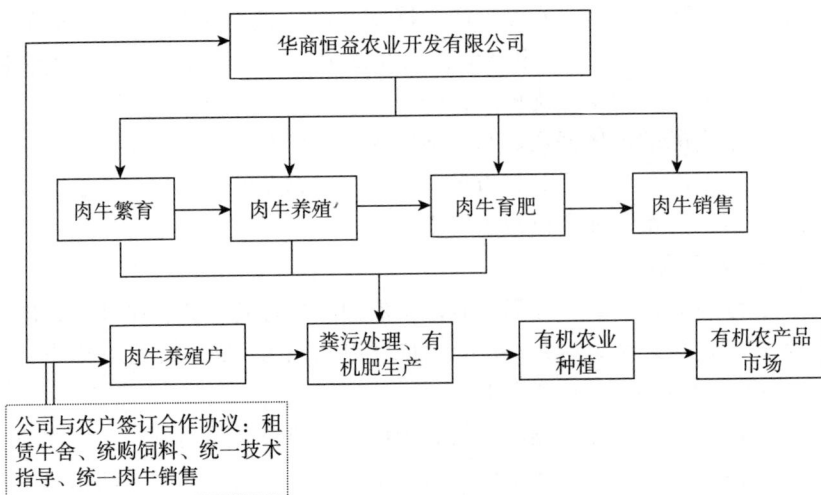

图 3-4 "育肥场＋养殖小区"的育肥场带动型肉牛产业模式示意图

2. 模式运行特征

（1）农业全产业链经营。 形成了以肉牛育肥为核心的肉牛繁育、养殖、饲料加工、粪污处理、生态有机种植的良性循环生态产业链，养殖与种植有机农产品于一体，实现了农业全产业链经营。

（2）以租赁方式为当地养牛户提供标准化牛舍，形成养殖小区模式。 目前公司与养殖户之间签订了租赁牛舍、统一防疫、统一粪便处理等几方面的协议，公司为养殖户提供厂房，提供堆粪厂与污水池，各家各户有自己的清粪车。从管理角度看，目前还没有实现全方位的统一管理，未来的设想是实现小区内的统购饲料、统一技术指导、统一肉牛销售，形成真正的规模优势。

（3）实现了肉牛养殖与生态农业发展的有机结合。 早在 2014 年公司成立之初，公司便依托当地丰富的草、牧、土地、劳动力等资源，在政府及农牧等部门的大力支持下，从畜牧养殖和生态农业建设两方面同时起步，将肉牛产业链不断延伸，打造以肉牛养殖为核心的"绿色、生态、有机、可循环"的新型农牧业生产链条，带动农牧业结构调整、提高农牧业的综合效益和市场竞争力。

3. 模式运行效果

（1）建成了拥有高标准牛舍、青储池、材料棚、粪污处理设施及其他辅助设施的肉牛养殖高档小区。 经过 2016—2018 年三年的基础设施建设，已建设完成高标准牛舍 11 幢，占地 6 000 平方米，同时建成 1 000 立方米的青贮窖、1 000 平方米的草料棚、300 立方米的酒糟贮存窖、400 米的排污沟，同时建成年产 3 万吨有机肥加工场一处，年可处理牛粪 82 400 吨，秸秆 5 960 吨，彻底解决周边种养殖户粪便污染、秸秆焚烧等农村面源污染问题。现在整个肉牛养殖小区的水、电、路等主要设施以及饲料配混、移动清粪、机械消毒等设施设备齐全，各种规章制度健全，消毒防疫设施、专职兽医齐备。

（2）带来了可观的经济社会效益。 项目的实施，直接带动了项目区内肉牛养殖、农业产品生产及销售，实现了肉牛养殖产业化、科技化、规模化的发展，形成了农副产品品牌化、销售方式现代化、从业农民新型化的全新农业生产局面，促进贫困山区农业产业结构调整，实现 500 户肉牛养殖农户户均增收 10 000 元，300 户农业种植户户均增收 6 000 元，达到辐射效应，实现周边农户增收 680 万元，社会效益显著。

（五）"肉牛养殖＋牛棚顶光伏项目"精准扶贫式发展模式

1. 模式简介

以张家口禾牧昌畜牧养殖有限公司创建的肉牛产业扶贫模式为代表。张家口禾牧昌畜牧养殖有限公司是一家具有一定资金实力和发展潜力的市级养殖业龙头企业，主要经营的业务范围包括牛、羊畜牧养殖，饲草种植、造林绿化、光伏发电等。公司的"肉牛养殖＋牛棚顶光伏项目"的具体做法如下：禾牧昌畜牧养殖有限公司为贫困户提供银行贷款担保，公司获得贷款的使用权并负责还本结息（政府每年给予一定的贴息补贴支持）。公司定期（每月）通过合作社给贫困户每户 200 元固定收益金和年终不低于每户 1 200 元的红利金。这样贫困户通过项目获得不低于每年 3 600 元的直接收益，且不承担任何贷款风险。该模式运行机制如图 3-5 所示。

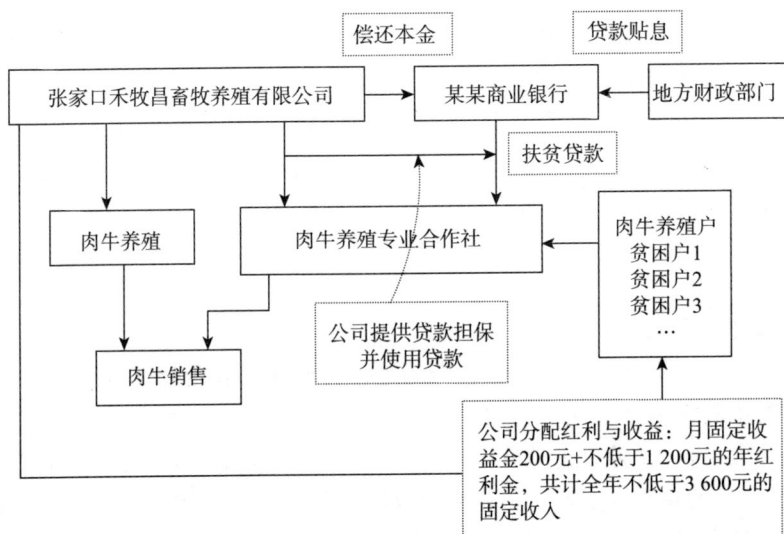

图 3-5 "肉牛养殖＋牛棚顶光伏项目"精准扶贫式发展模式示意图

2. 模式运行特征

（1）这是一种依托肉牛养殖的产业扶贫与金融扶贫相结合的扶贫式产业发展模式。该模式获得了银行信贷资金的支持，实现了扶贫过程中产业资本和金融资本的双带动作用。

（2）贷款主体是由贫困户组成的肉牛养殖专业合作社。贷款性质为贫困户贷款，公司作为合作社的发起人单位有权在合作社经营范围内使用信贷资金；同时，公司为贫困户提供银行贷款担保并负责贷款的还本结息（政府每年给予一定的贴息补贴支持）。

（3）形成了"龙头企业＋合作社＋贫困户＋银行＋光伏太阳能＋财政扶持"的双产业扶贫新模式。既壮大了肉牛产业，又发展了光伏产业，又摆脱了贫困，在产业资本和金融资本的广度结合中实现了产业发展和脱贫。

3. 模式运行效果

（1）不仅扩大了肉牛养殖规模，而且还挖掘了肉牛养殖的新价值创造功能。张家口的冬季非常寒冷，冬季室外温度平均气温零下 15℃左右，最低气温可接近零下 30℃。公司建造的牛舍非常坚固耐用，适合安装连片的光伏太阳能板。截至目前，在扶贫项目的带动下，不仅公司的肉牛养殖场所拓展到

53 000 多平方米，存栏肉牛达到 3 000 头，而且公司利用坚固的牛棚顶安装了大量的光伏太阳能板发电，既解决了北方牛棚冬季取暖用电的问题，又将富余的发电量提供给周边的百姓使用，带来了可观的经济效益。

（2）将肉牛产业打造成了能够带领贫困户脱贫致富的引领性产业。张家口阳原县是国家级深度贫困县，当地土地瘠薄，水质含氟量高，气候条件较差，农民收入水平较低。公司通过 2 000 贫困户筹集扶贫贷款 1 亿元和企业自筹 1.7 亿元在牛棚顶安装了光伏板，已经有 800 千瓦光伏并网发电。该项目的实施预计总产值达 1.73 亿元，其中，牛产值 1.5 亿元，光伏产值 0.23 亿元，经济效益 5 150 万元，可直接带动 2 000 贫困户精准脱贫，户均从项目中直接收益不低于 3 600 元/年，直接使农民增收 1 700 多万元。该项目将肉牛养殖与精准扶贫相结合，带动当地贫困户脱贫并走向富裕之路。

（六）"肉牛生产与文化相结合"文化引领型产业发展模式

1. 模式简介

该模式以承德隆化创建的隆化肉牛文化创意产业园为代表。隆化养牛历史悠久，早在 1978 年就被列为全国商品牛生产基地县，2010 年成为国家肉牛牦牛产业技术体系示范基地，2013 年被确定为河北省肉牛标准化示范区。截至 2016 年底，全县肉牛饲养量达到 47.2 万头，产业总值达 16 亿元，占畜牧业总产值的 60.2%，农民人均养牛收入 4 135 元，占农民人均纯收入的 57%，成为脱贫攻坚的"一号产业"。为了进一步把肉牛产业做大做强和更好地发挥肉牛产业的带动作用，隆化县政府不断推出新举措，把肉牛产业加入文化元素，提升社会公众对肉牛产业的理解与认知，形成了具有当地特色的肉牛文化产业。

2. 模式运行特征

（1）拓展了"文化＋科技＋肉牛产业"深度融合的发展空间。积极培育牛文化、牛科技、牛创意等新业态，推动传统肉牛产业的转型升级。

（2）以肉牛文化做引领，培育肉牛产业的明星企业。把龙头企业打造成富含文化素养的肉牛产业领头羊。

（3）打造自己的优质品牌。2016 年"隆化肉牛"被国家工商行政管理总局商标局核准注册为国家地理标志证明商标，成为承德市第 6 个国家地理标志证明商标，进一步证明了隆化肉牛的原产地域和特定品质，是河北省供港供澳活牛重要基地；2017 第六届品牌农商发展大会结束，"隆化肉牛"品牌被评为"2017 最受消费者喜爱的中国农产品区域公用品牌"，同时也是全国唯一获此殊荣的肉牛品牌。

（4）重点扶持经营创新。鼓励龙头企业到北京、天津、上海等大城市开设特色馆、展销中心。重点扶持北戎在北京创办的生态牛肉展销中心——九号公社。

(5) 注重品牌宣传。 加大对"隆化肉牛"在电视、报纸、微信等多媒体领域的品牌宣传力度，谋划在北京、天津、上海等大都市定期筹办隆化肉牛文化节、美食节等活动。

3. 模式运行效果

(1) 注重与现代宣传媒介相结合。 打造能够推进肉牛生产与消费的品牌环境，有益于提高生产收益。

(2) 打造肉牛品牌。 不论是地理标识、还是融入其他文化元素、还是打造最受消费者欢迎的肉牛品牌，都将有助于增强隆化肉牛及相关农产品的市场竞争力。

(七)"以基础母牛繁育为中心"肉牛产业发展模式

以承德隆化县郭家屯镇河南村的肉牛养殖为代表。河南村是典型的户养母牛繁育村，具有多年的养殖肉牛传统。全村 200 多户人家，家家户户都养肉牛，养殖数量每户 30～50 头不等。主要是以母牛繁育为主。2018 年年底，母牛及犊牛存栏量达到 1 560 头。

该模式的运行特点表现为：一是山区放牧与圈养相结合；二是养殖品种主要是当地传统黄牛，或者是已经经过几代杂交的优良品种；三是母牛繁育方式主要是本交；四是母牛繁育处于由放养到圈养的转型期，在配种、防疫、饲料和资金方面都遇到了问题；五是组织化、规模化养殖的理念正在形成。2018 年河南村第一家肉牛养殖合作社——隆化县昆鹏肉牛养殖农民专业合作社成立，全部养牛户都加入了合作组织，目前合作社与县畜牧局、省内外专家团队建立联系，为养殖户提供饲喂技术指导、改良品种、科学育牛、防病防疫、粪便无害化处理等方面的服务；六是犊牛销售主要是采取自销（当地的张三营镇齐盘营活牛交易市场）和外来收购两种方式。

(八)"育肥场＋直销"肉牛产业发展模式

该模式以承德京堂养殖有限公司为代表。特征为：一是以架子牛育肥为主，打通重点销售渠道，育肥肉牛直接出口港澳，获取较高收益；二是对接大型商场、超市，以养殖场直销的品质、质量优势获取客户群体，如京堂养殖有限公司所属的福泽公司肉牛加工，直接供应承德市大润发等超市。

该模式重视牛肉的直销渠道的拓展，善于利用养殖场直销的优势，扩大销售渠道，获取较高收益。

(九)"股份牛助力脱贫"肉牛产业发展模式

该模式以大厂回族自治县的肉牛养殖为代表。由政府出资为全县所有建档立卡贫困户入股该县一家龙头肉牛养殖企业养殖高档肉牛，企业为托养的肉牛提供专用场地、专用饲料、购买保险等，实行集约化、科学化、规范化养殖，依托"大厂肥牛"这一国家地理标志保护产品的品牌效应，贫困户每年享受保底分红。

（十）"流通周转获取差价为核心利益点"肉牛产业发展模式

该模式以隆化县益佳养殖有限责任公司的肉牛养殖为代表。该公司始建于2010年6月，法人代表是赵立新。公司位于偏坡营乡颇赖村，被农业部授予部级畜禽养殖标准化示范场，也是2016年基础母牛扩群项目实施单位。

该公司肉牛养殖的运营模式是：负责人到张三营牲畜交易市场和围场县棋盘山大牲畜交易市场选准合适的牛，适合短期或长期育肥牛、母牛都可以，并不一定成批量的购买，而是怎么合适怎么买，过段时间再卖出去，赚取中间差价。不仅仅是单一的育肥或者繁育，而是多种盈利方式。这是一种典型的能人经济。

二、河北省肉牛产业发展取得的经验

（一）只有践行农业产业化经营理念才能实现产业提质增效

在我国，农业产业化经营已经推行了40多年，但在肉牛产业发展领域，长期存在着养殖分散，屠宰、加工及其销售缺乏有机连接的问题，产业化程度比较低。长期的利益分割导致产业各环节成本高、效益低，影响了整体经济效益的提升，这是肉牛产业不强的根本原因。可喜的近年来一些龙头企业开始重视产业链的建设与维护，尝试将产业链条向前向后延伸，并取得了不错的效果。从已经形成的十多种肉牛产业发展模式来看，大多数都是基于龙头企业带动下的产业化经营与发展，包括育肥场带动、加工企业带动、科技创新引领、肉牛产业扶贫、养殖小区带动以及其他文化元素的注入、产品直销、资本运作、能人带动，等等，在龙头企业带动下，形成包含上下游企业（包括养殖户）的产业链，产生了产业聚集效应和规模效应，带动了成片区的养殖户发展和贫困户脱贫。

（二）创新是产业模式形成并稳健运行的重要支撑

创新是经济发展的驱动力，肉牛产业发展中的创新具体应包括两个方面：技术创新和经营理念创新。利用良种繁育、秸秆青贮、科学的饲料配方、粪污处理等技术创新，为肉牛产业发展提供可持续的发展动力；通过注入文化元素、拓展直销方式、用现代金融理念进行资本运作，形成养殖户与龙头企业之间的稳固利益关系，为肉牛产业发展提供可持续的利益驱动力量。

（三）山区半山区的自然生态环境有利于牛肉品质提升

调研中涉及的地区多为河北省北部山区半山区地带，水草资源相对丰富，气候适宜，一年中 6 个月左右的自由采食提高了肉牛生长速度和牛肉品质。但是，随着放牧养殖向圈养的转变，肉牛养殖成本会增加，肉牛的生长速度、牛肉品质有可能会受到一定的影响。

（四）不断开拓牛肉营销新渠道

河北省牛肉销售市场主要有批发市场、农贸市场、早市、牛肉品牌连锁店、超级市场，也有快餐连锁店、星级宾馆饭店、机构购买者等其他零售渠道。在市场多元化发展形势下，牛肉产品生产销售模式也应相应的发生改变。随着电子商务的发展和青年消费群体的不断壮大，牛肉由家庭传统菜肴转向方便、快捷型快消品的商业定位转型。同时，原有产业模式中的规模化屠宰加工厂建设转向城市街区加工分割中心，规模化食品加工厂建设转向中央厨房配送中心，由屠宰加工向形象、连锁餐饮店面延伸，这些都将是新业态下肉牛屠宰加工及其销售方式的发展方向。另外，在国内牛肉市场供不应求状态短期不能改变的背景下，一些品牌牛肉产品越来越受到市场的青睐，河北省的"隆化牛肉"就是一个具有地标性质的牛肉品牌，该产品已经通过直销的方式在北京、上海、广东等地市场占有一席之地，因此，打造高端品牌、知名品牌也是拓展营销渠道的一个重要支撑。

（五）肉牛养殖服务体系健全是肉牛产业发展的保障

目前，河北省已经建立起稳定的县、乡、村三级动物防疫服务体系，形成了覆盖了所有行政村的良种繁育体系，饲草饲料保障体系完备，部分地区依托国家、省肉牛产业技术体系，农户可享受到国家、省肉牛产业技术体系专家的直接指导。"基层农技人员知识更新"项目的实施，理论实际结合，组织学员进园入场参观考察，消化培训成果，收到了实实在在的效果。"新型职业农民培训项目"的实施，2017 年培训农民 3 000 余人。

（六）肉牛产业是山区半山区重要的扶贫产业

调研过程中，除了廊坊的大厂、三河两地以外，其他几个地区的肉牛养殖基本都是分布在省级贫困县，地处山区半山区，缺少普通农产品大规模种植和形成产业化经营的经济社会条件，而肉牛养殖因其相对技术含量不高、管理相对粗放，广受贫困户的欢迎。

三、河北省肉牛产业发展存在问题分析

（一）基础母牛供给不足

长期限制河北省肉牛发展的瓶颈是基础母牛数量太少，能繁母牛养殖成本高、效益低。实践证明，就母牛繁育而言，规模化养殖成本普遍较高，反而是家庭分散饲养母牛收入比较可靠。数据表明，河北省年出栏量 10 头以下的养殖户（养殖场）占 92.52％，这些养殖户（养殖场）基本上地处山区，他们利用夏秋季节山区丰富的水草资源放牧养殖，有时全村的养殖户共同雇佣一个人去看管山上的牛只，也有时无人看管，待秋凉之后再集体把牛群赶下山，大体是 4～6 个月的时间基本实现零成本饲养，牛群下山后一般会很快进入销售市场，留下部分能繁母牛进入冬季舍饲。山区禁牧后，户养母牛的成本必然上升，养殖户的积极性下降，进而导致育肥牛和架子牛的供给进一步减少，这就更加强化了河北省异地购牛的短期育肥模式，在远途运输带来的运输热应激综合征等疾病得不到很好解决的情况下，河北省肉牛育肥场和屠宰加工业必将会受到影响。

（二）育肥牛本地牛源不足

长期以来，河北省的肉牛存栏量远远低于出栏量。从 2006 年到 2017 年，十年间肉牛存栏量和出栏量之间的差距经历了由小变大再变小的过程。尽管差距在缩小，但数据差距依然很大。如图 3-6 所示。仅以 2017 年为例，肉牛存栏量仅为出栏量的 57.68％，换句话说，河北省接近 50％的肉牛出栏量都是来自外地牛源，本地牛源严重短缺。实践中，河北省每年都要从外地购进架子牛进行短期育肥，3～5 个月后进入屠宰加工环节，以冷鲜肉及其加工产品的形式进入北京、天津等地的最终消费市场。

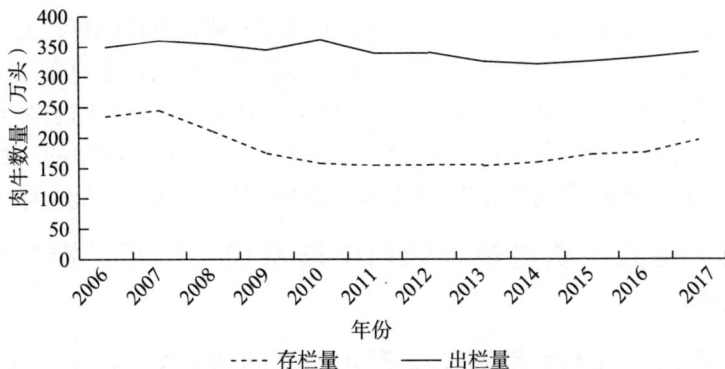

图 3-6　2006—2017 年河北省肉牛生产变化趋势图

（三）品种改良任重道远

一般龙头企业带动性的肉牛养殖模式基本实现了养殖品种优良化，但是，一些以基础母牛繁育为重点的养殖村在品种改良方面还有待提升。以隆化县郭家屯镇河南村的肉牛养殖为例，全村养殖母牛几千头，长期采取山区放牧与圈养相结合的养殖方式，母牛繁育方式主要是本交，很少采用人工授精，导致养殖品种主要是当地传统黄牛，或者是已经经过几代杂交的所谓的优良品种。

四、河北省肉牛产业发展建议

（一）加大基础母牛扩繁工程的实施力度

面对日渐增大的牛肉消费市场，河北省有必要加大本地的母牛繁育工程，培育更多的可育肥的架子牛，消除因长途贩运架子牛带来的各种风险损失，降低肉牛育肥成本。2014 年起，河北省政府就实施了《肉牛基础母牛扩群项目实施方案》，对肉牛基础母牛存栏 3 万头以上的母牛养殖大县和肉牛基础母牛存栏 500 头以上的大型肉牛养殖场实行补助。实践中，河北省 99% 的肉牛养殖户肉牛存栏量在 10 头以下。实践表明，母牛的小规模养殖会带来不错的收益，反而较大规模养殖却是收益较低，有的甚至是亏损。因此，建议加大基础母牛扩繁工程的实施力度，将实施对象扩大到小规模养殖农户和养殖场，只有增加基础母牛数量并提高品质，才能从源头增强河北省肉牛产业发展的后劲。

（二）培育新的肉牛产业发展模式

建议在河北省中南部农作物主产区建设大规模育肥场、屠宰加工厂，将贫困山区繁育的 300～350 千克左右的肉用公犊运到育肥场开始育肥，实现机械化、大规模、标准化饲养与屠宰加工。利用科学管理手段，对所有肉牛配备电子耳标、建立档案和疫病检测，实现肉牛个体可追溯。所有原料必须检测营养成分和农药残留，确保牛肉生产安全。建立养殖户与育肥企业的合作机制，肉牛所有权属于农户，育肥场为其提出犊牛收购的指标要求，育肥场对繁育饲料配方、技术管理给予指导并收取必要的饲养管理费，稳固育肥牛的高数量和高品质。在南部平原地带创建肉牛育肥场，探索我省省域内的北繁南育新模式。

（三）建立标准化规范化肉牛屠宰加工体系，推广牛肉深加工技术

目前河北省肉牛私屠乱宰泛滥，严重影响河北省牛肉产品信誉，阻碍了河北省牛肉打开全国特别是京津市场，建立标准化、规范化的肉牛屠宰加工体

系，确保无菌、安全、规范化屠宰。推广牛肉深加工技术，对牛胴体实施精细化分割，提高牛肉附件值。

（四）树立品牌优势，打造名优特牛肉产品

品牌可以从两方面建设，一是根据不同的客户群体和民族习惯，研发不同特色的牛肉产品，满足不同类型的市场需求；二是根据不同地域的气候条件及其他养殖资源优势，开发具有地方特色的牛肉产品，比如河北省已经开发的"隆化肉牛"品牌。河北省地域辽阔，民族多样，打造各具特色的牛肉品牌产品空间很大。基于此，河北省需加大牛肉品牌建设力度，树立具有地方特色、民族特色的品牌牛肉产品，提升肉牛产业发展的市场竞争能力。

（五）紧密结合肉牛业发展与产业扶贫

近几年我国脱贫攻坚的实践证明，产业扶贫发挥了重要作用，其中肉牛产业更是凸显地位。据国家肉牛牦牛产业技术体系专家的不完全统计，我国14个连片贫困地区中的832个县中，有513个县都有肉牛扶贫的项目。2019年，河北省的扶贫脱贫任务依然很严峻，截至2018年底，还有39个省级贫困县，建议省政府进一步加大肉牛产业扶贫的力度，推动更多山区半山区的贫困农户加入肉牛产业发展的养殖队伍。比如，安格斯和西门塔尔肉牛饲养管理粗放，适应性强，生长发育快，肉质好，适合小群体、大规模方式养殖，因此政府可以拿出专项扶贫资金，购买国外纯种安格斯或西门塔尔肉牛作为主要品种，免费发放给贫困农户，利用农户的丰富饲草饲料资源和闲散劳动力，发展现代肉牛产业。目前贵州、陕西、内蒙古等省市自治区均采取这种方法实现产业扶贫。

（六）强化培训，提高从业人员素质

充分利用河北省肉牛产业技术体系岗位专家和实验站站长等技术团队，围绕肉牛主导产业发展和新型职业农民培育需求，建立实习实训教学基地；同时，以产业园区、专业村、农民专业合作社和农业企业为依托建立农民学校，实现农民教育与产业对接，就地就近培训农民，覆盖了种养加、电商和休闲农业等主导产业和特色产业，在全省实现新型职业农民培育实训教学基地优质资源共享格局。充分运用肉牛产业技术体系和肉牛分会网站，实时发布产业技术信息，全天候满足不同人群的技术需求，提高广大农牧民的养殖水平和经济效益。

（七）建立省级肉牛养殖保险制度

俗话说，家财万贯，带毛的不算。农民深信养牛能脱贫、能挣钱，但是，

是个活物就可能生病，一旦牛生病，就可能赔得一干二净，这是所有动物养殖户的共同"心结"，也是养牛户面临的最大风险，基于此，对肉牛养殖户（养殖场）的肉牛进行养殖保险成为必要的措施。建议推广承德隆化经验，采取"财政补贴＋农户自缴"相结合的方式对全县肉牛统一上保险，建立覆盖全省的肉牛产业"普惠农险"制度，有效降低肉牛产业的养殖风险。承德隆化作为养牛大县，其保险补贴做法是：每头牛一年的保险费是 400 元，其中的 80％由政府补贴（320 元），剩余的 20％（80 元）由养殖户承担。"保险"这只安全阀让百姓养牛更踏实。只有牢固的政策保障，才能让养牛户有信心，才能推动肉牛产业健康发展。

参考文献

曹凯云 . 河北省出台肉牛养殖补贴政策，加快实施肉牛基础母牛扩群项目［J］. 北方牧业，2014（23）.

曹玉凤，等 . 河北省肉牛发展现状、问题与建议［J］. 中国牛业科学，2012（4）.

罗伟林，等 . 京津冀畜牧业发展状况的比较分析［J］. 黑龙江畜牧兽医，2017（20）.

杨振海，等 . 产业兴旺 才有希望——河北省隆化县肉牛产业发展调研［J］. 农村工作通讯，2018（2）.

赵学风 . 河北省 2016—2017 年牛肉产销形势分析［J］. 北方牧业，2016（24）.

第四章　河北省牛肉消费及贸易情况分析

一、全国及河北省牛肉消费情况

（一）全国城镇及农村牛肉消费

自 2010 年以来，我国城镇居民年人均消费牛肉 2.5 千克左右，占肉类总消费的比重维持在 8%左右（图 4-1），农村居民年人均消费牛肉 0.9 千克左右，占肉类总消费的比重维持在 3.5%左右（图 4-2）。我国居民人均消费牛肉量一直较稳定，在肉类消费中比重较低。

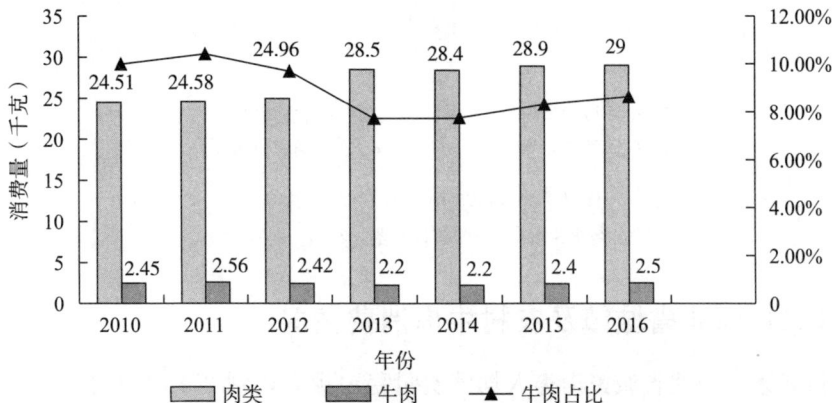

图 4-1　全国城镇肉类及牛肉人均消费量

数据来源：《中国统计年鉴》2011—2017。

近年来全国居民牛肉消费总量稳中有升，2016 年城镇居民消费 198 万吨，农村居民消费 53 万吨，总量突破 250 万吨，达到 2010 年以来的最高值。2013 年以后，城镇消费增速平缓，农村消费增速波动较大，且低于城镇水平（图 4-3）。

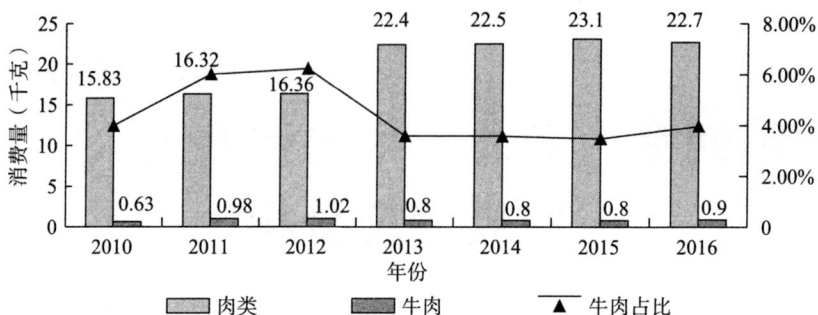

图 4-2　全国农村肉类及牛肉人均消费量

数据来源:《中国统计年鉴》2011—2017。

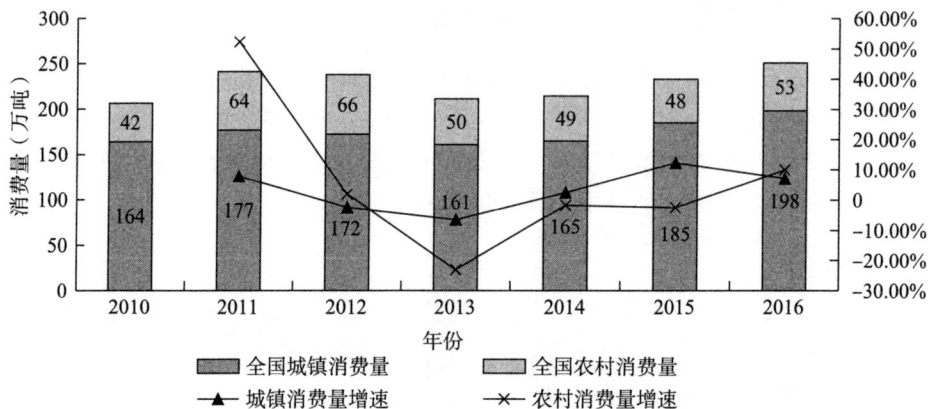

图 4-3　全国城镇与农村牛肉消费量

数据来源:《中国统计年鉴》2011—2017。

（二）河北省城镇及农村牛肉消费情况

近年来，河北省城镇肉类人均消费量稳定提升，到 2016 年达到 29 千克，基本达到全国城镇平均水平，其中牛肉消费 2.36 千克，占肉类总消费的 8%，略低于全国城镇水平。牛肉消费占肉类比重自 2010 年后大幅降低，2014 年后小幅提高（图 4-4）。

2010 年以来河北省农村肉类人均消费量快速提升后保持稳定，2016 年达到 18.78 千克，较全国农村平均水平 22.7 千克还有较大差距。其中牛肉消费 0.44 千克，不足全国农村平均水平 0.9 千克的一半，牛肉占肉类消费的比重仅 2.3%，远低于 3.5% 的平均水平。牛肉消费占肉类比重自 2010 年后大幅降低，2014 年后小幅提高（图 4-5）。

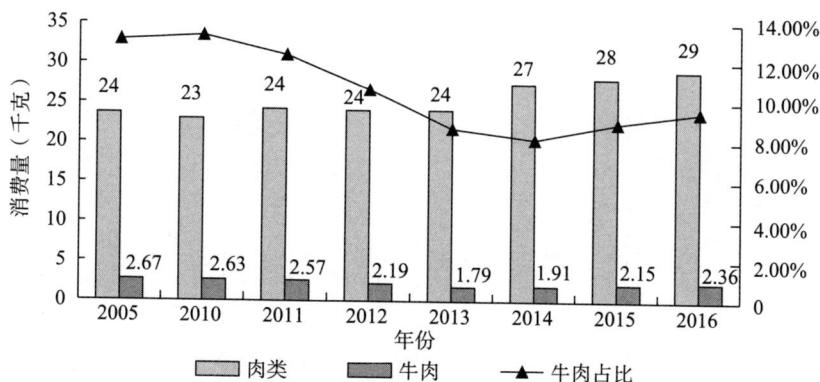

图 4-4 河北省城镇肉类及牛肉人均消费量

数据来源:《河北经济年鉴》2011—2017。

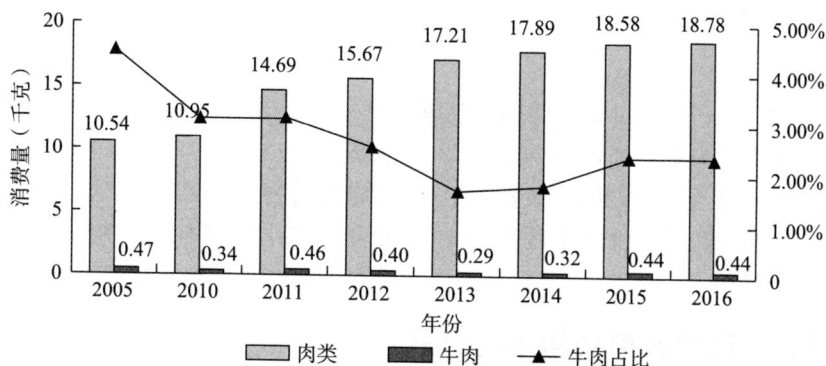

图 4-5 河北省农村肉类及牛肉人均消费量

数据来源:《河北经济年鉴》2011—2017。

  2011 年以来河北省牛肉消费总量先降后升,尤其 2013 年后增速较快,2016 年达到最高值 10.93 万吨,占全国消费量的 4.35%。其中城镇消费量 9.4 万吨,占全国城镇总量的 4.74%,农村消费 1.53 万吨,占全国农村总量的 2.89%(图 4-6)。从增长速度来看,城镇增速自 2013 年来稳步提高,农村增速波动幅度较大。

二、河北省牛肉生产情况

(一)河北省肉牛产业发展阶段

河北省肉牛产业发展大致分三个阶段:

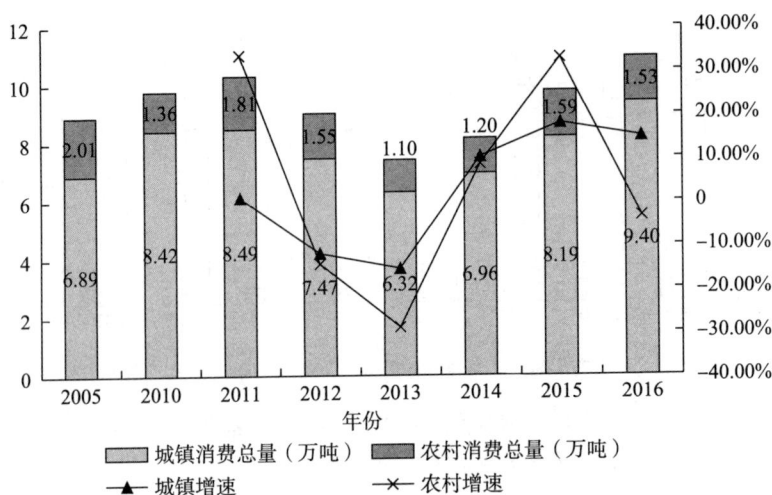

图 4-6　河北省城镇与农村牛肉消费量

数据来源：《河北经济年鉴》2011—2017。

1.1978—1995，迅猛发展期。改革开放后经济复苏，从 1978 年的年底存栏量 134.6 万头发展到 1995 年的 579.34 万头。

2.1995 年至 2006 年价格波动期，存栏量保持在 500 万头左右。

3.2006—2016，价格平稳期存栏量较第二阶段减少，保持在 200 万头左右。

（二）河北省肉牛和牛肉产量

表 4-1　河北省肉牛出栏情况及牛肉产量

年份	肉牛存栏数（万头）	肉牛出栏数（万头）	牛肉产量（万吨）
2012	210.9	340.3	55.3
2013	199.5	325.3	52.3
2014	186.5	327.6	52.4
2015	166.86	325.42	53.4
2016	169.4	331.9	54.3
2017	198.4	341.9	55.9

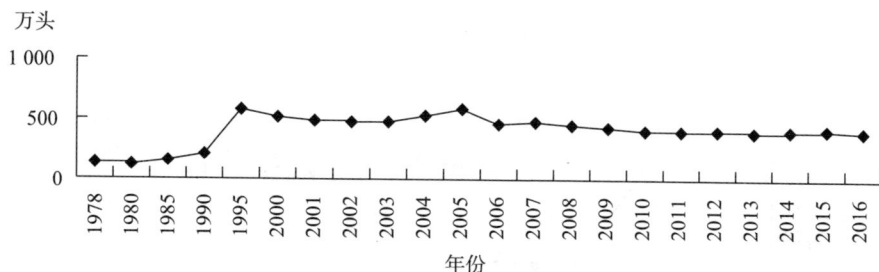

图 4-7 河北省肉牛年末存栏量（1978—2016）

（三）河北省与全国牛肉产量比较

2011 年以来，全国牛肉产量小幅提升，增速稳定，2016 年达到 716.8 万吨，河北省牛肉产量增幅不稳定，2016 年产量 54.3 万吨，占全国总产量的 7.58%，高于河北省牛肉消费量占全国的比重，所以相对于消费来讲，河北省牛肉生产能力较强（图 4-8）。①

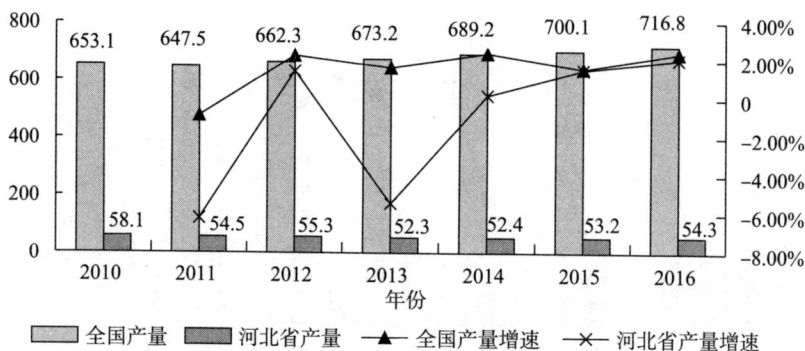

图 4-8 全国与河北省牛肉产量

数据来源：《中国统计年鉴》2011—2017。

2010 年后，河北省肉牛存栏稍微有所下降，肉牛出栏比较稳定，位居全国第 4 位；牛肉产量业比较稳定位居全国第 3 位。

三、河北省牛肉相关产品集市价格

根据河北省畜牧兽医局网站关于牛肉及相关产品的每周集市价格，换算得

---

① 由于中国统计年鉴中的牛肉生产量和河北统计年鉴中的牛肉消费量统计口径不同，致使两组数据无法对比，进而无法得出合理的河北省牛肉自给率，所以本文只做了各组指标内部的比较。

出 2017 年 1 月至 2018 年 5 月牛肉及相关产品的每月集市价格，如图 4-9 至图 4-11 所示。

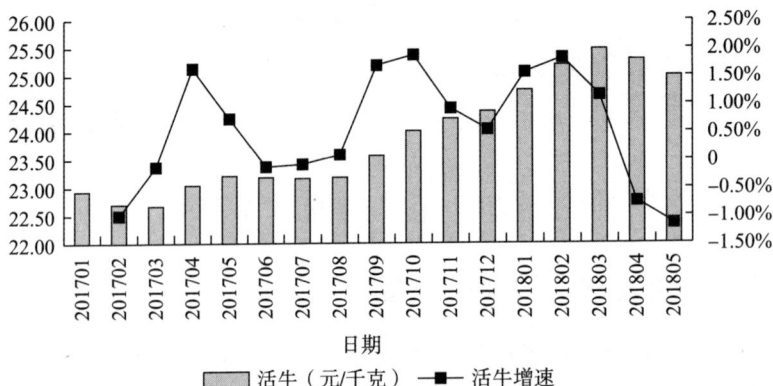

图 4-9　河北省活牛价格及增速

数据来源：河北省畜牧兽医局网站每周数据。

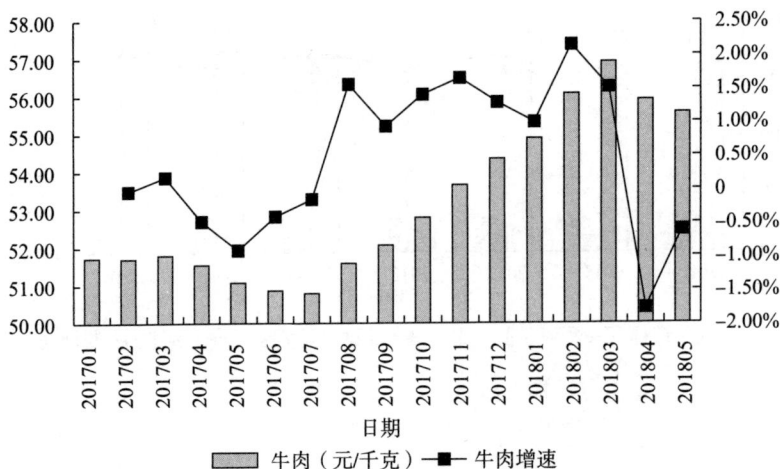

图 4-10　河北省牛肉价格及增速

数据来源：河北省畜牧兽医局网站每周数据。

自 2017 年 1 月至 2018 年 5 月，河北省活牛价格呈现出波动上升的走势，从每千克 22.67 元上涨至 25.48 元，最高涨幅达到 12.4%。其中除了 2017 年 1—3 月、2017 年 5—8 月、2018 年 3—5 月三个时间段价格呈下降走势外，其余时间段价格均呈上升走势。价格增速同样也呈曲线波动，其中 2017 年 4 月、10 月、2018 年 2 月等三个月份增速最快。

自 2017 年 1 月至 2018 年 5 月，河北省牛肉价格主要呈现出先降后升的走势，从每公斤 50.79 元上涨至 56.92 元，近期回落至 55.60 元，最高涨幅 12.1%。其中 2017 年 1—7 月价格小幅下降，2017 年 8 月至 2018 年 3 月快速上升，3 月后下降。价格增速同样也呈曲线波动，其中 2017 年 8 月、11 月、2018 年 2 月增速最快，与活牛价格高增速时期基本一致。

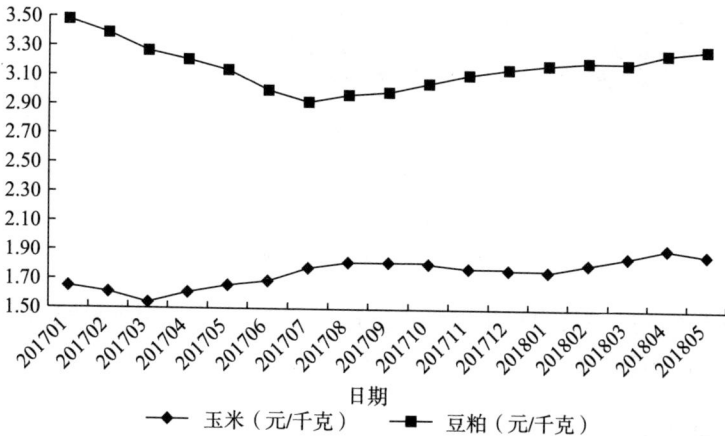

图 4-11 河北省饲料价格
数据来源：河北省畜牧兽医局网站每周数据。

肉牛养殖的主要饲料玉米和豆粕的价格波动与活牛和肉牛的波动轨迹不一致。豆粕价格 2017 年 1—7 月自每千克 3.5 元降至每千克 2.9 元，降幅达 17.1%，2017 年 8 月的每千克 2.97 元至今缓慢上涨至每千克 3.29 元，涨幅达 10.8%。2017 年 1—3 月，玉米价格小幅下降至每千克 1.54 元，2017 年 4 月至今，玉米价格上涨至每千克 1.9 元，涨幅达 23.4%。相对于牛肉及活牛价格，饲料价格波动幅度更大。

四、中国牛肉进出口情况

自 2016 年以来，中国牛肉进口数量稳步上升，2016 年进口 58 万吨，2017 年 69.5 万吨，2018 年前 4 个月已经达到 28.5 万吨，按照此趋势估算，2018 年全年进口量约为 85 万吨。进口牛肉平均价格从 2016 年 1 月至 5 月呈下降趋势，从每吨 3.07 万元大幅下降至 2.65 万元，并形成了近年来的最低值，随后进口均价在 2017 年 1 月上升至最高值 3.15 万元，随后一直徘徊在 2.9 万元至 3.1 万元间（图 4-12）。相对于国内牛肉售价，我国牛肉进口价格较低。

我国牛肉出口数量自 2016 年以来大幅度下降，2016 年出口 4 142 吨，2017 年大幅减少为 922 吨，2018 年前 4 个月仅 146 吨，按此趋势估算，2018

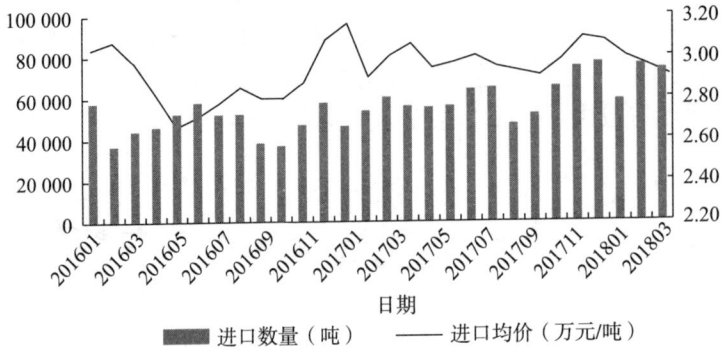

图 4-12　中国牛肉进口数量及均价
数据来源：中国海关总署网站。

年出口量约为 438 吨。出口牛肉平均价格从 2016 年 1 月至今呈波动下降趋势，且 2017 年至今波动幅度增大（图 4-13）。

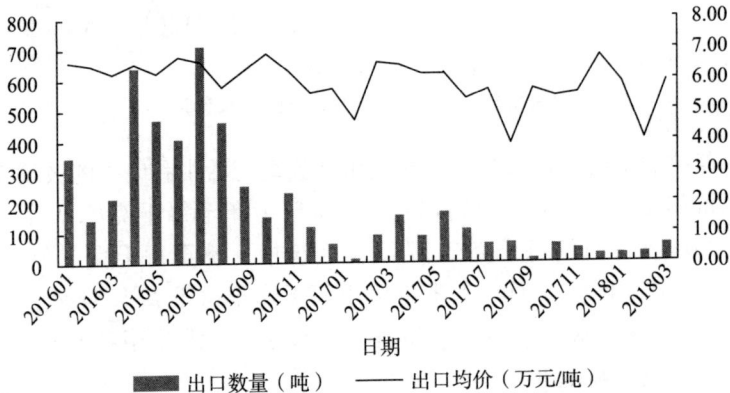

图 4-13　中国牛肉出口数量及均价
数据来源：中国海关总署网站。

五、总结

（一）河北省牛肉消费

表 4-2 所示，河北省牛肉消费水平总体低于全国，尤其是农村地区差距更大。但是近年来受到培养健康饮食习惯等因素的影响，河北省牛肉消费的增速较快，尤其是城镇消费。按照这样的趋势发展，河北省牛肉消费水平将进一步提高，对牛肉的需求量会进一步增加，进而有助力增强肉牛养殖的积极性。

表 4-2　消费指标对比

指　　标	河北省与全国平均水平对比
城镇人均牛肉消费量	略低于
农村人均牛肉消费量	远低于，仅为一半
城镇牛肉占比	持平
农村牛肉占比	远低于
城镇消费量增速	高于
农村消费量增速	波动大，不稳定，有高有低

（二）河北省牛肉生产

据表 4-3 所示，河北省牛肉产量较高，是全国的重要产区，但近年来产量增速不稳，波动较大。针对此问题，有必要对影响河北省牛肉产量的具体因素进行详细研究，找出关键问题，以进一步提高河北省牛肉总产量。

将河北省与全国牛肉产量增速分别和牛肉消费增速进行对比，非常明显的发现目前河北省以及全国的牛肉需求量快速提升，而生产供应能力有待提高，在这种趋势下，牛肉产品的进口量将会提高。

表 4-3　生产指标对比

指　　标	指标描述
牛肉产量	占全国 7.58%
2016 河北省牛肉产量增速	2.07%
2016 河北省牛肉消费增速	11.76%
2016 全国牛肉产量增速	2.38%
2016 全国牛肉消费增速	7.73%

（三）河北省牛肉价格

据表 4-4 所示，活牛及牛肉价格自 2017 年 1 月以来均有小幅波动，且增速不稳，饲料价格总体波动幅度较大，且与活牛、牛肉价格走势不符，说明河北省饲料价格虽然直接影响了肉牛养殖成本，但对产成品价格的影响较小。但是在国家"粮改饲"和"舍饲圈养"的政策引导下，饲料价格对肉牛养殖成本的影响将越来越大，势必会影响到肉牛的产品价格。所以进一步研究河北省肉牛产品价格的影响因素，对其进行科学合理的预测非常重要，同时从风险防范角度还需要研究适合于河北省肉牛养殖的相关财政、金融和保险方面的政策。

表 4-4　相关指标对比

指　　标	指标描述
活牛价格及增速	22.67～25.48 波动幅度 12.4%，增速不稳
牛肉价格及增速	50.79～56.92 波动幅度 12.07%，增速不稳
玉米价格	1.54～1.92 波动幅度 24.68%
豆粕价格	2.92～3.48 波动幅度 19.18%

（四）中国牛肉进出口

近年来由于中国居民饮食习惯的改变和健康理念的提升，牛肉消费量持续上升，而国内牛肉产量增速较慢，所以中国牛肉进口数量逐年攀升，进口价格略有波动。同时出口数量大幅度缩减，且出口价格远高于进口价格，和国内牛肉市场价格持平。所以国内牛肉生产者一方面应该大力发展生产，提高国内牛肉供应数量，另一方面，需要进一步提高出口牛肉产品质量，提高出口价格，以获取更高收益。政府可以针对不同类型的企业给予相关政策支持。

第五章　河北省居民牛肉消费行为研究

一、引言

本研究通过对河北省城乡居民在牛肉消费过程中的意愿调查，分析其牛肉消费存在的行为特征以及影响因素，旨在有的放矢地制定牛肉消费营销策略，提高牛肉消费水平。

（一）研究内容和方法

1. 研究内容

一是全面调查和分析河北省牛肉的生产和消费现状。二是对居民牛肉消费行为特征描述性分析。运用调查所得数据对河北省居民牛肉消费行为特征进行对应分析，归纳河北省居民牛肉消费行为特征。三是对河北省居民牛肉消费行为影响因素进行定性、定量分析，定性分析旨在明确影响牛肉消费行为的制约因素和促进因素，定量分析旨在明确河北省居民牛肉消费行为特征。四是针对研究结论提出提高牛肉消费的具体对策建议。

2. 研究方法

（1）问卷调查法。 本文采取实地走访与问卷星在线调查相结合的方法。为了研究的全面性和合理性，2018 年 3 月到 7 月，在河北省保定市、石家庄市、唐山市的部分超市、社区周边超市、农贸市场等地对消费者进行了预调查，根据调查的结果对调查问卷进行了修改和完善；2018 年 9 月，在河北省进行了正式网络问卷调查。

（2）定性与定量分析法相结合的方法。 本文采用定性分析法，对影响河北省城乡居民牛肉消费者行为的影响因素进行归类分析，采用描述性统计方法，对数据归类整理，对所得数据比较分析。本研究将采用 Logistic 模型对影响牛肉消费行为的制约因素进行定量分析。

（二）国内外研究现状

1. 国外研究现状

国外研究者对居民牛肉消费行为影响因素的研究，主要集中在消费者的偏好，安全，嫩度，包装，广告等。

(1) 对牛肉消费者偏好的研究。 Balachandar（2014）发现印度文化、传统、习俗和禁忌在很大程度上影响了肉类消费，95％的山羊肉是在当地消费的，宗教徒是不允许食用牛肉的。Smith. Pete（2014）对巴西的不同的民族宗教进行饮食习惯追踪也做了相关研究，得出地区、性别和收入是影响牛肉消费的决定因素。Devi S M（2015）持有相同观点：不同消费者人口特征、消费习惯、态度喜好影响牛肉购买。而 Kou Jingya（2016）通过对延吉城镇居民牛肉消费地点的选择及影响因素分析，得出消费者更乐意在超市消费牛肉，选择原因为牛肉的来源、品牌和清洁环境。Morales（2013）通过对来自奥索尔诺和圣地亚哥的 204 名消费者进行调查得出由于不同消费者偏好不同切肉、牛肉分类等级或牛肉的外观，所以偏好是影响牛肉消费的重要因素之一。D Guzek（2015）则通过对牛肉削减热处理程度试验对影响牛肉消费者的因素进行了研究。M Mccarthy（2003）认为态度和主观规范都影响了人们吃牛肉的意愿，但这种态度更为重要。

(2) 产品包装对牛肉消费的影响。 Qing Chen 和 Sven Anders（2013）研究消费者对不同信息处理下新鲜牛肉真空包装的消费者认知和估计。研究结果表明，真空包装的正面和潜在负面性的信息在塑造消费者对真空包装和真空包装的牛肉牛排的态度方面起着重要的作用。Carola Grebitus（2013）通过调查牛肉产品在被一种可延长新鲜肉类的保质期的改良的空气包装对美国和欧洲消费者的需求的影响。

(3) 广告对牛肉消费影响。 K Hoff（1997）表明丑闻或者广告对牛肉消费产生很大的影响。Hyun J（2014）通过调查 2008 年在韩国举行的一场不寻常的公众"烛光抗议"活动，得出了牛肉消费者对大众媒体上牛肉负面宣传的反应很强烈。受访者（80.7％）在恐慌期间减少了进口牛肉的消费量。K Jones（2014）消费者依靠对媒体的可信度判断影响牛肉消费。

(4) 食品标签对牛肉消费影响。 Carl Johan Lagerkvist（2013）同过对牛肉产品上面的食品标签对牛肉消费者购买意愿的影响，研究发现好的食物标签可以用来传达有关牛肉产品生产加工过程质量的信息，以及可以达到产品差异化的目的已经成倍增加，好多标签更能刺激消费者购买意愿。而 Kar H. Lim（2014）则通过研究贴有原产地标签的牛肉产品对消费者的需求影响。国产牛肉优于进口牛肉的优势可以部分解释为消费者的风险处理行为。对此 M Borgogno（2017）也做了相关研究，他们对相同牛肉却标有不同国家标签的牛肉让消费者打分，得出消费者更偏向本国牛肉，说明了消费者更加喜好信赖本国牛肉。而 Wim Verbeke 和 Pieter Rutsaert 通过对比利时 202 名穆斯林消费者的调查，分析得出更多的文化适应，特别是年轻女性消费者更倾向于在超市购买经过认证的清真食品；穆斯林消费者愿意为认证的清真食品支付更高价格。Michelle Spence（2018）通过在牛肉产品包装上印上了快速反应（QR）代码的可追溯标签，帮助消费者通过智能手机方便地访问可追溯性信息。

（5）食品安全对牛肉消费影响的研究。 G Debruyckere（1992）通过对被合成代谢类固醇污染的肉类对消费者的影响研究，得出食品安全影响肉类消费。MDCPD Fonseca（2008）的研究间接证明了该结论的正确性，对此持相同观点的还有 H Mizuno（2015）。Hyun J, J（2014）调查后得出受访者（80.7%）在恐慌期间减少了进口牛肉的消费量，说明食品安全是营养牛肉消费的重要因素。

（6）价格对牛肉消费影响的研究。 FS Brandão（2015）对影响牛肉消费的主要因素分析，得出价格是影响牛肉消费的主要因素。许多学者的研究也持相同看法。S Charlebois、M Mccormick、M Juhasz（2016）对加拿大居民牛肉消费进行研究发现连续 12 个月的牛肉价格上涨导致了 36% 居民减少牛肉消费；而 B Schnettler，N Sepúlveda，J Sepúlveda，L Orellana，H Miranda（2014）却得出了不同的结论，他们通过对智利的 800 名消费者分析得出 52.3% 的居民喜欢高价格牛肉，这会让消费者对产品消费信心增强，牛肉的出产处、牛肉售价是影响居民牛肉消费的最主要原因。Merlino V. M，Borra D and Girgenti V（2018）对意大利西北部皮埃蒙特的 16 家肉店中的牛肉消费者进行调查，得出价格是影响皮埃蒙特的牛肉消费者采购最重要的因素。

2. 国内研究现状

目前消费者行为研究中粮食消费行为研究较多，畜产品消费行为研究较少，针对居民牛肉消费行为进行研究分析的更少。

（1）对城乡消费行为差异性的研究。 李宁（2013）通过 2000—2011 年内蒙古城镇居民肉类消费的时间序列数据，对该地区的城镇居民肉类消费结构的变化趋势进行实证分析。得出随着城镇居民的收入增加，人们会更多地消费牛肉和羊肉，牛羊肉自价格弹性绝对值较大，但四种肉类都属于生活必需品。梁丹辉（2014）指出我国居民膳食消费结构正处于转变的关键时期，人均肉类消费量不断上升，农村居民的牛肉消费量也在不断地增加，农村居民人均牛肉消费量占人均猪牛羊肉消费量的比例持续波动，农村居民牛肉消费的地域差别明显。农村居民人均纯收入、牛肉价格对农村居民的牛肉消费行为显著性影响，农村居民牛肉消费收入弹性更大。李娜（2016）不同收入水平的城镇居民肉类消费存在差异，户内肉类消费量大于户外消费量。范晶（2017）城镇居民相较于农村居民牛肉购买数量、牛肉消费比重均较高，城镇居民购买牛肉时主要影响因素为供给安全、新鲜程度、口感和味道；而农村居民主要影响因素为牛肉的价格、是否新鲜以及口感和味道。高奇（2016）牛羊肉与收入正相关随着其增加消费量上涨。胡雅淇（2017）从消费数量、变动趋势、消费结构以及户内外消费等方面对中国城乡羊肉消费差异进行分析，并对未来城乡居民羊肉消费趋势进行判断及展望。结果表明，城乡居民羊肉消费存在较大差异，但是差异逐渐减少，未来城乡羊肉消费将持续增多，差异继续减少。还有通过对城乡居民消费现状分析对未来进行预测的，胡雅淇（2017）城乡居民羊肉消费存在较大差异，但是差异逐渐减少，未来城乡羊肉消费将持续增多，差异继续减少。杨志海、刘灵芝（2018）指出由于国内外经济形势的不断变化，畜牧行业也正在酝酿着深刻的结构性变化，并通过分析城乡居民的收入水平、收入结构、人口结构、消费方式以及所处的市场环境等肉类消费影响因素，得出城镇居民未来肉类消费总量将持续增长，品质消费将占据主导地位。

（2）对牛肉消费可追溯性影响消费行为的研究。 李易渊（2014）认为行为发生人对可追溯农产品的认知水平以及其重要性、安全性的代表性评价、对可追溯农产品安全性评价以及标志信任程度显著影响居民消费意愿；被调查者农产品购买时间、产品质量安全问题也对居民产品消费意愿显著影响。张海峰（2016）通过分析广州市消费者对可追溯猪肉的消费意愿，采用有序Logit 模型对调查数据进行分析。乔娟（2016）选用双变量 Probit 模型，实证研究了品牌可追溯性信任对消费者猪肉消费行为的影响，研究发现：消费者更加倾向于消费品牌表示明确的猪肉，且在具体消费行为发生时将其偏好转化为行为习惯；消费者对品牌可追溯性的信任度整体较高，多数消费者对追溯标签的安全性代表较为认可，且追溯性标签的信任程度高低将显著影响消费行为发生。

（3）对食品安全影响消费行为的研究。 王文智（2015）通过计量模型AIDS 研究食品质量安全对居民肉类消费行为的影响，研究结果显示：食品质量安全信息对城镇居民肉类需求有轻微而显著的影响；食品质量安全信息变量加入需求系统会增大城镇居民对肉类需求的价格弹性的绝对值，增大作为必需品的肉类的支出弹性，而减小作为奢侈品的肉类的支出弹性。刘佳（2015）通过多元 Logistic 计量模型对影响消费者消费优质安全牛肉行为的因素进行分析，得出：影响消费者对三类优质安全牛肉购买意愿的因素不尽相同。汪爱娥（2016）构建消费者支付意愿的理论模型，利用 CVM 法测算武汉市城市消费者对安全猪肉的支付意愿研究，发现消费者愿意为安全猪肉支付的溢价最多为 30.9%。

3. 研究现状评述

对国内外牛肉消费行为研究来看，国外相关学者对居民牛肉消费行为的研究较为丰富，且研究方法、计量工具较为完善，研究视角完善度较国内全面。国内的研究主要集中在宏观牛肉需求分析和地域性消费行为分析，随着居民牛肉消费水准提高，研究也越来越完善，集中在安全、收入、消费偏好等角度上。国内外对居民牛肉消费行为的研究为本研究提供了研究思路、也为对河北省居民牛肉消费情况分析具有重要的借鉴作用。地域上没有利用居民牛肉消费调查数据针对河北省牛肉消费状况分析的研究，一定程度上丰富了牛肉消费行为研究的样本和参照；本文利用回归模型对调研所得的河北省居民牛肉消费行为数据进行分析，一定程度上丰富回归模型对牛肉消费研究的适用区域。

二、河北省牛肉生产和消费情况

（一）河北省牛肉生产现状

1. 牛肉产量情况

影响居民牛肉消费的因素，可归类为供给和需求两方面。牛肉生产是消费的基础，供给数量和质量是限制市场主体消费能力提升的重要因素。

由图 5-1 所示，河北省的牛肉产出情况大致经历了三个时期：2000—2005年的急速增长期、2005—2006 年的急剧下降期、2007—2017 年的平滑上升期。造成供给波动的最主要原因为小户经营占据产业 90% 以上。小户经营的眼光局限性、资金有限性、市场前景把握不准确等造成当市场利好信息传来，大批农户加入使得牛肉产量从 65.29 万吨上升到了 86.86 万吨；肉牛养殖周期长，养殖主体的不断进入导致市场趋于饱和、盈利降级致使生产者投入信心受挫，生产主体不断退出供给市场，产量从 86.86 万吨下降到了 54.06 万吨；随着市场机制的完善、竞争趋于完全、较高的生产投入门槛、较低的利润致使供给量趋于稳定。

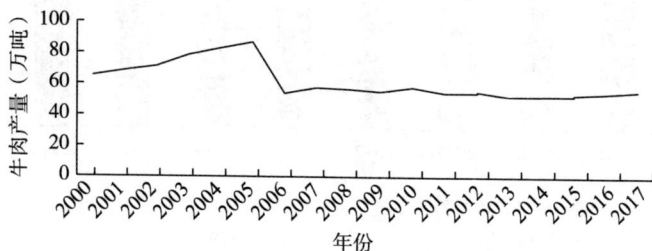

图 5-1　河北省牛肉生产情况

数据来源：国家统计局数据整理。

2. 牛肉人均占有量情况

如图 5-2 所示，河北省牛肉人均占有量从 2009 年的 7.4 千克/人上升到 2016 年的 7.76 千克/人，增加了将近 5%。同期全国牛肉人均占有量从 2009 年的 4.69 千克/人下降到 2016 年的 4.46 千克/人；下降了将近 5%。河北省的人均牛肉占有量大大超过全国人均牛肉占有量。

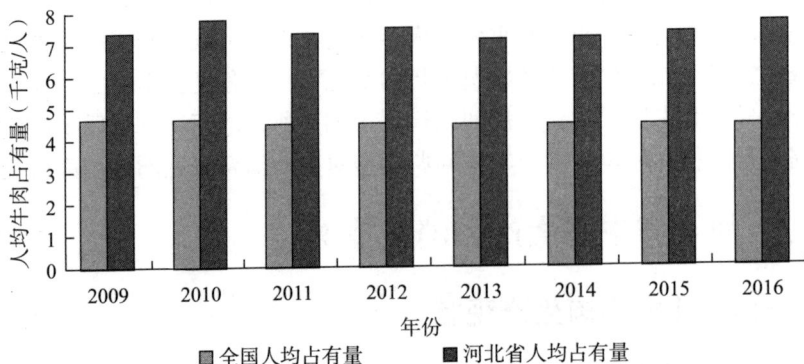

图 5-2　全国及河北省人均牛肉占有量

数据来源：《中国经济年鉴》2010—2017。

（二）河北省居民牛肉消费情况

2010 年以来，河北省牛肉消费总量先降后升，尤其 2013 年后增速较快，2016 年达到最高值 10.93 万吨，占全国消费量的 4.35%。其中城镇消费量 9.4 万吨，占全国城镇总量的 4.74%，农村消费 1.53 万吨，占全国农村总量的 2.89%（图 5-3）。从增长速度来看，城镇增速自 2013 年来稳步提高，农村增速波动幅度较大。

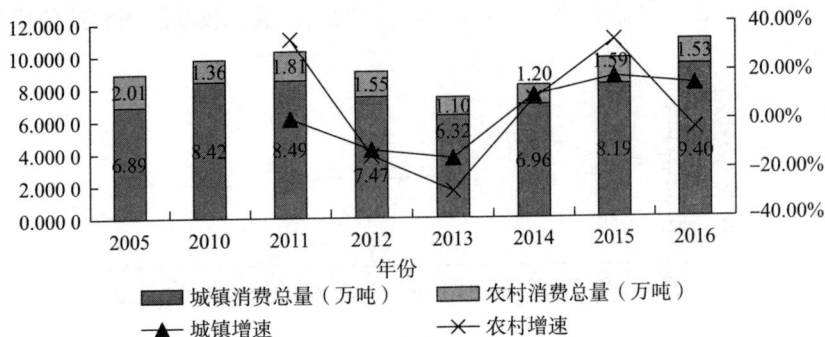

图 5-3　河北省城乡居民牛肉消费总量变化图

数据来源：《河北省经济年鉴》2005—2016。

1. 城镇居民牛肉消费变化情况

随着居民收入状况的明显改善，肉类消费量占居民膳食结构比重将逐渐增加，粮食消费量将趋于缩减，居民消费结构将发生变化，将由以粮为主逐渐向多肉少谷的饮食消费倾向发展。

（1）城镇居民粮食和肉类消费比例变化情况。 如图 5-4 所示城镇居民粮食和肉类消费比重随着经济水平的提高不断变换。在 2005—2017 年间，河北省城镇居民人均粮食消费量稳中有升，由 2005 年的 80.4 千克上升到 2017 年的 114.8 千克。年均上升 2.86 千克。粮食占膳食消费比重由 2005 年的 76.14% 下降到 2017 年的 71.9%。在河北省居民传统膳食结构中，以粮为主，肉类消费一般作为副食消费存在，居民的人均肉类消费量，从 2005 年的 23.68% 上升至 2017 年的 28.1%，肉类消费占膳食结构消费比重呈现愈来愈重倾向。

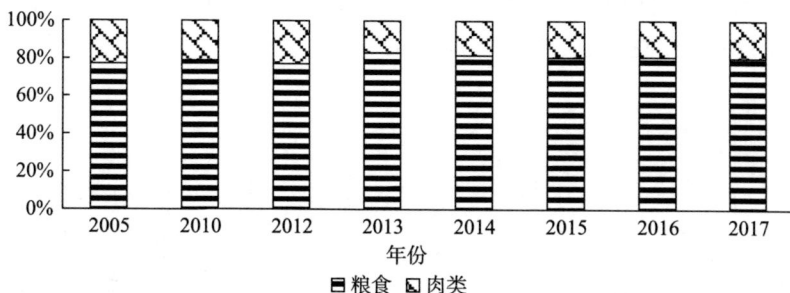

图 5-4　河北省城镇居民粮食和肉类消费比例图

数据来源：《中国经济年鉴》2005—2017。

城镇居民的肉类消费数量逐渐增多但消费比例逐渐下降（由 22.7% 下降至 20%）。主要原因为：一是新增城镇人口消费能力欠缺拉低了消费均值，城镇人口以年增长率 13.35% 速度增加。二是同期工资性收入没有与物价匹配增长，这样就会使得消费者购买力下降。三是减肥宣传致使肉类消费增量不足。

（2）城镇居民肉类消费比例变化情况。 如表 5-1 所示，河北省城镇居民的肉类消费构成不断发生变化，猪肉消费的份额在不断下降但仍占据着 50% 左右；禽肉占城镇居民肉类消费的比重不断上涨；牛肉和羊肉的消费比重相对在下降，从 2005 年的 11.28%、9.88% 到 2017 年的 8.54%、6.76%。

表 5-1　河北省城镇居民肉类消费比例表

单位：%

年份	猪肉	牛肉	羊肉	禽肉
2005	58.53	11.28	9.88	7.64
2010	58.83	11.47	8.46	14.09

（续）

年份	猪肉	牛肉	羊肉	禽肉
2012	54.76	8.21	6.33	14.54
2013	52.59	6.62	4.29	9.73
2014	51.65	6.99	4.75	18.07
2015	48.71	7.68	6.79	19.82
2016	47.32	8.15	7.39	17.82
2017	48.75	8.54	6.76	18.15

数据来源：《中国经济年鉴》2005—2017。

河北省城镇居民的牛肉消费量随着经济水平的不断提高而不断上涨，从 2013 年的 1.79 千克/人上涨至 2017 年的 2.4 千克/人。

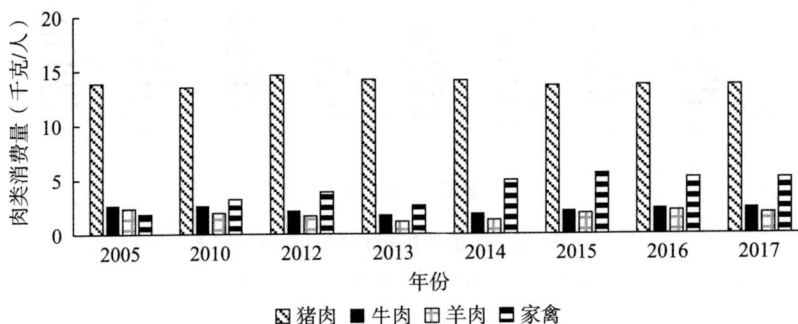

图 5-5　河北省城镇居民肉类消费变化情况

数据来源：《中国经济年鉴》2005—2017。

2. 农村居民牛肉消费变化情况

（1）农村居民粮食和肉类消费比例变化情况。农村居民饮食结构也从开始的粮多肉少，慢慢地增加着肉类的消费（图 5-6）。2005 年至 2017 年间，河北省农村居民粮食消费量从 200.84 千克下降到了 2017 年的 134.3 千克，下降了 33.13%。同期肉类消费从 2005 年的 10.54 千克上升到了 2017 年的 19.1 千克，年均增长 0.71 千克。

（2）农村居民肉类消费比例变化情况。农村居民的猪肉消费比例一直呈下降趋势，从 2005 年的 67.84% 下降到了 2017 年的 57.07%，年下降比例为 0.90%。禽肉的上升比例较大从 2005 年的 7.12% 上升到了 2017 年的 16.75%，年增长率为 0.8%。羊肉消费比重呈上升姿态但上升比例较为平缓，

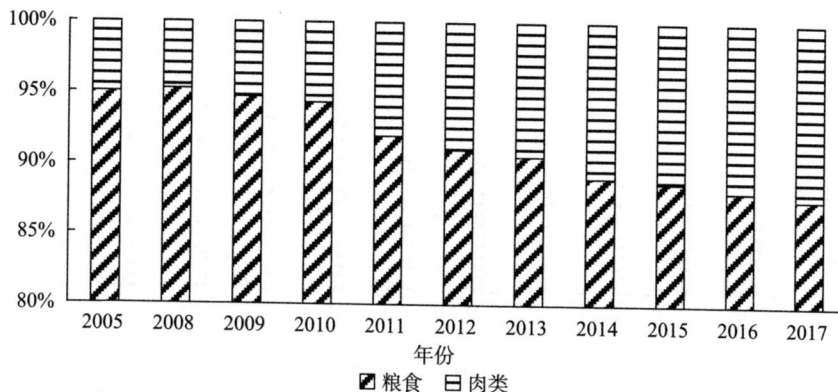

图 5-6　河北省农村居民粮食和肉类消费比例图

数据来源：《中国经济年鉴》2005—2017。

从 2005 年的 3.51% 上升到了 4.71%。而牛肉消费在肉类消费的比例呈现阶段性的变化，2005 年到 2013 年牛肉占肉类消费的比例从 4.46% 下降到了 1.69%；2014 年到 2017 年呈现上升的态势从占比 1.79% 上升到了 2.62%。

表 5-2　河北省农村居民肉类消费结构变化情况

单位：%

年份	猪肉	牛肉	羊肉	禽肉
2005	67.84	4.46	3.51	7.12
2008	59.31	3.32	3.43	11.24
2009	64.24	3.05	3.74	8.77
2010	65.02	3.11	3.47	9.32
2011	58.07	3.13	3.27	9.26
2012	59.16	2.55	3.25	8.17
2013	63.51	1.69	2.96	8.66
2014	64.23	1.79	3.07	15.43
2015	60.60	2.37	4.47	15.77
2016	57.08	2.34	4.79	17.89
2017	57.07	2.62	4.71	16.75

数据来源：《中国经济年鉴》2005—2017。

如图 5-7 所示，河北省农村居民的肉类消费结构中猪肉占据着绝对优势，但肉类消费数量和种类均在不断增加，结构也在不断变化升级，牛肉消费也在慢慢增多。

造成肉类消费数量的不断增长而牛肉类消费占比下降的原因主要有：一是

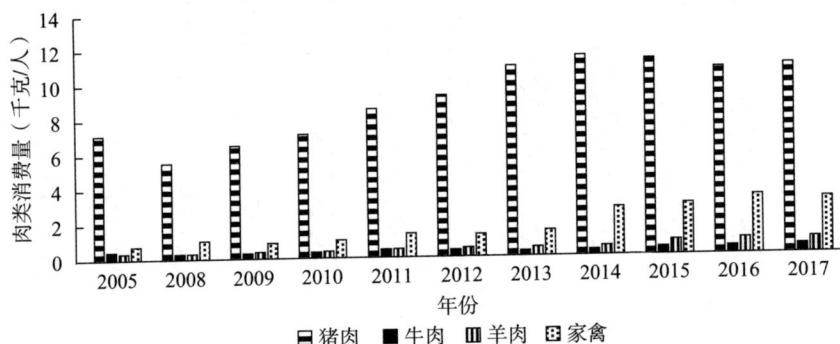

图 5-7　河北省农村居民肉类消费变化情况

数据来源:《中国经济年鉴》2005—2017。

收入水平与价格不匹配。随着肉牛养殖成本的不断上升造成了牛肉价格出现不断上涨趋势,而同期农村居民的收入并没有大幅度上涨,购买力不足造成消费数量难以提升,而同期其他肉类替代品的价格相对较低,消费量增加。二是不会烹制牛肉。调研显示,许多人不会烹制牛肉,且多年的饮食习惯和烹饪习惯很难改变。

(三) 河北省牛肉消费差异特征情况

1. 牛肉消费的区域性差异

河北省素有养牛历史和传统,肉牛产业占据着较为重要的经济角色。河北省居民牛肉消费呈现明显差异性。

(1) 城乡间的差异性。 由于地方性资源禀赋状况和经济目标的不同,造成了城乡经济发展不均衡,进而致使牛肉消费量呈现明显差异性。从平均肉类消费、肉类占膳食结构比重上来看,城镇居民消费能力和需求高于农村居民,在所有肉类消费当中,由于牛肉价格较高,城乡消费差距最为明显。2017 年河北省 80% 左右的牛肉消费都来自城镇居民。如图 5-8 所示,2005 年河北省城镇居民人均消费量为 2.67 千克,而同年河北省农村居民的牛肉消费量为 0.47 千克。2005 年至 2013 年河北省城镇居民牛肉消费呈现下降趋势从人均 2.67 千克下降到了人均 1.79 千克。2013 年至 2017 年城镇居民平均牛肉消费量不断上涨。农村居民也呈现与之相同的牛肉消费趋势,从 2005 年的 0.47 千克的人均牛肉消费量下降到了 2013 年的 0.29 千克;从 2013 年的人均牛肉消费量 0.29 千克上涨到了 2017 年的 0.5 千克。从增长速度来看,河北省城镇居民人均消费量从 2005 年的 2.67 千克下降至 2017 年的 2.4 千克,相比均值略微下降,但在同期城镇常住人口 4 136 万人比 2005 年的 2 582 万人增长

60.19%。河北省农村居民人均牛肉消费从 2005 年的 0.47 千克增长到 2015 年的 0.5 千克。河北省农村居民从 2005 年的 5 422.3 万人到 2017 年的 3 384 万人,但由于农村常住人口多为大龄老人或者小孩,由于消费理念、经济收入水平导致牛肉消费数量上升不快。由此可以看出,河北省城镇居民 2013—2017年这一时间段中人均牛肉消费增长速度要快于农村居民牛肉消费的增长速度。

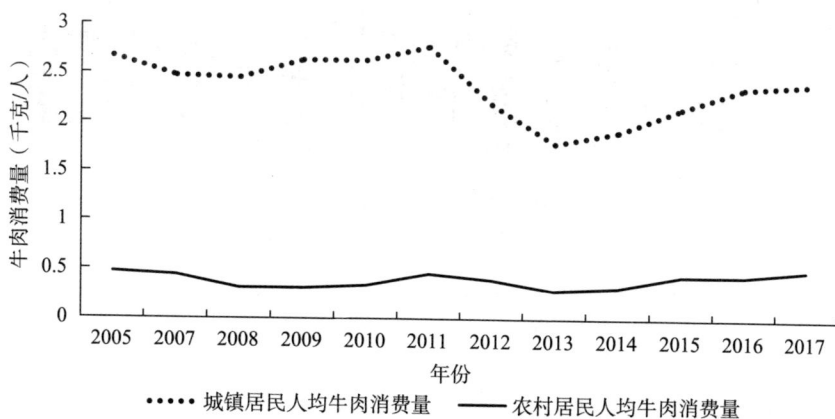

图 5-8   河北省城乡居民平均牛肉消费量对比图

数据来源:《中国经济年鉴》2005—2017。

随着经济水平的进步和生活节奏的加快,城镇和农村居民外出就餐频率明显提高,牛肉消费占据着相当大的比重,由于统计和个人隐私的问题导致这一部分消费数据不准确,实际消费量高于统计数据。

如图 5-9,河北省城镇居民的人均可支配收入从 2004 年的 7 951.3 元上涨到了 2017 年的 30 547.76 元,增长了 2.84 倍;城镇居民的人均生活消费支出从 2004 年的 5 819.2 元上涨到了 2017 年的 20 600 元,增长了 2.54 倍。河北省农村居民的可支配收入从 2004 年的 3 171.1 元上涨到了 2017 年的12 880.94元,增长了 3.06 倍。河北省农村居民的人均消费支出从 2004 年的 2 165.7 元上涨到了 2017 年的 10 536 元,增长了 3.86 倍。

河北省城镇居民的人均牛肉消费量如图 5-10 所示,从 2005 年到 2011 年出现先下降后上升的发展轨迹。2011—2013 年消费量随着收入增加而下降,2013—2017 年消费量随着收入增加而增加。农村居民的牛肉消费随着收入水平变化消费量不断波动,2005—2008 年与收入增加反方向变化,2008—2011年同方向变化,2011—2013 年反方向变化,2013—2017 年同方向变化。对比图 5-10、图 5-11 发现河北省城镇居民的牛肉需求的收入弹性较小或者缺乏弹性,农村居民的收入弹性大于城镇居民。对河北省城镇居民来说收入水平增速滞后致使了牛肉消费受到制约。对收入水平较低的河北省农村居民来说牛肉需

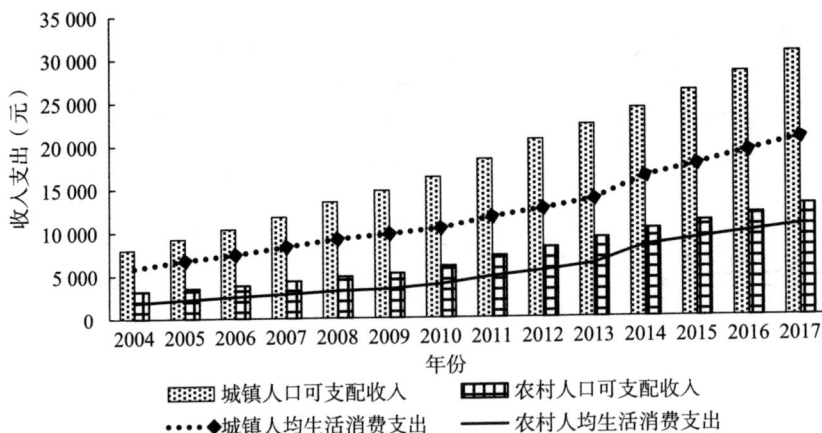

图 5-9　河北城乡居民可支配收入与消费性支出变化图（2004—2017）

数据来源：《中国经济年鉴》2005—2017。

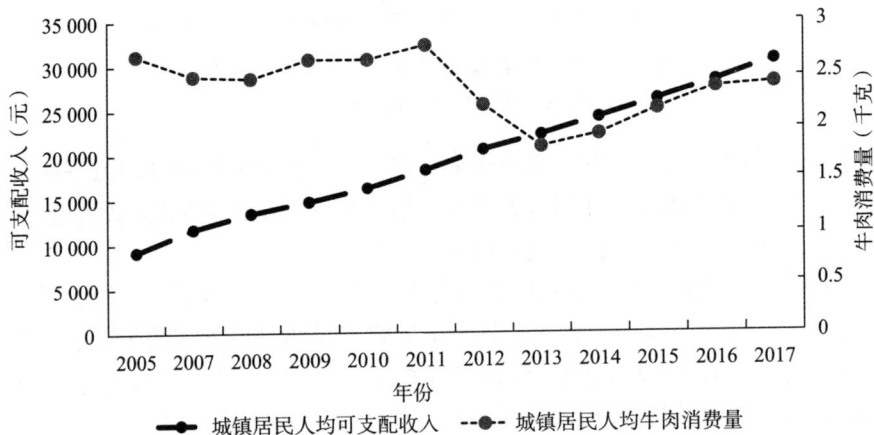

图 5-10　河北省城镇居民人均可支配收入与人均牛肉消费量变化图

数据来源：《中国经济年鉴》2005—2017。

求的收入弹性较大，收入制约消费能力较大。侧面反映农村居民的消费需求旺盛，同时，一旦牛肉价上涨，农村居民的消费水平缩减速度要明显大于城镇。随着农村居民收入增速加快，牛肉消费量将跟着上涨，将会有效拉动河北省牛肉消费总量的提高，农村居民的牛肉消费有很大的增长空间。

（2）地区间差异。河北省的少数民族聚集区的牛肉消费明显高于其他地区。以全国第六次人口普查为例，河北省常住人口为 7 185 万人，其中汉族人口为 6 886 万人，少数民族人口为 300 万左右。河北省的少数民族中以满族和回

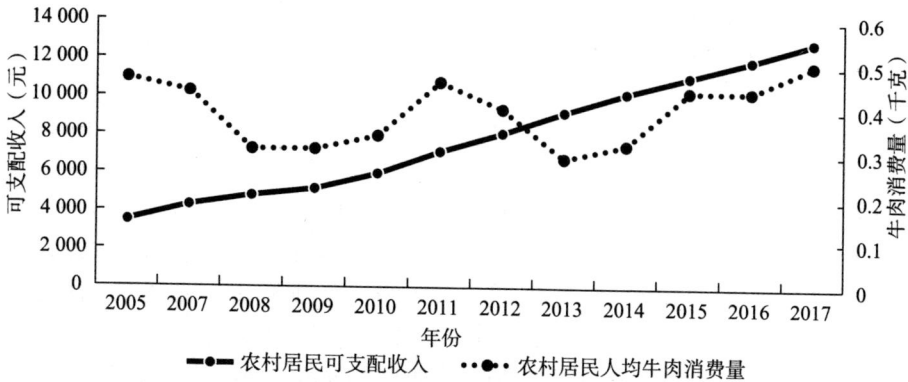

图 5-11　河北省农村居民纯收入与牛肉人均消费量
数据来源：《中国经济年鉴》2005—2017。

族人居多，占90%以上。沧州地区的孟村和廊坊地区大厂的两个回族自治县是本省最大的回族聚居区，比一般的县域、地区牛肉消费能力强。有学者对河北省县域经济实力做了相应的研究，对河北省的不同地区进行经济水平五等分。发现经济较为发达的地区人民收入水平较高，具有较高的牛肉购买能力，就像城市居民的消费购买能力强于农村。城镇区域的消费者消费量大于农村消费者。对应到牛肉消费上就说明经济实力高的地域更有能力或更有可能消费牛肉。

2. 牛肉消费的季节性差异

由于气候的原因和食物本身的特质，牛肉的消费也呈现出了季节性差异。冬季是一年中消费者购买牛肉最频繁的时期，夏季与之相反。但随着户外就餐和烧烤等新餐饮方式的流行，城镇居民牛肉的消费季节性变化逐渐不明显。

对比发现，河北省牛肉消费的季节性差异在农村居民身上的体现比城镇居民更为明显。平时农村居民选购猪肉和鸡肉较多。由于大多数农民不会烹制牛肉，没有形成吃牛肉的习惯。他们只在过年时才吃牛肉。此外，农村的物流发展水平较低、超市肉铺等肉类消费地点的匮乏，也是消费少的原因之一。

三、河北省居民牛肉消费特征分析

（一）方案设计与调查方法

1. 方案设计

为了全面了解对河北省城乡居民牛肉消费者行为的影响因素，调查问卷设计了三部分内容。第一部分为消费者基本信息，包括消费者的性别、年龄、居住地、文化程度、职业和收入水平；第二部分为消费者购买行为特征，包括购买原因、购买地点、购买价格、牛肉的安全性认知；第三部分为牛肉的营销要素特征，包括价格、替代品价格、色泽、品牌、包装、质量。

2. 调查方法

本次调研采取的是实地调研与问卷星在线调查相结合的方法。为了追求研究的全面性和合理性，2018 年 3 月到 7 月，在河北省保定市、石家庄市、唐山市的农贸市场、超市、居民区等地对消费者进行了随机调查，根据调查的结果对调查问卷进行了修改和完善。2018 年 9 月，在河北省进行了正式网络调查，消费者分布在石家庄市、唐山市、秦皇岛市、邯郸市、邢台市、保定市、张家口市、承德市、沧州市、廊坊市、衡水市等地，共收到城乡居民填写的 1 328 份调查问卷，剔除其中不符合要求的无效问卷，如漏答、关键信息填写不明确、信息错误等，获得有效问卷 1 277 份，问卷有效率达到 96.16%。

（二）调查样本基本特征

1. 性别特征

调查对象中女性比例大于男性。此次问卷调查参与者共有 1 277 名，女性 789 人、占比 61.8%。在调研中发现购买牛肉的女性居多。

表 5-3　消费者性别描述

单位：人，%

基本特征	内容	人数	所占百分比	累计比例
性别	男	488	38.21	38.21
	女	789	61.79	100

数据来源：实地调研。

2. 年龄分布情况

本次调查消费者年龄主要集中 15 至 44 岁，占总问卷接受者的比例为 79.71%。处于这一年龄段的消费者接受新事物能力强，更愿意尝试和消费牛肉。

表 5-4　年龄特征描述

单位：人，%

年龄特征	人数	所占百分比	累计比例
15～24 岁	364	28.5	28.5
25～34 岁	343	26.86	55.36
35～44 岁	311	24.35	79.71
45～59 岁	248	19.42	99.13
60 岁以上	11	0.86	100

3. 居住地情况

参加本次调查问卷的城镇人口为 983 人，占调查总人数的 76.98%。城镇居民购买牛肉无论是频次还是数量都多于农村居民。

表 5-5 消费者居住地描述

单位：人，%

基本特征	内容	人数	所占百分比	累计比例
特征	城镇	983	76.98	76.98
	农村	294	23.02	100

4. 受教育程度

参与问卷调查的消费者本科以上学历的占据了大多数。教育程度越高者营养健康知识越多。

表 5-6 受访者受教育程度

单位：人，%

受教育特征	人数	所占百分比	累计比例
小学及以下	13	1.02	1.02
初中	51	3.99	5.01
高中	117	9.16	14.17
本科及以上	1 096	85.83	100

5. 收入特征

参加本次问卷的消费者收入水平为 2 000 元以下的有 376 人、2 000～4 000元的有 286 人、4 000～6 000 元的有 327 人、6 000～8 000 元的有 163 人、8 000 元以上的有 125 人，分别占总调查者人数的比例为 29.44%、22.4%、25.61%、12.76%、9.79%。

表 5-7 消费者收入特征

单位：人，%

收入特征	人数	所占百分比	累计比例
2 000 元以下	376	29.44	29.44
2 000～4 000 元	286	22.40	51.84
4 000～6 000 元	327	25.61	77.45
6 000～8 000 元	163	12.76	90.21
8 000 元以上	125	9.79	100

6. 职业构成

参加本次问卷调查者的职业分布情况为：企业一般职员 218 人、企业高级管理人员 45 人、公务员 97 人、科教工作者 370 人、学生 336 人、其他 211 人,分别占调查总人数的比例为 17.07%、3.52%、7.6%、28.97%、26.31%、16.52%(表 5-8)。

表 5-8　受访者职业特征

单位:人,%

职业特征	人数	所占百分比	累计比例
企业一般职员	218	17.07	17.07
企业高级管理人员	45	3.52	20.59
公务员	97	7.6	28.19
科教工作者	370	28.97	57.16
学生	336	26.31	83.47
其他	211	16.52	100

7. 对牛肉的喜好程度及原因

调查发现,城乡平均有 28.3% 表示很喜欢、38.0% 比较喜欢、30.7% 的人表示一般、只有 2.9% 的人表示不喜欢。其中被调查者中城镇人口很喜欢牛肉的有 285 人,占比 28.99%;比较喜欢的有 392 人,占比 39.88%;一般的有 282 人,占比 28.69%;不喜欢牛肉的占 2.44%。农村居民中很喜欢的有 77 人,占比 26.19%;比较喜欢的有 93 人,占比 31.63%;一般喜欢的有 110 人,占比 37.41%;不喜欢的有 14 人,占比 4.76%。可见河北省城乡居民对牛肉喜欢程度较高。

表 5-9　河北省城乡居民牛肉喜好情况

单位:人,%

统计指标	城镇		农村	
	人数	比例	人数	比例
很喜欢	285	28.99	77	26.19
比较喜欢	392	39.88	93	31.63
一般	282	28.69	110	37.41
不喜欢	16	1.63	8	2.72
很不喜欢	8	0.81	6	2.04

喜好牛肉的原因是什么?如图 5-12 所示,河北省城乡居民喜欢牛肉的原因主要集中在营养丰富、能量高、独特风味、保健因素上;不喜欢的因素主要集中在牛肉产品价格、口味、烹饪方法上。79.6% 的人青睐牛肉的营养丰富,61.0% 的人喜欢牛肉的高能量,49.7% 的人喜欢牛肉的独特风味,24.6% 的人则喜欢其

保健作用，14.6％的人则看中牛肉的安全性更高；其他选项占比5.3％。可见河北省居民对牛肉较为喜欢，而且比较看重牛肉的营养水平和能量水平。

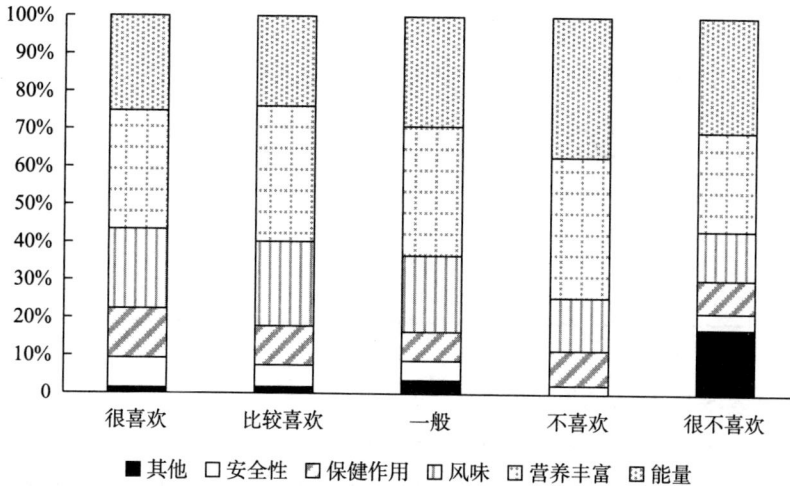

图5-12 对牛肉不同喜欢程度的原因构成

（三）被调查者消费行为特征描述分析

1. 被调查者月消费牛肉金额

为了便于统计，本研究把居民月消费牛肉金额划分为50元以下、50～100元、100～200元、200元以上四个群组。对河北省城乡居民家庭月牛肉消费金额进行调查发现，城乡居民家庭用于牛肉消费支出水平整体上比较低，与农村居民相比，城镇居民的牛肉消费水平明显较高（表5-10）。

表5-10 居民牛肉月消费金额

单位：人，%

统计指标	城镇		农村	
	人数	比例	人数	比例
50元以下	364	37.03	179	60.88
50～100元	354	36.01	78	26.53
100～200元	157	15.97	27	9.18
200元以上	108	10.99	10	3.4

数据来源：调查问卷。

由表5-10所示，37.03％的城镇居民月均牛肉消费处于50元以下，36.01％的城镇居民月均牛肉消费金额在50～100元，15.97％的城镇居民月均牛肉消费在100～200元，月消费200以上的城镇居民只有108人占比

10.99%。对农村地区居民的调查显示，有 60.88% 的农村居民月消费牛肉金额在 50 元以内，月消费牛肉金额 50～100 元的占 26.53%；月消费牛肉金额在 100～200 元及 200 元以上的分别占比 9.18%、3.4%。可见河北省城镇居民月牛肉消费支出大于农村居民。

消费者牛肉消费金额与个人特征之间的关系分析结果如下：

表 5-11　居住地与月消费牛肉金额对应分析

维数	奇异值	惯量	卡方	sig.	惯量比例		置信奇异值
					解释	累积	标准差
1	0.212	0.045			1	1	0.026
总计		0.045	57.63	0.000a	1	1	

数据来源：调查问卷。

通过表 5-11 分析结果可知：

卡方值＝57.630，显著性 sig.＝0.000＜0.01，可以得出居住地与月消费牛肉金额两个名义变量之间不完全独立，存在一定关系。说明月消费牛肉金额与居住地有关。

表 5-12　性别与月消费牛肉金额对应分析

维数	奇异值	惯量	卡方	sig.	惯量比例		置信奇异值
					解释	累积	标准差
1	0.051	0.003			1	1	0.028
总计		0.003	3.284	0.350a	1	1	

数据来源：调查问卷。

通过表 5-12 分析结果可知：

卡方值＝3.284，显著性 sig.＝0.350＞0.05，说明性别和月消费牛肉金额之间数据服从正态分布，差异无显著性。

表 5-13　年龄与月消费牛肉金额对应分析

维数	奇异值	惯量	卡方	sig.	惯量比例		置信奇异值	
					解释	累积	标准差	相关
								2
1	0.077	0.006			0.776	0.776	0.02	0.036
2	0.039	0.002			0.198	0.974	0.027	
3	0.014	0			0.026	1		
总计		0.008	9.851	0.629a	1	1		

数据来源：调查问卷。

通过表 5-13 分析结果可知:

卡方值＝9.851,显著性 sig. ＝0.629＞0.05,说明两个名义变量数据服从正态分布,差异无显著性。月消费 50～100 元的消费者年龄主要为 25～34 岁和 45～59 岁,月消费 100～200 元的消费者更多可能为年龄段 15～24 岁、45～59 岁,月消费牛肉 200 元以上的更多可能为 35～44 岁的消费者,月消费50 元以下的更多集中在 25～34 岁这一年龄段。

表 5-14　文化程度与月消费牛肉金额对应分析

维数	奇异值	惯量	卡方	sig.	惯量比例		置信奇异值	
					解释	累积	标准差	相关
								2
1	0.162	0.026			0.953	0.953	0.024	−0.022
2	0.033	0.001			0.038	0.991	0.03	
3	0.016	0			0.009	1		
总计		0.028	35.304	0.000a	1	1		

数据来源:调查问卷。

通过表 5-14 分析结果可知:

卡方值＝35.304,显著性 sig. ＝0.000＜0.01,说明两个名义变量之间存在一定关系。文化程度对月消费牛肉金额有正相关影响。高中及中专学历的人月消费更趋向于每月消费 50 元以下,本科及以上学历的人消费水平一般为每月 50～100 元或 100～200 元。

表 5-15　职业与月消费牛肉金额的对应分析

维数	奇异值	惯量	卡方	sig.	惯量比例		置信奇异值	
					解释	累积	标准差	相关
								2
1	0.125	0.016			0.597	0.597	0.03	0.022
2	0.101	0.01			0.388	0.985	0.028	
3	0.02	0			0.015	1		
总计		0.026	33.419	0.004a	1	1		

数据来源:调查问卷。

通过表 5-15 分析结果可知:

卡方值＝33.419,显著性 sig. ＝0.004＜0.05,说明两个名义变量之间存在一定关系,职业对月消费牛肉金额有相关影响。企业一般职工一般更趋向于月消费 50～100 元;企业高管和科教工作者更趋向于月消费 100～200 元,学生更趋向于月消费 50 元以下。

综上所述，消费者牛肉的月消费金额与消费者文化程度、职业之间联系较为紧密。文化程度决定居民对牛肉的认知。职业也会对牛肉消费产生支出能力以及认识的变化。

进一步统计分析显示，牛肉月消费 50 元以下的女性，年龄为 25～45 岁、学历为本科及以上，职业为学生、科教工作者、其他的消费者。月消费牛肉50～100 元的女性，年龄为 15～45 岁，职业为本科及以上，企业职员、学生和科教工作者。月消费 100～200 元的以男性为主，年龄 25～45 岁，本科及以上，职业为企业职员、学生和科教工作者。月消费 200 元以上的消费者以女性为主，35～59 岁，本科以上，职业为企业职员、公务员和科教工作者。可见河北省居民牛肉消费者集中为女性，年龄在 25～45 岁之间，学历为本科以上，职业为科教工作者和学生居多。

2. 牛肉占肉类消费比重

如表 5-16 所示，城镇居民月消费牛肉占肉类总消费 10% 以下的有 336 人、占比 34.1%；月消费牛肉占肉类总消费 10%～20% 的有 292 人，占比 29.7%；月消费牛肉占比 20%～30% 的有 183 人，占比 18.62%；月消费牛肉占比为30%～40%、40%～50%、50% 以上的分别有 74 人、44 人、54 人分别占比7.53%、4.48%、5.49%。农村居民牛肉消费比重 10% 以下的有 177 人，占比 60.2%；10%～20% 的有 64 人，占比 21.77%；20%～30% 的有 29 人，占比 9.86%；消费占比 30%～40%、40%～50%、50% 以上的各有 8 人占比均为 2.72%。可见河北省城乡居民的牛肉消费占肉类消费的比重多为 30% 以下，另外由于收入和消费观念等多方面原因，城镇牛肉消费比重高于农村居民。

表 5-16　河北省城乡居民牛肉消费占肉类消费的比重

单位：人，%

统计指标	城　镇		农　村	
	人数	比例	人数	比例
10%以下	336	34.1	177	60.2
10%～20%	292	29.7	64	21.77
20%～30%	183	18.62	29	9.86
30%～40%	74	7.53	8	2.72
40%～50%	44	4.48	8	2.72
50%以上	54	5.49	8	2.72

数据来源：调查问卷。

3. 河北省城乡居民牛肉消费价位

如表 5-17 所示，城镇居民购买牛肉价格选择为 20～30 元的有 296 人，占比 30.11%；31～40 元的有 440 人，占比 44.76%；41～50 元的有 176 人，占比 17.9%；51 元以上的消费者有 71 人，占比 7.22%。农村居民购买牛肉价格选择为 20～30 元的有 113 人，占比 38.44%；31～40 元的 128 人，占比 43.54%；41～50 元的 35 人，占比 11.9%；51 元以上的购买者有 18 人占比 6.12%。可见河北省城乡居民的选择牛肉的理想价格范围为每千克 20～50 元。

表 5-17 河北省城乡居民牛肉消费价位选择

单位：人,%

统计指标	城 镇		农 村	
	人数	比例	人数	比例
20～30 元	296	30.11	113	38.44
31～40 元	440	44.76	128	43.54
41～50 元	176	17.9	35	11.9
51～60 元	57	5.8	11	3.74
61～100 元	12	1.22	6	2.04
200 元以上	2	0.2	1	0.34

数据来源：调查问卷。

居民的收入水平在很大程度上影响居民牛肉的消费水平，对被调查者的月收入与消费牛肉价格进行对应分析得出表 5-18，计算结果如下：

卡方值＝35.437，显著性 sig.＝0.018＜0.05，两个名义变量数据服从正态分布，差异显著在 5% 置信区内显著，两个名义变量之间不完全独立，存在一定关系。说明收入与牛肉价格消费价位有关。

表 5-18 城乡居民月收入水平与牛肉消费价格的对应分析

维数	奇异值	惯量	卡方	sig.	惯量比例		置信奇异值	
					解释	累积	标准差	相关
								2
1	0.125	0.016			0.561	0.561	0.034	0.041
2	0.092	0.008			0.303	0.864	0.03	
3	0.056	0.003			0.113	0.977		
4	0.025	0.001			0.023	1		
总计		0.028	35.437	0.018a	1	1		

数据来源：调查问卷。

如下图 5-13 所示，收入水平在 2 000～4 000 元的牛肉消费者更趋向与购买价格为 20～30 元的牛肉，收入水平在 4 000～8 000 元的消费更喜欢消费价格在 30～40 元的牛肉，价格为 40～50 元的消费群体一般为收入水平为

6 000~8 000 元的消费者。

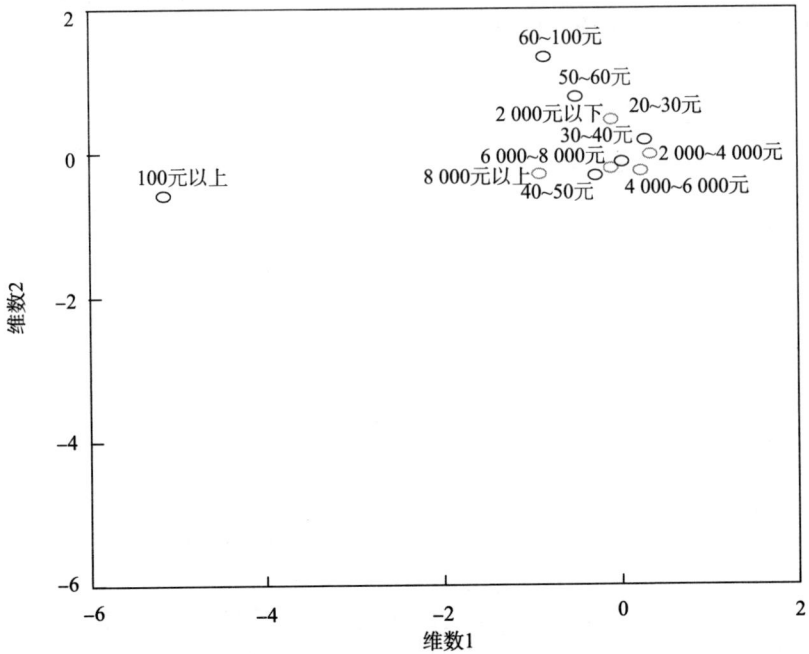

图 5-13　居民收入水平与牛肉价格相关性

数据来源：调查问卷。

月消费牛肉的金额某种程度上代表了居民对牛肉的喜好程度和购买能力。如下表 5-19 所示，对牛肉月消费金额与牛肉消费价位对应分析得出：

卡方值＝77.159，显著性 sig.＝0.000＜0.01，两个名义变量数据服从正态分布，差异显著在 1% 置信区内显著，两个名义变量之间不完全独立，存在一定关系。说明月消费牛肉金额与牛肉消费价位有关。

表 5-19　月消费牛肉金额与牛肉价格选择的相关性分析

维数	奇异值	惯量	卡方	sig.	惯量比例		置信奇异值	
					解释	累积	标准差	相关
								2
1	0.202	0.041			0.675	0.675	0.029	0.174
2	0.123	0.015			0.251	0.926	0.037	
3	0.067	0.004			0.074	1		
总计		0.06	77.159	0.000a	1	1		

数据来源：调查问卷。

如图 5-14 所示，月购买牛肉花费在 50 元以下的消费者更趋向于购买价格为 20～30 元的牛肉；月购买牛肉花费在 50～100 元的消费者更趋向去购买价格为 40～50 元的牛肉，月消费 200 元以上的消费者更愿意购买价格为 50～60 元的牛肉。

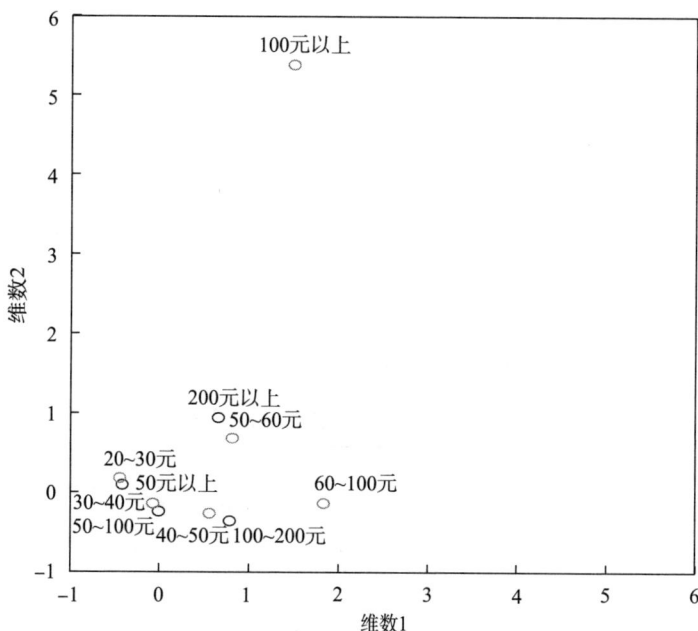

图 5-14　月消费金额与牛肉价格的选择相关性

数据来源：调查问卷。

4. 河北省城乡居民牛肉购买地点选择

如表 5-20 所示，城镇居民牛肉消费地点选择商场和超市的有 700 人，占比 71.21%，选择农贸市场购买牛肉的有 336 人，占比 34.18%，选择牛肉专营店消费的有 145 人，占比 14.75%，选择便利店小摊购买牛肉的有 92 人，占比 9.36%，网购的有 40 人，占比 4.07%，其他方式购买的有 24 人，占比 2.44%。河北省农村居民选择牛肉消费地点为商场和超市的有 183 人，占比 62.24%；选择农贸市场的有 123 人，占比 41.84%；选择便利店小摊有 62 人，占比 21.09%；选择专营店、网购、其他方式购买牛肉的分别有 16 人、7 人、18 人，分别占比 5.44%、2.38%、6.12%。由此看见河北省城乡居民的牛肉消费场所主要集中在商场和超市、便利店小摊、农贸市场。

表 5-20　城乡居民牛肉购买地点选择情况

单位：人，%

统计指标	城　镇		农　村	
	人数	比例	人数	比例
商场和超市	700	71.21	183	62.24
便利店小摊	92	9.36	62	21.09
农贸市场	336	34.18	123	41.84
专营店	145	14.75	16	5.44
网购	40	4.07	7	2.38
其他	24	2.44	18	6.12

数据来源：调查问卷。

　　对河北省城乡居民的牛肉消费地点进行了归类，进一步对河北省城乡居民对不同购买地点选择原因进行分析（表 5-21）。

表 5-21　不同购买地点选择原因对比

购买地点	选择原因							
	方便	卫生	新鲜	质量保证	价格便宜	选择面广	服务好	其他
商场和超市	231	121	91	397	16	12	5	10
便利小店	78	5	23	19	17	5	2	5
农贸市场	164	19	128	90	31	18	3	6
专营店	2	15	30	111	1	0	1	1
网上	13	2	4	19	2	7	0	0
其他	4	1	7	11	1	1	1	16

数据来源：调查问卷。

　　选择商场和超市购买牛肉的主要原因为有质量保证；选择农贸市场的原因是方便；选择便利小店购买的原因是方便；选择专营店购买的原因是有质量保证；选择网上购买牛肉的原因是有质量保障和方便；由此可见河北省城乡居民选择牛肉购买地点首选为超市和农贸市场，选择原因为有质量保证、方便。

5. 购买判断牛肉是否安全的依据

　　经调研数据计算，如表 5-22 所示，居民在购买牛肉时，22.47% 根据牛肉外观判断，19.5% 的居民依据产品商标和品牌，16.29% 依据是否有检疫标志，11.51% 依据安全认证标志，11.43 依据厂家信誉。可见居民购买牛肉时以外观和安全性作为主要的安全判断标志。

表 5-22　消费者购买判断依据

单位：人，%

选项	人数	比例	排序
外观	287	22.47	1
产品商标或品牌	249	19.50	2
检疫标志	208	16.29	3
安全认证	147	11.51	4
厂家信誉	146	11.43	5
生产日期及质保期	101	7.91	6
消费者信誉	86	6.73	7
其他	53	4.15	8

数据来源：调查问卷。

6. 牛肉消费障碍

如下表 5-23 所示，河北省居民牛肉消费障碍主要为价格太高，占比 41.9%，其次为烹饪方式，占 22.55%，快节奏的生活方式和牛肉不易烹制或烹制时间较长，造成了消费困境。13% 的口味原因则是不会烹饪造成的。

表 5-23　牛肉消费障碍因素

单位：人，%

选项	人数	比例	排序
价格太高	535	41.90	1
烹饪方式	288	22.55	2
口味	166	13	3
无法方便购买	140	10.96	4
不喜欢吃	86	6.73	5
其他	62	4.86	6

数据来源：调查问卷。

7. 河北省城乡居民的牛肉烹饪方式

由表 5-24 可知，河北省城乡居民对牛肉烹饪方式的选择虽然具有多样性，但主要以炖为主。城镇居民炖牛肉的占比 83.52%；涮的有 453 人，占比 46.08%；烤的有 365 人，占比 37.13%；卤味酱牛肉的有 376 人，占比 38.25%，选择以牛肉制馅的有 323 人，占比 32.86%。农村居民选择炖的有 200 人，占比 68.03%；选择卤味酱牛肉的有 95 人，占比 32.31%；选择红烧牛肉的有 83 人占比 28.23%；选择用牛肉制馅的有 77 人占比 26.19%。可见河北省城乡居民对牛肉的主要烹饪方式为炖、酱、涮、制馅。调查发现，许多城乡居民不会做牛肉菜肴是制约牛肉消费的主要原因，人们普遍认为牛肉烹饪难度大、耗时长、做不熟，这一产品属性对城乡居民牛肉购买消费决策产生负效应。

表 5-24　居民牛肉烹饪方式

单位：人，%

统计指标	城　镇		农　村	
	人数	比例	人数	比例
炖	821	83.52	200	68.03
焖	244	24.82	77	26.19
熘	78	7.93	30	10.2
扒	137	13.94	50	17.01
烧	222	22.58	83	28.23
烤	365	37.13	137	46.6
涮	453	46.08	112	38.1
酱	376	38.25	95	32.31
爆	132	13.43	45	15.31
烹	97	9.87	43	14.63
炒	200	20.35	57	19.39
制馅	323	32.86	77	26.19
生嗜牛肉	25	2.54	9	3.06

数据来源：调查问卷。

四、河北省居民牛肉消费行为影响因素分析

（一）河北省牛肉消费行为影响因素理论分析

1. 牛肉消费的制约性因素分析

（1）收入是影响河北省牛肉消费的重要因素。 由于牛肉价格的高位运行，许多家庭购买牛肉相对较少。根据边际效用递减规律和消费需求理论，牛肉消费量的增加是有限的，随收入上升而增加的速度明显减小。

（2）高位运行的牛肉价格制约牛肉消费。 牛肉的价格是由全产业链各环节（生产、流通、消费等多方面）共同作用下形成的。供给方面，与猪鸡相比，由于肉牛养殖时间长、投入费用高、一头牛一次只生一头牛犊，其成本就高，因此牛肉价格比猪肉和禽类高许多。尤其是当供不应求时，牛肉价格就会呈现上涨趋势。牛肉市场价格的上涨对其受众产生的影响为：经济能力较弱的消费

者对价格感受较为敏感，其他牛肉替代品价格优势对其有绝对影响。

（3）经济发展不平衡影响牛肉消费。 农村居民购买牛肉水平低于城镇居民，原因一是两者收入水平有差距，河北省城镇、农村人均可支配收入 2004 年分别为 7 951.3 元和 3 171.1 元，截至 2017 年上涨到 30 547.76 元和 12 880.94 元。二是购买条件不同，城镇居民牛肉消费便利性远远大于农村居民。

（4）居民饮食消费观念制约牛肉消费。 虽然肉类消费比重占食物消费比重增加，但河北省居民仍以猪肉消费为主，其次为禽肉、蛋类。牛肉的消费数量虽然也在不断增加，但占肉类消费的比重在不断下降。造成牛肉消费比重下降的原因，一方面为牛肉价格高昂购买力不足，另一方面为饮食习惯制约。调查发现牛肉消费人群集中在 15～35 岁这一群体，他们是牛排、烤肉、涮肉等西式饮食的主力军。农村居民没有养成牛肉消费的习惯，不会烹饪牛肉也是重要原因。

2. 牛肉消费的促进性因素分析

（1）经济水平提高，拉动牛肉消费。 从经济学角度来说，收入决定了消费的能力。2017 年河北省居民人均可支配收入 21 484 元，年均增长 9.1%。其中城镇居民人均可支配收入 30 548 元，是 1978 年的 110.7 倍，年均增长 12.8%；农村居民人均可支配收入 12 881 元，是 1978 年的 113 倍，年均增长 12.9%。城乡居民收入倍差为 2.37，比 1978 年缩小 0.05。消费者收入水平对牛肉购买行为的影响主要体现在：收入水平的提高有效促进了居民饮食消费结构升级、促进了饮食方式的改变，在外就餐（烧烤或者餐馆就餐）支出增加。

（2）人口红利带动牛肉消费。 截至 2017 年底河北省常住人口为 7 520 万人，1979—2017 年年均增长 1.0%。较大的人口基数及其较为平稳的人口增长速度为牛肉及牛肉制品消费市场提供了巨大的稳定消费主体。二孩政策和雄安新区的建设将为河北省提供近 500 万的常住人口，牛肉消费总量也将随之增加。居民的家庭结构对牛肉消费也会产生影响，人们对孩子营养的重视会提高牛肉消费水平。

（3）城镇化水平提高推动了牛肉消费。 截至 2017 年底，河北省常住人口的城镇化率达到了 55.01%，相较于 1978 年、1990 年、2000 年和 2010 年分别提高了 44.1、35.8、23.7 和 11.1 个百分点，城镇人口规模达 4 136 万人，与 1978 年相比，增加了 3 583 万人，是 1978 年的 7.5 倍，年均增长 5.3%。城镇化率的提高势必会产生更多的城镇居民间接拉动河北省牛肉产品消费增长。

（4）生活方式的改变拉动牛肉消费。 国家统计局针对城镇居民的户外消费支出调查数据显示，居民在外就餐的消费次数会随着收入水平的提高而增加，支出的金额在家庭食物花费总数的比重也会随之增加。调研显示，居民对牛肉消费量增长的原因中有其生活方式发生变化的作用，在外就餐、牛肉替代猪肉、孩子营养提升等生活方式的改变都成为拉动牛肉消费的因素。

（二）牛肉消费意愿与行为的影响因素分析

1. 研究方法说明

本研究利用 SPSS 软件，从受访者基本特征、牛肉购买行为特征和产品特质三个维度对影响消费者牛肉购买行为的因素进行分析。将被解释变量为消费者是否愿意购买和是否购买设为 $beef_1$、$beef_2$，在消费者购买或愿意购买时，赋值为 1，否则为 0，即被解释变量为 0-1 型二元变量。而离散选择模型中的二元 Logistic 模型是专门用来处理此类数据类型的专用模型。本研究中将采用 Logistic 模型进行实证分析，具体回归方程设计形式如下：

$$beef_i = \alpha + \beta_i \sum_{i=0}^{i=n} \beta_i x_i + \varepsilon_i \tag{5.1}$$

$$beef_i = \begin{cases} 1, \text{if,} beef_i{}^* > 0 \\ 0, \text{if,} beef_i{}^* \leqslant 0 \end{cases} \tag{5.2}$$

2. 变量的选择与赋值

（1）受访者基本特征。 根据调查问卷统计发现，年龄、性别、收入、文化水平、职业等个体特征都会对人们的消费行为产生影响（表 5-25）。

表 5-25　河北省城乡居民牛肉消费基本特征描述

单位：%

特　征	内　容	所占比例	累计比例
A1 性别	男=1	38.21	38.21
	女=2	61.79	100
A2 年龄	15~24 岁=1	28.5	28.5
	25~34 岁=2	26.86	55.36
	35~44 岁=3	24.35	79.71
	45~59 岁=4	19.42	99.13
	60 岁以上=5	0.86	100
A3 文化程度	小学及以下=1	1.02	1.02
	初中=2	3.99	5.01
	高中及同等=3	9.16	14.17
	本科及以上=4	85.83	100
A4 居住地	城镇=1	76.98	76.98
	农村=2	23.02	100

（续）

特　　征	内　　容	所占比例	累计比例
A5 您的职业	企业员工＝1	17.07	17.07
	企业高级管理人员＝2	3.52	20.59
	公务员＝3	7.6	28.19
	科教工作者＝4	28.97	57.16
	学生＝5	26.31	83.47
	其他＝6	16.52	100
A6 您的收入水平	2 000 元以下＝1	29.44	29.44
	2 000～4 000 元＝2	22.4	51.84
	4 000～6 000 元＝3	25.61	77.45
	6 000～8 000 元＝4	12.76	90.21
	8 000 元以上＝5	9.79	100

数据来源：调查问卷。

（2）**牛肉购买行为特征**。表 5-26 统计分析表明，牛肉的口感、营养价值、质量安全以及包装礼盒、品牌都会影响消费行为的产生。

表 5-26　牛肉购买行为特征

单位：%

特　　征	内　　容	所占比例	累计比例
B1 消费原因	钟爱口味＝1	49.41	49.41
	营养健康＝2	39.31	88.72
	礼品＝3	1.33	90.05
	招待客人＝4	9.55	100
B2 购买时间	节假日＝1	31.71	31.71
	来客人＝2	11.2	42.91
	平时＝3	49.65	92.56
	其他＝4	7.44	100
B4 牛肉安全性	十分关注＝1	66.25	66.25
	比较关注＝2	27.09	93.34
	一般＝3	5.87	99.22
	不关注＝4	0.78	100

数据来源：调查问卷。

（3）**产品特质**。表 5-27 显示，牛肉商品的产品特质决定了其营销特点，包括牛肉的价格、替代品价格、色泽、品牌等。

表 5-27 营销特点统计量

单位:%

特 征	内 容	所占比例	累计比例
C1 价格	很贵=1	13.39	28.5
	较贵=2	60.61	55.36
	合理=3	25.29	79.71
	比较便宜=4	0.55	99.13
	很便宜=5	0.16	100
C2 替代品价格	不重要=1	41.97	1.02
	一般重要=2	36.26	5.01
	重要=3	17.93	14.17
	非常重要=4	3.84	100
C3 色泽	不重要=1	3.45	1.02
	一般重要=2	24.75	5.01
	重要=3	59.28	14.17
	非常重要=4	12.53	100
C4 品牌	不重要=1	15.66	15.66
	一般重要=2	44.24	59.91
	重要=3	33.59	93.5
	非常重要=4	6.5	100
C5 质量安全	不重要=1	4.39	4.39
	一般重要=2	19.5	23.89
	重要=3	31.17	55.05
	非常重要=4	44.95	100
C6 包装	不重要=1	3.29	3.29
	一般重要=2	2.9	6.19
	重要=3	23.49	29.68
	非常重要=4	70.32	100

数据来源:调查问卷。

有 74%的消费者认为牛肉价格较贵或者很贵,25.29%的人认为价格合理,只有 0.71%的消费者认为价格便宜,说明牛肉价格是影响消费者购买行为的一个主要因素。58.03%的人会在购买牛肉时考虑其他肉类替代品价格,说明牛肉替代品的价格对牛肉消费产生较大影响。71.81%的消费者会注重牛肉的色泽是否新鲜饱满，仅有 3.45％ 的消费者认为色泽影响不重要。认为牛肉的品牌非常重要或者重要的消费者占比 40.09％，认为不重要的消费者占比 15.66％。多数消费者在购买牛肉时候很注重牛肉的质量安全。大多数牛肉消费者对购买牛肉的包装有很大的要求，但是也有 2.9％ 的消费者对此并不关注。

3. 分析结果

本文选用 Logistic 计量分析模型，运用 SPSS 21.0 分析软件对参与调研的 1 277 个样本数据进行多元回归分析，估计结果如表 5-28、表 5-29 所示。

表 5-28 牛肉消费意愿影响因素回归结果

特征	B	S. E,	Wals	df	sig.	Exp (B)
性别	−0.414	0.145	8.139	1	0.004***	0.661
年龄	−0.597	0.767	11.785	4	0.019**	0.550
居住地	0.028	0.184	0.023	1	0.88	1.028
文化程度	0.398	0.393	4.766	3	0.19	1.490
职业	0.026	0.242	1.664	5	0.893	1.026
收入水平	0.345	0.381	23.806	4	0.0338**	1.495
购买原因	−1.450	0.257	42.348	3	0.001***	0.235
购买时间	−0.761	0.255	35.089	3	0***	0.467
牛肉价格	−22.248	28 209.993	4.917	4	0.296	0.000
替代品价格	0.0697	0.409	6.023	3	0.11*	2.007
质量安全	0.388	0.401	2.208	3	0.53	1.177
牛肉供给是否安全	0.163	0. 363	20.531	3	0***	1.177
安全牛肉的理解	0.479	0.513	8.601	4	0.072*	1.614
色泽	0.287	0.443	8.811	3	0.032**	1.333
牛肉食品包装	0.500	0.393	2.696	3	0.441	1.649
牛肉品牌	0.595	0.357	5.999	3	0.112*	1.813

注：* 表示估计系数非零的显著性水平为 10％；**表示估计系数非零的显著性水平为 5％；***表示估计系数非零的显著性水平为 1％。

（1）牛肉消费意愿影响因素回归结果。

第一，消费者个体基本特征对牛肉消费意愿的影响。根据回归分析结果，性别、年龄、收入水平三个变量通过了显著性检验，系数分别为 −0.414、−0.597 和 0.345，即表示性别和年龄与牛肉消费意愿有负相关关系，收入水平对牛肉消费是正向影响。这说明男性比女性更容易做出购买牛肉的决策，年龄越大消费者购买牛肉的意愿就越弱，收入水平越高的消费者就更愿意购买牛肉。

表 5-29　牛肉购买行为影响因素回归分析结果

	B	S. E,	Wals	df	sig.	Exp (B)
性别	0.175	0.173	1.028	1	0.311	1.191
居住地	0.410	0.252	2.656	1	0.083*	1.507
年龄	−0.251	0.106	5.572	1	0.018**	1.285
文化程度	0.002	0.208	0.000	1	0.992	1.002
职业	0.029	0.054	0.283	1	0.594	1.029
收入水平	0.164	0.085	3.677	1	0.049**	0.849
喜好程度	0.449	0.113	15.908	1	0.000***	1.567
消费比例	0.778	0.067	134.461	1	0.000***	0.459
购买原因	0.136	0.119	1.310	1	0.252	1.146
购买时间	−0.153	0.091	12.815	1	0.043**	0.858
替代品价格	−0.062	0.108	0.325	1	0.569	0.940
生鲜牛肉价格	−0.277	0.104	7.066	1	0.008***	0.758
熟牛肉价格	−0.323	0.093	12.085	1	0.001***	0.724
质量安全	0.013	0.152	0.007	1	0.931	1.013
牛肉供给是否安全	0.162	0.119	11.851	1	0.047**	1.176
安全牛肉理解	0.040	0.134	0.091	1	0.763	1.041
牛肉品牌	0.032	0.110	0.084	1	0.772	1.032
色泽	0.083	0.125	10.437	1	0.048**	1.086
牛肉食品包装	−0.119	0.122	0.945	1	0.331	0.888
常量	2.919	1.252	5.436	1	0.020	18.527

注：* 表示估计系数非零的显著性水平为 10%；** 表示估计系数非零的显著性水平为 5%；*** 表示估计系数非零的显著性水平为 1%。

第二，消费者购买行为特征对牛肉消费意愿的影响。购买原因、购买时间和对牛肉安全性的重视程度通过了显著性检验，系数分别为 −1.450、−0.761 和 0.163，即消费者购买牛肉的原因和时间对牛肉消费行为有显著的负向影响，消费者对牛肉安全性的重视程度与牛肉消费行为显著正相关。这说明越是临近节假日，消费者对牛肉的购买意愿越强烈；牛肉的口感和营养价值是吸引消费者购买主要特点；牛肉质量安全越能得到保证，消费者的购买意愿越积极。

第三，营销因素对牛肉消费意愿的影响。只有牛肉色泽通过了显著性检验，系数为 0.287，作用方向为正，即牛肉的色泽感越好，越能吸引消费者的购买意愿。价格、替代品价格、品牌、包装均未通过相关性检验。

(2) 牛肉购买行为影响因素回归分析结果。

第一，消费者个体基本特征对牛肉消费行为的影响。根据回归分析结果，居住地、年龄、收入水平、对牛肉的喜好程度四个变量通过了显著性检验，系数分别为0.410、-0.251、0.164和0.449；即表示居住地、收入水平、对牛肉的喜好程度与牛肉消费行为有正相关关系，年龄对牛肉的消费行为为负相关关系。

第二，消费者购买行为特征对牛肉消费行为的影响。消费比例、购买时间通过了显著性检验，系数分别为0.778、-0.153，说明牛肉占居民的肉类消费比例越高时牛肉购买行为发生越频繁。越是临近节假日，消费者对牛肉的购买量就越多。

第三，营销因素对牛肉消费行为的影响。生鲜牛肉价格、熟牛肉价格、牛肉供给安全性、牛肉色泽通过了显著性检验，系数分别为-0.277、-0.323、0.162、0.083。作用方向为正的有牛肉供给安全性和色泽，作用方向为负的为价格。品牌、包装没有通过显著性检验。

4. 消费意愿与行为差异性分析

通过比较分析发现，年龄、收入水平、购买时间是影响居民牛肉消费意愿和消费行为的共同因素；年龄和收入水平两个因素同属于消费者个人特征，牛肉供给安全性、牛肉色泽属于牛肉的营销要素。可见收入水平高的中青年在牛肉营销要素得以保障的前提下才会产生消费意愿，进而转化为较高频率的消费行为。

调查中发现，一些受访者有购买意愿却没有购买行为，这种不一致性原因可能是故意隐瞒真实情况或者虽有意愿但受到某些条件的限制。性别、购买牛肉的原因是影响是牛肉消费意愿的主要因素，但却未对牛肉消费行为产生影响。而影响牛肉消费行为却不对消费意愿产生影响的因素有居住地、对牛肉的喜好程度、消费比例、生鲜牛肉价格、熟牛肉价格。因此，虽然大多数人都表示愿意购买牛肉，但受到年龄、饮食习惯、牛肉烹饪难度高、牛肉价格和可得性等原因的影响，导致较高的消费意愿没有转化为较高频率的消费行为。

五、研究结论及对策建议

（一）研究结论

本文的研究得出的主要结论如下：

（1）河北省牛肉供给方面，产量占据全国第四位，年均牛肉产量55万吨，年均牛肉产量高于全国平均水平。牛肉消费方面，河北居民人均牛肉消费数量低于人均生产供给数量，人均消费水平低于全国平均水平，消费呈现城乡、区域性、收入、季节性差异。

（2）采取对应分析法对河北省居民牛肉消费特征进行分析得出：一是从牛

肉价格上来看，无论是城镇还是农村居民理想牛肉价格为每千克 40～80 元，月收入水平为 2 000～6 000 元居民的是这一价格范围的消费主力；基于消费者不同的个人特征，呈现明显的差异性选择结果。二是从月消费金额来看，居民月消费牛肉金额集中在 100 元以下，牛肉消费占肉类消费比重在 20% 以下。三是居民牛肉消费地点集中在超市和农贸市场。四是居民判断牛肉安全的主要标准为外观和检验证明。五是牛肉消费障碍按照影响程度高低依次为：价格太高＞烹饪方式＞口味＞不方便购买＞不喜欢吃。六是居民牛肉烹制方法掌握较少，主要为炖和焖。七是牛肉消费主力年龄分布为 15～35 岁，消费者以女性居多，学历越高居民牛肉消费量越多。

（3）在对河北省居民牛肉消费影响因素分析上，首先通过定性分析法得出制约牛肉消费行为的因素有收入水平、牛肉价格、城乡发展不平衡、牛肉的安全问题；对牛肉消费的促进性消费有高收入水平、人口红利、城镇化水平提高、生活方式的改变。其次利用二元 Logistic 模型对影响居民牛肉消费意愿及购买行为的因素分析得出，牛肉消费意愿受消费者的性别、年龄、收入水平、购买牛肉的原因、购买时间、对牛肉安全性的重视程度以及牛肉的色泽因素影响；牛肉购买行为受居住地、年龄、收入水平、对牛肉的喜好程度、消费比例、购买时间、生鲜牛肉价格、熟牛肉价格、牛肉供给安全性、牛肉色泽因素影响。

（二）提高河北省居民牛肉消费水平的对策建议

1. 降低生产成本，促进牛肉消费

研究发现居民牛肉消费障碍中价格处于首位。降低生产成本，促进牛肉消费主要有两种方式，一是在生产环节，以多种方式促进生产环节降低成本，如促进种肉牛场和种公牛站的建设和发展、鼓励小农户小母牛饲养、探索新的低成本喂养法、利用本地秸秆草饲喂养、引入科学饲养管理办法等。二是在流通环节，河北省的肉牛经营特点为外地购牛育肥，屠宰加工为主，流通环节的成本较高。降低流通成本的有效方式是发展本地小母牛繁殖，而这恰恰是河北省的弱点，因此鼓励边远山区农户发展母牛繁殖是有效的方式。

2. 细化消费市场，锁定目标群体

随着分众消费时代的到来，消费者需求的差异化程度越来越高，市场细分的营销模式是大势所趋。消费者个性化和喜好的不同造成了消费需求多样化，企业应以市场为导向，研发可以满足不同消费年龄、层级的牛肉消费需求。建立不同品牌、档次的牛肉产品并进行分级分类销售。本次调查发现河北省牛肉消费中男性比女性多消费者的年龄集中在 15～35 岁这一年轻消费群体，针对这些消费特征，可推出适合不同年龄段的营销策略和产品。

3. 建立质量安全机制，增强居民消费信心

调查发现，牛肉的安全性是消费者普遍关心的内容，应该建立从产地到餐桌的生产、加工、运输、销售全产业链的牛肉产品质量安全追溯制度。一是要建立统一的牛肉安全市场进入指标，并形成相应的法律法规。二是建立产品质量追溯系统，实施以信息技术为依托的从犊牛出生到餐桌的信息全程追溯，确保消费者对牛肉的消费信心。三是制定和建立检测体系，对牛肉产品进行安全监测，确保畜产品的安全和人民身体健康。

4. 注重产品色泽和包装管理，提高外观舒适度

根据调研所得，选购牛肉时主要依靠外观来判断牛肉的新鲜程度和安全程度。对此牛肉产品经销者应加强产品上架期管理，严格控制在售牛肉的新鲜程度。其次企业应注重牛肉品牌建设和开发更多环保健康包装的产品，提高产品包装水平，以期满足顾客差异化需求和食品包装安全性需求。

5. 加强牛肉消费宣传，增强消费者认知

消费者对牛肉的了解程度是影响牛肉消费意愿转换为消费行为的重要因素。调查发现，河北省消费者对牛肉的认知停留在"价格高昂的肉类"，对牛肉丰富的营养价值及保健因素知之甚少。从城乡居民牛肉消费数量分析来看，造成城乡消费差异的因素不仅在于消费能力上，更多的在于生活环境、方式，消费观念上的差异。应通过广播、报纸、电视等传统媒体与讲座、品鉴大会等，以多种形式的宣传渠道，加强居民牛肉消费认知。

6. 拓宽营销渠道，提高产品可得性

在稳定传统营销渠道的基础上拓展多元化营销渠道，一是要积极发展牛肉销售电商平台，满足差异化人群渠道偏好。二是加强牛肉专营店或者专柜的建设，满足高质量需求群体。在调查中发现在专营店牛肉消费的人数占比5.44%，消费群体对高质量产品和高价格牛肉有一定需求。因此建立专营店一方面可以树立品牌形象、增强消费信心还可以让消费者更直观的消费牛肉。三是开辟农村牛肉消费渠道，培养农村牛肉消费市场和培育消费习惯。

参考文献

董谦，李秉龙，刘宾. 企业品牌羊肉消费者购买行为及影响因素分析——基于呼和浩特市城市居民的调研 [J]. 农业现代化研究，2015，36（2）：277-283.

高奇，程广燕. 城镇居民肉类消费特征及发展趋势分析 [J]. 中国食物与营养 2016，22（8）：45-48.

李秉龙，王可山. 畜产食品质量安全的消费者行为分析 [J]. 中国食物与营养，2007（1）：12-15.

李娜，杨钰莹，王明利，石自忠，胡向东．北京市城镇居民肉类消费分析 [J]．农业展望，2016，12（9）：82-89．

李宁，张瑞荣，内蒙古地区城镇居民肉类消费需求研究 [J]．财经理论研究，2013（4）．

李易渊．消费者对可追溯性农产品购买意愿研究——以牛肉产品为例 [J]．现代商业，2015（27）：16-17．

刘剑．现代消费者心理与行为学 [M]．清华大学出版社，2016．

刘增金，乔娟，李秉龙．消费者对可追溯牛肉的认知及其影响因素分析——基于结构方程模型 [J]．技术经济，2013，32（3）．

乔娟，王晓华．品牌可追溯性信任对消费者食品消费行为的影响——以猪肉产品为例 [J]．技术经济，2016，35（5）：104-111．

王文智，朱俊峰．山西城镇居民食品需求系统的 AIDS 模型分析 [J]．中北大学学报（社会科学版），2011，27（2）：26-30．

于雪，李秉龙，乔娟．消费者对中高端猪肉认知与购买行为以及购买意愿影响因素分析——基于北京市城镇居民的调查 [J]．中国畜牧杂志，2013，49（12）：24-29．

张海峰，王珺，万陆等．广州市消费者对可追溯猪肉消费意愿及影响因素的实证研究 [J]．广东农业科学，2016，43（9）：183-192．

Adavalli A，Jones K．Does media influence consumer demand? The case of lean finely textured beef in the United States [J]．Food Policy，2014，49：219-227．

Borgogno M，Cardello A V，Favotto S，et al．An emotional approach to beef evaluation [J]．Meat Science，2017，127：1-5．

Devi S M，Balachandar V，Sang I L，et al．An outline of meat consumption in the Indian population-A pilot review [J]．Korean Journal for Food Science of Animal Resources，2014，34（4）：507-515．

Grebitus C，Jensen H H，Roosen J．US and German consumer preferences for ground beef packaged under a modified atmosphere-Different regulations，different behaviour? [J]．Food Policy，2013，40（6）：109-118．

Guzek D，Głabska D，Gutkowska K，et al．Influence of cut and thermal treatment on consumer perception of beef in Polish trials．[J]．Pakistan Journal of Agricultural Sciences，2015，52（1）：533-538．

Jin H J．The 2008 US beef scare episode in South Korea：Analysis of an unusual public reaction [J]．Journal of Public Health Policy，2014，35（4）：518-537．

Kou Jingya，Wang Xuyou．Factors Influencing the channel choice of consumers buying beef-Taking Yanji City as an example [J]．Animal Husbandry and Feed Science，2016，8（3）：139-142．

Lagerkvist C J．Consumer preferences for food labelling attributes：Comparing direct ranking and best－worst scaling for measurement of attribute importance，preference intensity and attribute dominance [J]．Food Quality & Preference，2013，29（2）：77-88．

Lim K H，Hu W，Maynard L J，et al．A taste for safer beef? How much does consumers' perceived risk influence willingness to pay for country-of-origin labeled beef [J]．Agribusiness，

2014，30（1）：17-30.

Merlino V M，Borra D，Girgenti V，Dal Vecchio A，Massaglia S. Beef meat preferences of consumers from Northwest Italy：Analysis of choice attributes ［J］. Meat Science，2018：119-128.

Michelle Spence，Violeta Stancu，Christopher T. Elliott，Moira Dean. Exploring consumer purchase intentions towards traceable minced beef and beef steak using the theory of planned behavior ［J］. Food Control，2018，91.

Morales R，Aguiar A P S，Subiabre I，et al. Beef acceptability and consumer expectations associated with production systems and marbling ［J］. Food Quality & Preference，2013，29（2）：166-173.

Smith，Peter. Where's the beef? Cultural and socioeconomic determinants of meat consumption in Brazil ［J］. Circulation，2014，104（7）.

第六章 河北省肉牛粪污处理与资源化利用

　　肉牛养殖场的粪污处理与资源化利用是肉牛养殖现代化、标准化的重要环节。粪污处理及资源利用方式与生态环境密切相关，并关系到我国肉牛业的健康发展。河北省是我国的畜牧大省，其肉牛存栏量位居全国前列。据河北省农业厅畜牧兽医局统计数字，2017 年末，全省肉牛存栏 196.38 万头，出栏 340.49 万头。经我们调查统计，全省存栏肉牛 100 头以上的规模养殖场达 508 个，肉牛饲养量为 15.81 万头。肉牛业受到河北省农业厅的高度重视，近年来发展速度稳定，但值得注意的是，随着规模化肉牛养殖存栏量的快速增加，肉牛粪便及废弃物的排放量也在不断增加，对环境的影响也越来越大。随着肉牛养殖业的进一步发展，肉牛粪污的排放量还会进一步增大，由此对环境的影响将会更加严重。河北省要发展肉牛业、加强新农村建设，就必须注重加强生态建设。为摸清我省肉牛场粪污处理及资源化利用的总体情况，肉牛创新团队于 2018 年 4 月～11 月，对我省 11 个地市及 2 个省辖市进行了调研，结合各地畜牧站上报的有关资料，对我省 100 头以上的规模肉牛场的粪污处理与资源化利用情况进行对比分析，希望通过对肉牛养殖场粪污处理及资源化利用情况的调研，揭示我省肉牛场粪污治理的现状和问题并提出相关政策建议，最终能找出一条适合河北省实际情况的粪污处理发展道路。

一、河北省规模化肉牛场分布情况

　　河北省 100 头以上规模化肉牛场有 508 个，其中，承德地区规模肉牛场最多，占比为 20.28％；其次为保定和张家口地区，规模化肉牛场占比分别为 13.39％和 11.02％；肉牛场最少的是省管辛集市、定州市，其管辖面积相对较小；其他各地市占比在 4.92％～8.46％。从各地区肉牛场的分布来看，符合河北省各地市的地理特点和产业发展方向，承德、张家口和保定地区山地较多，牧草相当丰富，适合肉牛养殖。结果详见表 6-1。

表 6-1 河北省规模化肉牛场的分布情况

单位：个，%

市别	肉牛场规模数						牛场总数	地市占比
	100～300	301～500	501～700	701～900	901～1 100	1 100 以上		
石家庄	14	9	2	1	0	1	27	5.31
张家口	51	3	1	1	0	0	56	11.02
承德	79	15	4	1	1	3	103	20.28
保定	43	17	3	0	5	0	68	13.39
廊坊	19	4	5	1	1	1	31	6.10
唐山	22	6	2	1	3	2	36	7.09
秦皇岛	32	8	2	0	1	0	43	8.46
沧州	28	5	2	0	0	1	36	7.09
衡水	14	7	2	0	0	2	25	4.92
邯郸	24	6	2	0	1	0	33	6.50
邢台	20	3	0	2	2	0	27	5.31
定州	13	2	2	0	0	0	17	3.35
辛集	4	2	0	0	0	0	6	1.18
合计	363	87	27	7	14	10	508	
规模占比（%）	71.46	17.13	5.31	1.38	2.76	1.97		

从肉牛场规模化大小来看，100～300 头肉牛场占 71.46%，301～500 头肉牛场占 17.13%，501～700 头肉牛场占 5.31%，1 100 头以上的肉牛场占 1.97%。可见，河北省的肉牛场规模化程度相对较低。其中，张家口、承德和保定 100～300 头肉牛场数所占比例最高，分别为 91.07%（51/56）、76.70%（79/103）和 63.24%（43/68），从表 6-1 可以看出，这三个地区是河北省肉牛养殖最主要的地区，但是也规模化程度最低的地区。

二、粪污处理设施建设情况

河北省规模化肉牛场的粪污处理设施配套率为 80.91%，其中唐山、定州和辛集的设施最为完善，为 100%。张家口粪污处理设施配套率最低，仅为 30.36%。结果详见表 6-2。

表 6-2　河北省规模化肉牛场粪污设施配建情况

单位：个,%

市别	规模养殖场数量	粪污处理设施配建个数		设施装备配套率
	总数	已建	未建	
石家庄	27	21	6	77.78
张家口	56	17	39	30.36
承德	103	94	9	91.26
保定	68	54	14	79.41
廊坊	31	27	4	87.10
唐山	36	36		100.00
秦皇岛	43	40	3	93.02
沧州	36	32	4	88.89
衡水	25	16	9	64.00
邯郸	33	28	5	84.85
邢台	27	23	4	85.19
定州	17	17	0	100.00
辛集	6	6	0	100.00
合计	508	411	97	80.91

三、规模肉牛场清粪方式

牛舍粪污清理方式通常分为人工清粪和机械清粪。人工清粪是长期普遍采用的清粪方式，即人工利用铁锹、铲板、笤帚等将粪收集成堆，人力装车或运走。这种方式简单灵活，但操作工人劳动强度大、环境差、效率低，而且随着人力成本的不断增加，这种清粪方式亟待被新的方式取代。机械清粪包括铲式清粪和刮板清粪。机械清粪的优点是可以减轻劳动强度，节约劳动力，提高工效。此次调研发现，人工清粪仍是牛舍普遍采用的清粪方式，占 75.98%；其次为铲车清粪，占 15.55%；电动机械刮板清粪占 8.46%。但随着牛场机械化的推进，采用电动机械刮板清粪方式的比例有所提升。不同养殖规模清粪方式显示，肉牛场养殖规模越大，人工清粪方式所占的比例越低，机械化程度越高。根据 2018 年的调研数据，在存栏 300 头以下的规模肉牛场中，89.53% 的牛场采用人工清粪；其次是铲车清粪，比例为 6.89%；电动机械刮板清粪比例为 3.58%。而存栏 900 至 1 100 头的牛场多采用铲车清粪方式，比例达到57.14%；电动机械刮板清粪所占比例次之，为 42.86%；存栏 1 100 头以上的牛场采用铲车清粪的比例达到 70.00%；电动机械刮板清粪所占比例次之，为 30.00%。由此可见，养殖规模大的肉牛场更依赖于机械作业，以便于节约劳动力并降低人工成本。结果详见表 6-3。

表 6-3　河北省规模化肉牛场的清粪方式

单位：个，%

牛场规模	牛场数	人工清粪		铲车清粪		电动机械刮板清粪	
		牛场	比例	牛场	比例	牛场	比例
100～300	363	325	89.53	25	6.89	13	3.58
301～500	87	46	52.87	27	31.03	14	16.09
501～700	27	13	48.15	9	33.33	5	18.52
701～900	7	2	28.57	3	42.86	2	28.57
901～1 100	14	0	0.00	8	57.14	6	42.86
1 100 以上	10	0	0.00	7	70.00	3	30.00
合计	508	386	75.98	79	15.55	43	8.46

四、规模肉牛场粪污处理方式及利用

（一）肉牛场主要粪污处理方式

养殖场粪污的处理问题，不但环保部门非常重视，而且养殖户自身也非常重视。因为粪污如得不到妥善的处理，就会滋生大量病原，导致寄生虫和传染性疾病的传播，给养牛户带来经济损失。河北省肉牛养殖场常用的有效粪污处理方法主要有以下方式。

1. 生态堆肥还田

生态堆肥还田是解决小型肉牛养殖场粪便污染最好的一种方法，是将粪污收集后堆积，在有氧的情况下，利用环境中的微生物或添加好氧堆肥菌剂，对粪污中的有机物进行生物化学处理的一种模式。该方法的优点是堆肥产生的高温可杀死粪尿中的寄生虫、虫卵及其他病原微生物，使粪污快速腐熟、无害化，经处理的牛粪是优良的有机肥料，而且该模式无须专人管理，投资少，不耗能，基本无运行费。但该模式也具有不可忽视的缺点，如用地较多，而且不能对污水进行处理，需要另外购置设备。生态堆肥还田模式尤其适合中小规模肉牛养殖场实施，产生的有机肥料可用于生产有机蔬菜和水果、种植花卉等。

2. 厌氧发酵生产沼气

厌氧发酵是通过圈舍设施将牛粪尿直接排入沼气池，利用厌氧发酵或沼气池处理粪便，将粪尿有机物转化为能源，产生沼气、沼渣和沼液的一种模式。该技术简单易学，投资少，在国家大力支持下，广大养殖户已建立了高效率的

· 143 ·

沼气池，处理效率高；并且实现了能源、肥料、饲料、环保的良性循环。沼气可用作燃料，沼渣、沼液可肥田、喂鱼和养蚯蚓，使粪尿资源化、肥料化和饲料化，从而建立生态农业。该模式的缺点是后处理需要占用大量土地，产生的沼渣、沼液如果不能及时合理利用，很可能造成与粪尿直接排放一样的污染。另外，沼气的产生受季节影响大，特别是在低温环境下，存在产气不稳定的缺陷，有的沼气池由于维护管理不当，出现处理效率低下而被淘汰。可喜的是经科技工作者努力，通过添加微生物菌剂可增强发酵产气，增强粪污处理效果。

3. 生态发酵床模式

牛舍改建成发酵床，即采用有益微生物、木屑、辅料和活性剂按比例混合、发酵，形成有机垫料，牛在垫料上活动、排泄，其排泄物被有机垫料吸收后可由微生物迅速降解、消化；定期对发酵床进行翻抛、添加菌种、垫料，确保正常发酵。经过发酵的垫料是非常好的有机肥，该方式的优点是粪便无须人工清理，在微生物作用下分解，实现无臭、无味、无害化处理，牛的生活环境得到改善，舒适度显著提高，其发病率降低，肉品质得到明显改善。缺点是对污水不能有效处理，特别是多雨季节，污水分流没做好的情况下，效果很差。

4. 利用蚯蚓处理牛粪

牛粪是蚯蚓养殖的良好基质。该方法是以牛粪和其他基质为原料，购买优良蚯蚓品种，如赤子爱胜蚓，进行人工养殖蚯蚓来处理牛粪的一种方法。该模式根据蚯蚓的生理学特点，利用牛粪中的一些营养物质来养殖蚯蚓。该模式的优点是经处理的牛粪是优良的高肥效有机肥料，其富含的腐殖质是土壤中植物营养的重要来源，更是形成土壤水稳性结构的重要物质，是城郊绿化土壤的改良剂。另外，蚯蚓是优质的动物蛋白饲料、鱼饵，出售蚯蚓可产生良好的经济效益。其缺点是用地较多，需专人从事蚯蚓养殖，而且不能对污水进行处理，需要另外购置设备。

5. 牛粪干湿分离模式

牛粪干湿分离是利用分离机械对粪污进行自动化处理的一种比较先进的模式。干湿分离系统主要包括搅拌机、切割泵、液位控制及管路等配套设备设施，水冲系统收集的粪污经搅拌机搅拌均匀后，由切割泵送进入固液分离机进行分离。固体粪便经过机械高温堆肥无害化处理后制成有机肥，可直接运输出售，养殖污水经过深度处理后回收利用。该方式的优点是需要的人力少，劳动效率高，污水经回收利用，易保证牛舍的清洁卫生。缺点是投入较高，很多小型养殖场由于资金紧张，不愿购买设备而难以实施。

（二）河北省不同地区规模化肉牛场粪污处理方式

从 2018 年规模肉牛场的调研可知，规模肉牛场粪污处理主要有堆肥发酵还田、沼气池发酵、养殖蚯蚓、集中处理等方式。总体看，牛粪直接堆肥发酵还田的肉牛场所占比重最大，定州市、张家口市和秦皇岛市分别占比为100.00％、96.43％和90.70％，其他各市的占比均达50.00％以上；其次是生产沼气，最高的邢台，达到占33.33％。其他方式为集中处理或养殖蚯蚓等，但比例较低，最高是辛集为16.67％，其次，唐山为8.33％。结果详见表6-4。

表6-4 河北省不同地区规模化肉牛场的粪污处理方式

单位：个，%

牛场规模	牛场总数	堆肥发酵		生产沼气		其他方式		没有处理	
		牛场	比例	牛场	比例	牛场	比例	牛场	比例
石家庄	27	21	77.78	3	11.11	1	3.70	2	7.41
张家口	56	54	96.43	2	3.57		0.00		0.00
承德	103	—		—		—		7	6.80
保定	68	—		—		—		8	11.76
廊坊	31	24	77.42	5	16.13	1	3.23	1	3.23
唐山	36	28	77.78	5	13.89	3	8.33		0.00
秦皇岛	43	39	90.70	1	2.33		0.00	3	6.98
沧州	36	24	66.67	7	19.44	1	2.78	4	11.11
衡水	25	—		—		—		9	36.00
邯郸	33	25	75.76	3	9.09		0.00	5	15.15
邢台	27	14	51.85	9	33.33	1	3.70	3	11.11
定州	17	17	100.00		0.00		0.00		0.00
辛集	6	4	66.67	1	16.67	1	16.67		0.00
合计	508								

五、肉牛场粪污处理与资源化利用中存在的主要问题

（一）部分肉牛养殖场缺乏合理规划

由于历史原因，部分肉牛养殖场缺乏合理的规划，有许多养殖场周边缺少配套农田，粪污难以就近消纳，不能做到农牧结合、互相受益。

（二）肉牛养殖业规模化程度不高

河北省肉牛养殖业规模化程度不高，大型肉牛养殖企业所占比例较低，养殖技术水平普遍不高，给粪污收集带来了不便。此外，养殖散户因缺少资金来建设粪污储藏、治理设施，缺少健康养殖技术，标准化养殖推广难度大，粪污处理与资源化利用更加困难。

（三）粪污收储及资源化利用体系运转不良

由于河北省肉牛养殖场较分散，而菜农、果农运输粪污花费人工多、成本较高，不愿意长途收集粪污，养牛企业也因经济成本等因素，对运送粪污没有积极性，不愿意配备运粪车及粪污临时储存设施。同时，不少菜农、果农不追求农产品质量，对耕地质量的保护也缺乏认识，对有机肥的使用积极性不高。再加上近年来有机肥厂收集粪污废弃物的成本大幅提高，而有机肥的销售价格基本与前几年持平，造成了有机肥生产厂家比较效益下降。

（四）养殖户队伍不稳定，部分养殖户环保意识薄弱

在本次调查的 508 家养殖场中，有部分养牛场是经过层层转包的临时性养殖户，这些临时性养殖户生产规模小、合同期短，仅关注短期效益，对养殖场技术改造的兴趣不大，也不愿意投入较多资金建设临时堆粪场、储尿池等设施。同时，部分养殖户文化程度低、专业知识匮乏，据不完全统计，养牛户中文化程度为高中及以下的人数占比较高。此外，极少数养殖户缺乏清洁生产、粪污治理的环保理念，治污措施不能贯穿到每个生产环节，随意排放现象仍有发生。

（五）监管还有待进一步加强

调查发现，少数养牛企业的临时储粪池与外围山沟直接相连，夏季与雨水混合，导致污水直接排入野外，对环境污染危害较大，由于监管存在一定的空白，有时很难被发现。

六、推进河北省肉牛粪污处理与资源化利用的对策与建议

（一）科学编制规划

通过调研发现，要彻底做好牛粪污的治理与资源化利用，首先必须根据当地环境的承载能力，结合肉牛养殖的发展方向及污染减排的各项指标要求，合理制定中长期治理目标，并按照"以地定畜、种养结合"的原则，科学划定禁养区、限养区，确定肉牛养殖的布局、畜种、规模、总量、用地及配套环境基础设施建设要求等，促进肉牛养殖合理布局，引导肉牛养殖向规模化、集约化方向发展。

（二）提高准入门槛

对于新建养牛场要高标准、高要求，引导采用高科技、新技术建设粪污处

理设施和处理工艺。具体措施为：

（1）新建、扩建和改建的养牛场必须与畜禽养殖规划保持一致，必须取得《排污许可证》和《动物防疫合格证》。

（2）严格执行环境影响评价制度，做到"三同时"，即环保设施与生产设施同时设计、同时施工、同时使用。

（3）农业、畜牧、环保等部门要根据当地的环境容量及配套的环保设施来审核养殖规模，严格审批，把好养殖准入关。

（三）加强执法和督查力度

畜禽养殖污染是环境污染的重要原因之一，加强畜禽养殖污染的防治执法与督查工作十分必要。要严查肉牛养殖废弃物未经处理直接向环境排放的现象，要求肉牛养殖场健全和完善肉牛养殖场污染防治设施运行管理制度，建立肉牛生产、经营、污染防治设施运行管理台账，规范建立养殖污染防治档案。要坚决杜绝有设施不运行的现象，加强畜禽环境污染执法队伍建设，推行执法责任制，开展多部门联合执法，使畜禽污染控制逐步走上法制化的轨道。

（四）加强宣传示范与技术指导

在调查中发现，由于历史因素，仍有极少数肉牛养殖场管理较为混乱，部分养殖户环保意识淡薄，有违建和污染河流的现象，甚至少数养殖场根本不了解治污知识和治污处理技术，不能从规划布局、饲料饲养、排放治理相结合等方面根本上解决肉牛粪便污水的污染，存在不同程度地放任自流等问题。因此，要充分发挥各种媒体的宣传作用，结合本地实际，大力推行农牧结合的养殖模式。要对农牧结合、处理肉牛粪污与资源化利用较彻底的养殖企业加以推广、宣传和奖励。要鼓励、支持其他养殖企业完善牛粪沼气化处理、生物利用、有机肥生产或干粪堆存及还田管网等设施。要合理规划、适度规模，注重推广清洁生产技术，采用科学饲养、科学配料和合适的饲养方式，提高肉牛饲料利用率，降低肉牛排泄物中的氮含量及恶臭味，同时做到节约用水，减少污染物排放。

（五）加强对肉牛养殖污染防治工作的政策引导和资金支持

要在河北省推广经济适用的肉牛养殖污染综合治理技术，实现肉牛养殖废弃物的减量化、无害化，必须加大政策引导与资金支持。各级职能部门要建立协调配合机制，明确环保、农业等相关部门的职责，政府制定相关配套措施和优惠政策，从政策层面上加强对畜禽养殖污染治理工作的引导。要运用财政杠杆，利用治污设施补贴、奖励以及征收排污费等手段，鼓励养牛户建设各种因地制宜的治污设施，对收集粪污由农户直接还田的给予适当的人工及运输补贴，对缺乏环保设施的农村散养户和中小肉牛养殖专业户，可积极创造条件，给予一定的优惠政策，鼓励建设粪污临时储存设施、干湿分离设施、雨污分流设施以及运输、有机肥生产设备。

第七章 河北省肉牛饲料资源状况调查

一、河北省饲草饲料资源概况

河北省饲草资源主要包括 3 大类,一是草地牧草,主要包括天然草地和人工草地牧草;二是饲料作物,如青贮玉米等;三是农作物副产品,主要是秸秆。另外,还有树叶资源丰富,树叶虽然量大但是散在资源,收集成本高,目前开发利用程度还不够。

河北省草地资源地处温带欧亚草原与森林过渡地带,草地植物资源丰富,草地面积大、分布广,天然草地总面积 474 万公顷,大部分草地分布在冀北、冀西北山地,其中 80% 的草地分布在北部的承德、张家口和保定三市,是坝上地区、冀北、冀西北山地以及太行山区发展畜牧业的基地;秸秆资源主要分布在河北省南部的平原农区,以玉米秸秆、小麦秸秆、稻草秸秆、花生秧等为主,但大量秸秆未能得到合理利用,秸秆粉碎后还田是一种处理形式,甚至还有少量的焚烧及腐肥现象,这些都造成资源的极大浪费。由于秸秆产量未列入国家有关部门的统计范围,其产量通常依据农作物的产量计算而得,我国每年生产 5.7 亿～7.9 亿吨的秸秆。

二、肉牛体系调研情况

河北省二期现代农业产业技术体系肉牛创新团队于 2018 年 5 月 25 日制定了肉牛养殖场信息调查表和河北省肉牛养殖县畜牧局调查问卷,首席办于 2018 年 6 月 7 日通过肉牛体系负责各地市的责任专家,下发了信息调查表和调查问卷。

(一)肉牛养殖调查表及问卷收回情况

最终共收回肉牛养殖场信息调查表 30 份,其中保定市 2 份、沧州市 5 份、承德市 4 份、定州市 1 份、衡水市 1 份、廊坊市 1 份、秦皇岛市 3 份、石家庄市 4 份、唐山市 3 份、辛集市 1 份、邢台市 2 份、张家口市 3 份。收回河北省肉牛养殖县畜牧局调查问卷 36 份，其中保定市 2 份、沧州市 7 份、承德市 4 份、定州市 1 份、廊坊市 10 份、石家庄市 4 份、唐山市 3 份、辛集市 1 份、邢台市 4 份。另外收到遗传资源岗提供的邯郸市肉牛养殖初步调查信息汇总表一份。对调查表及调查问卷有些信息不太完善之处，于 2018 年 12 月安排六名研究生及本科生进行电话回访及实地核实，使得所调查的信息得到进一步完善。所收到调查表及调查问卷数量在河北省分布情况见图 7-1。

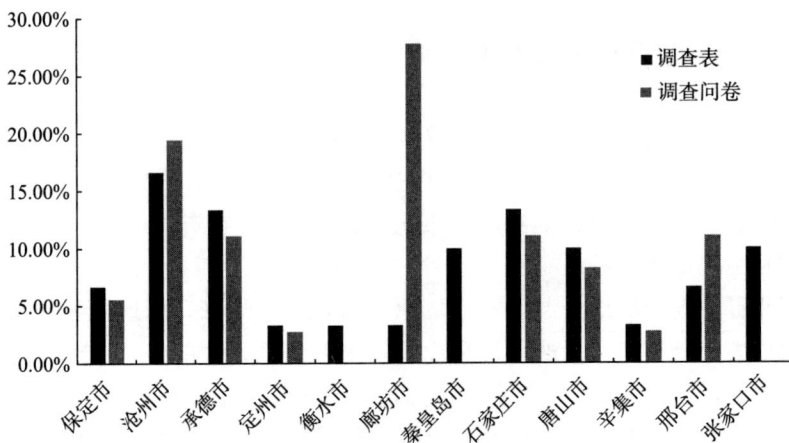

图 7-1 各地市调查表及调查问卷数量占比情况

（二）调研区域饲料资源基本情况

通过本次肉牛体系发放的调研表和各区县调查问卷及团队成员走访时了解的情况，现将河北省各地市肉牛养殖所用的主要饲料原料品种汇总见表 7-1。

表 7-1 河北省不同地市肉牛用粗饲料、精饲料汇总表

饲料资源所在地市	粗饲料资源	精饲料资源
保定	全株玉米青贮、玉米秸秆、羊草	玉米、豆粕、菜籽粕、棉粕、麸皮
沧州	全株青贮玉米、黄贮、苜蓿青贮、进口苜蓿、国产苜蓿、羊草、稻秸、花生秧、全棉籽	玉米、豆粕、菜籽粕、棉粕、麸皮
承德	全株青贮玉米、玉米秸秆、水稻秸秆	玉米、豆粕、麸皮
定州	全株青贮玉米、玉米秸秆	玉米、豆粕、棉粕、麸皮

（续）

饲料资源 所在地市	粗饲料资源	精饲料资源
衡水	全株青贮玉米、玉米秸秆	玉米、豆粕、棉粕、麸皮
廊坊	全株玉米青贮、玉米秸秆、羊草、麦秸	玉米、豆粕、菜籽粕、麸皮
秦皇岛	玉米秸秆黄贮、牧草青贮、玉米秸秆	玉米、豆粕、棉粕、麸皮
石家庄	全株青贮玉米、玉米秸秆、稻秸、麦秸	玉米、小麦、豆粕、菜籽粕、棉粕、DDGS、麸皮
唐山	全株青贮玉米、进口苜蓿、玉米秸秆、稻秸、全棉籽	玉米、小麦、豆粕、棉粕、麸皮
辛集	全株青贮玉米、玉米秸秆、花生秧	玉米、豆粕、麸皮
邢台	全株青贮玉米、国产苜蓿、玉米秸秆	玉米、豆粕、菜籽粕、棉粕、麸皮
张家口	全株玉米青贮、玉米秸秆、羊草	玉米、豆粕、菜籽粕、麸皮

（三）各区县饲养肉牛的优势

本次调查制定的各区县调查问卷设置了肉牛养殖优势一栏，栏中设置了有养殖传统的优势、山区牧草资源、生产结构调整、加工带动养殖、玉米秸秆丰富、豆品资源丰富和其他（自填）资源优势共计七个选项，现将收回各区县肉牛养殖优势汇总见表7-2。

表7-2 河北省不同地市、区县具有的养殖优势及优势资源情况汇总表

所在地市	所在区县	具有的肉牛养殖优势及资源情况
保定市	阜平	有养殖传统、玉米秸秆丰富
	满城	玉米秸秆丰富
	泊头	玉米秸秆丰富
	东光	有养殖传统、玉米秸秆丰富
	河间	有养殖传统、生产结构调整
沧州市	孟村	有养殖传统、加工带动养殖、玉米秸秆丰富
	南皮	有养殖传统、加工带动养殖
	吴桥	有养殖传统、生产结构调整、玉米秸秆丰富、豆品资源丰富
	盐山	有养殖传统、玉米秸秆丰富

（续）

所在地市	所在区县	具有的肉牛养殖优势及资源情况
承德市	丰宁	有养殖传统、山区牧草资源、玉米秸秆丰富
	隆化	有养殖传统、山区牧草资源、生产结构调整、加工带动养殖、玉米秸秆丰富
	平泉	玉米秸秆丰富
	围场	有养殖传统、山区牧草资源、生产结构调整、加工带动养殖、玉米秸秆丰富
定州市	定州	生产结构调整、玉米秸秆丰富
廊坊市	安次	有养殖传统
	霸州	有养殖传统
	大厂	有养殖传统、玉米秸秆丰富
	大城	有养殖传统、玉米秸秆丰富
	固安	有养殖传统
	光阳	该项无数据
	三河	该项无数据
	文安	有养殖传统、玉米秸秆丰富
	香河	有养殖传统、加工带动养殖
	永清	有养殖传统、玉米秸秆丰富
石家庄市	行唐	有养殖传统、玉米秸秆丰富
	灵寿	有养殖传统、山区牧草资源、玉米秸秆丰富
	无极	玉米秸秆丰富
	新乐	有养殖传统、加工带动养殖、玉米秸秆丰富
唐山市	丰南	玉米秸秆丰富
	滦南	玉米秸秆丰富
	遵化	有养殖传统、生产结构调整、玉米秸秆丰富
辛集市	辛集	有养殖传统、生产结构调整、玉米秸秆丰富
邢台市	广宗	有养殖传统
	隆尧	玉米秸秆丰富
	宁晋	有养殖传统、生产结构调整、玉米秸秆丰富
	平乡	玉米秸秆丰富

从整理的表 7-2 可知，收回的 36 份调查问卷中各区县的情况不尽一致，我们按照以上信息，根据每个优势项所出现的几率进行说明哪些是河北省具有的养殖肉牛主要优势，具体统计结果见图 7-2。

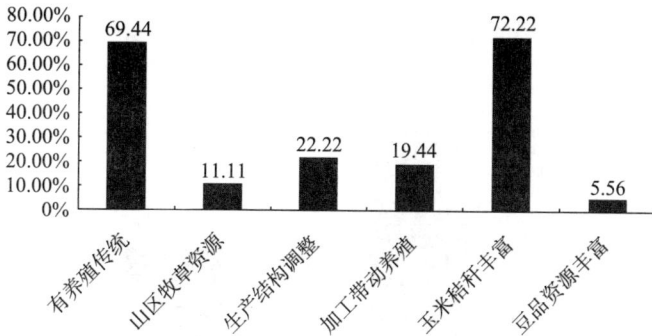

图 7-2　各种肉牛养殖优势在所调研各区县中所占比重

通过对表 7-2 和图 7-2 结果分析可知：在河北省上报各区县中有养殖传统优势的占到各县区的 69.44%；具有山区牧草资源优势的区县有承德丰宁、隆化、围场和石家庄灵寿四个县，共占到调查区县的 11.11%；有生产结构调整优势的区县有 22.22%；有加工业带动肉牛养殖优势的有 19.44%；具有玉米秸秆资源优势的最多，占到调查区县的 72.22%；具有豆品资源优势的占到 5.56%。

由表 7-2 和图 7-2 及分析结果说明，肉牛养殖在河北省具有较好的基础，为河北省发展肉牛养殖业提供了先决条件；另外具有玉米秸秆资源的区县达到 70% 以上，进一步研究玉米秸秆养肉牛在河北省意义重大；还有些区县具有山区牧草资源，在这些地区可以进行舍饲＋有计划放牧，降低饲养成本发展肉用基础母牛。

另据团队成员调研了解，肉牛养殖规模以 100～500 头为主的牛场在饲喂粗饲料上，基本能结合当地具有的优势，比如农区能充分利用农作物副产品，大多数牛场备有玉米青贮，有部分牛场购买牧草，豆科以苜蓿为主，禾本科以羊草为主，有部分牛场做玉米秸秆黄贮。部分牛场租赁周边地块进行人工种植，但也存在牛场粗饲料的主要构成是玉米秸秆、羊草和青贮饲料，表现出结构单一的特点。

由此可知，河北省开发饲草资源和高效利用还应放在对玉米秸秆的研究和科学利用上。

（四）肉牛养殖场饲喂技术情况

本次制定的肉牛养殖场信息调查表设置是否采用 TMR 方式饲喂、是否采用饲料配制软件进行日粮配合、是否制作青贮饲料和是否使用预混料四个调查栏目。现就调查情况总结如下：

1. 是否采用 TMR 方式饲喂

对收到的 30 个牛场的信息调查表进行汇统，结果见图 7-3。

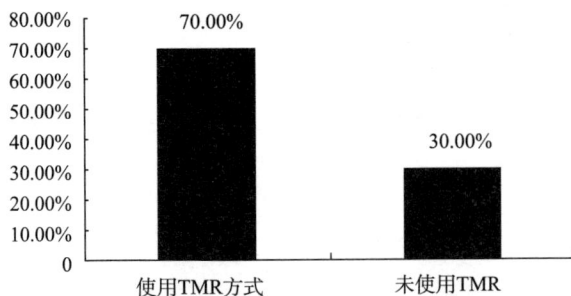

图 7-3　是否使用 TMR 方式饲喂牛场所占比例

对收到的肉牛养殖情况调查表分析可知：调查的 30 个牛场中有 21 个牛场采用 TMR 方式饲喂；没有采用 TMR 方式饲喂的有 9 个牛场，这些牛场仍采用传统的饲喂模式。经统计，使用 TMR 的牛场占到调研牛场的 70.00%、没有使用 TMR 的牛场占调研牛场的 30%。由该数据可以推测，除一些较小的牛场外，我省较大的肉牛养殖场大部分采用了 TMR 方式饲喂。

2. 是否采用饲料配制软件

对收到的 30 份牛场信息调查表进行汇统，结果见图 7-4。

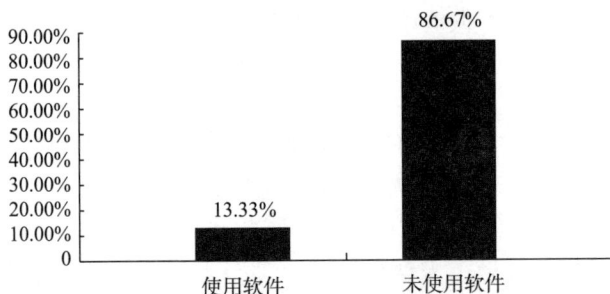

图 7-4　肉牛养殖是否使用饲料配制软件情况

由图 7-4 及调查表统计可知，在收到的 30 份调查表中有 4 个牛场采用饲料配制软件进行日粮配制，该数据占到所调研牛场的 13.33%。没有采用饲料软件配制饲料的有 26 个牛场，占到调研牛场的 86.67%。经了解，其中有些牛场采用外购精料，牛场本身没有用到饲料配方软件，但是配方是由提供精料公司所推荐的参考配方。由此可见，虽然使用配方软件牛场的比例低，不一定代表其所使用的日粮配方不是由软件系统算出来的。另外，有些牛场利用电脑 Excel 程序计算，也提高了日粮配制的科学性。

3. 是否制作青贮饲料

对收到的 30 份调查表进行汇总统计，结果见图 7-5。

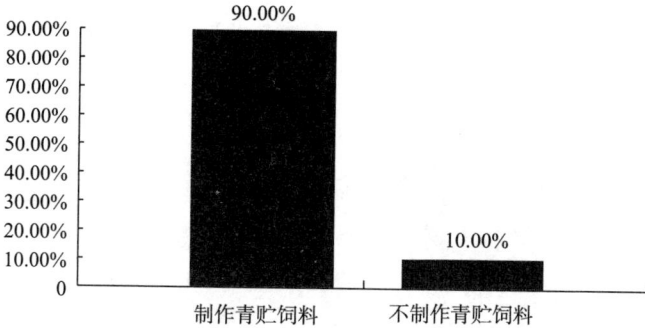

图 7-5 肉牛养殖是否制作青贮饲料情况

由图 7-5 及调查表汇总情况可知：30 个牛场中有 27 个牛场自己制作青贮饲料，该数据占到所统计牛场的 90%，没有制作青贮的牛场 3 个，占到受调查牛场的 10%。由该数据可以推测，河北省较大的肉牛养殖场大部分能够制作并利用青贮饲料进行饲养肉牛。

4. 是否使用预混料

在收到的 30 份调查表中，除 2 份调查表没有获得数据外，有效统计总数为 28 份，对这些调研表数据进行汇统，结果见图 7-6。

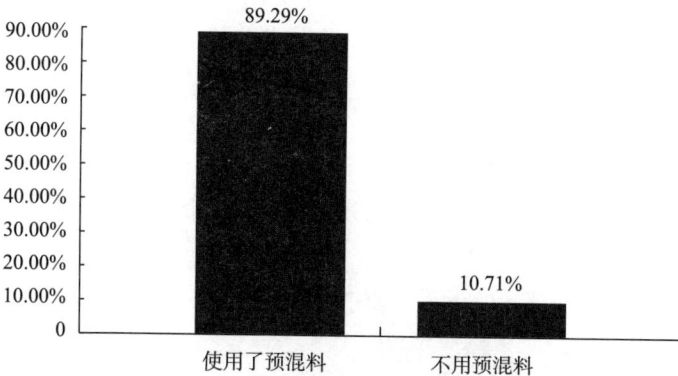

图 7-6 肉牛养殖是否使用预混料情况

根据图 7-6 和调查表数据统计可知：28 个有统计数据的牛场中有 25 个牛场使用了预混料（其中此部分在表格中虽未填选，但是该牛场是通过外购精饲料来配合日粮，我们把这部分牛场也视为使用了预混料），该数据占到有效统计牛场的 89.29%，没有使用外购料及使用预混料的牛场只有 3 个，占到有统计数据牛场的 10.71%。由该数据可以推测，我省肉牛养殖场基本上能使用预混料进行配制日粮。

5. 可繁母牛直接饲料成本

在收到的 30 份调查表中，除 7 份调查表中没有饲养可繁母牛的数据外，对 23 份调查表中可繁母牛每天每头饲养成本进行统计，结果见图 7-7。

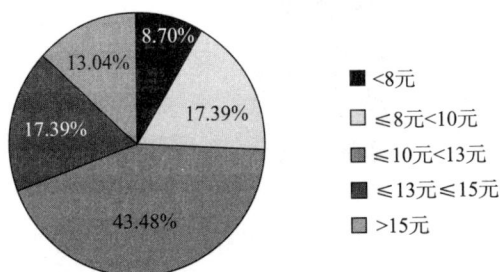

图 7-7　可繁母牛饲料成本不同区间所占比例

根据 23 份饲养可繁母牛饲养场的调查数据分析及图 7-7 可知：可繁母牛每头每天饲养成本< 8 元的牛场有 2 个，占到 8.70%；饲养成本≤8 元<10 元的牛场有 4 个，占到 17.39%；饲养成本≤10 元< 13 元的牛场有 10 个，占到 43.48%；饲养成本≤13 元≤15 元的牛场有 4 个，占到 17.39%；饲养成本>15元的牛场有 3 个，占到 13.04%。对 23 份有统计学意义的场进行统计，每头每天可繁母牛的直接饲料成本平均为 11.57±3.21 元，这与图 7-7 所示的结果相一致。由此说明，我省饲养可繁母牛成本基本上每头每天在 10～13 元之间。

6. 育肥牛每头每天饲料成本

在收到的 30 份调查表中，除 4 份调查表中没有饲养育肥牛的数据外，我们对 26 份调查表育肥牛饲养成本进行统计，结果见图 7-8。

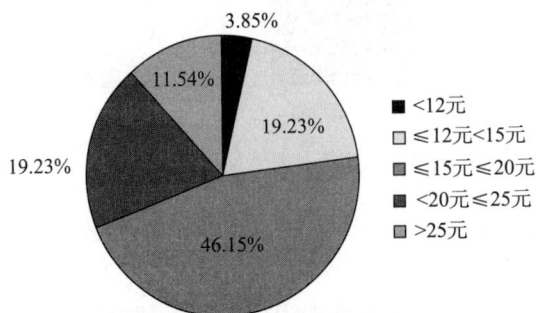

图 7-8　育肥牛每天饲料成本不同区间所占比例

根据 26 份饲养育肥牛的调查数据分析及图 7-8 可知：育肥牛每头每天饲养成本<12 元的牛场有 1 个，占到 3.85%；饲养成本≤12 元<15 元的牛场有 5 个，占到 19.23%；饲养成本≤15 元≤20 元的牛场有 12 个，占到 46.15%；饲养成本<20 元≤25 元的牛场有 5 个，占到 19.23%；饲养成本>25 元的牛场有 3 个，占到 11.54%。通过对 26 份有饲养育肥牛的场进行统计，每头每天育肥牛的饲料成本平均为 18.00±4.42 元，这与图 7-8 所示的最大区间比例相一致。由此说明，我省饲养可繁母牛成本基本上每头每天在 15~20 元之间。

三、河北省饲草资源存在的问题

（一）饲草结构不合理、优质饲草短缺

虽然现阶段饲草供给在总量上较为充足，但饲草供给存在结构不合理，优质饲草严重短缺的现象；优质青贮玉米种植面积远远不足。青粗饲料产品的种类有苜蓿、干草、草捆、草块、玉米青贮、黄贮等。虽然种类很多，但是对于广大散养的养殖户来说，大部分产品价格较高，可供选择的产品很少，对于规模化养殖户来说其成本也较大，多数规模化的养殖户选择自给自足的供应模式，并且天然草场草产量受自然气候影响较大，雨水好，牧草丰，人工种植牧草面积少。

（二）秸秆及饲草加工需要进一步研究

秸秆利用时铡切的长短不一会影响肉牛对粗饲料的消化吸收，间接影响了肉牛生产性能的发挥。牛日粮配制过程中需要提供足够的纤维和适宜的粗饲料粒度，以提高牛日粮中物理有效中性洗涤纤维的含量，进而有效提高牛的咀嚼活动并改善瘤胃发酵功能。张顺利为了研究日粮中粗饲料长度对奶牛咀嚼行为和生产性能的影响，以 3 头泌乳期中国黑白花牛为试验动物，分别饲喂 3 种不同长度的苜蓿干草，研究粗饲料长度对日粮纤维、咀嚼时间和乳质的影响。结果表明，粗饲料长度的增加会提高日粮中物理有效中性洗涤纤维含量，降低粗饲料长度，采食时间和咀嚼时间均显著延长（$P<0.05$）；粗饲料过长或过短均会对奶牛生产性能产生一定的不良影响。有这些试验数据可以推测出我省肉牛养殖存在的问题，即对肉牛在利用秸秆及饲草铡切的长度没有统一的标准和要求，实际饲养过程中长短不一也没有太在意过。所以，对肉牛所用秸秆及饲草铡切的长度及工艺还应进一步探讨和研究。

（三）粗饲料配合利用及区域性优势资源有待开发利用

河北省是粮食生产大省，主要粮食有稻谷、小麦、玉米、棉花和豆类等，

秸秆资源量丰富，尤其是玉米秸秆产量最大。有关玉米秸秆在养牛业上的应用已历史悠久，在养殖实际中人们也总结了一些经验。但是一些具有地域优势的粗饲料仍没有充分开发利用，比如燕麦秸秆。燕麦草属一年生禾本科牧草，其品质好、产量高、营养丰富、物美价廉，近几年才逐渐应用于我国养牛生产。甚至有些牛场是以"单一粗饲料＋高精料"模式进行养殖。李冰为研究不同粗饲料日粮对奶牛产奶量、乳成分和经济效益的影响，选取体重、年龄、胎次、泌乳日龄相近的荷斯坦奶牛 25 头，分别饲喂玉米秸秆（100％）、玉米秸秆（70％）＋苜蓿干草（30％）、羊草（70％）＋苜蓿干草（30％）、全株玉米青贮（％）＋苜蓿干草（30％）和全株玉米青贮（50％）＋羊草（30％）＋苜蓿干草（20％），精粗比 50∶50。结果表明：与粗饲料单纯饲喂玉米秸秆相比，全株玉米青贮＋苜蓿干草组可提高产奶量 26.52％，提高乳脂率 6.03％，每头每天增收 3.87 元，全株玉米青贮＋苜蓿干草组饲喂效果最好。通过以上数据可以看出，在奶牛上研究粗饲料加工、配比已有很多研究，但是这些秸秆类粗饲料在肉牛上的合理加工处理和配比研究少见报道，因此需要进一步开展应用性研究。

四、有效利用饲料资源的建议

依据《国家粮食安全中长期规划纲要（2008—2020 年）》相关数据测算，到 2020 年，肉、奶人均需求将分别达到 53.4 千克和 45.9 千克，消费年均增长速度分别为 2.3％ 和 6.7％。其中，牛羊肉消费占居民肉类消费总量的比重将增加到 16％，牛羊肉人均需求将达到 8.5 千克。因此，发展高效草食畜牧业对改善居民膳食结构，提高居民生活水平意义重大。

（1）牛是最适宜异地育肥的家畜，可以将北部牧区所产肉牛转移到南部农区异地育肥，不仅可缓解该区的草地压力，恢复其原有生态环境，也为充分利用农区的秸秆资源提供了条件。

（2）单靠农作物秸秆无法提供畜牧业高效发展所需要的饲草。应扩大人工草地和饲料作物的种植面积，提高优质饲草的产量和优质饲草在饲草总供给的比重，以促进优质高效畜牧业的发展。其中青贮玉米是肉牛养殖过程不可或缺的基础饲料，具有较大的发展空间。鼓励和引导种植户开展饲料饲草种植，加大饲料作物在种植业的比重，改变传统的二元种植结构为"粮食作物—经济作物—牧草饲料作物"三元种植结构，将牧草饲料种植纳入产业化经营轨道。2017 年全国"粮改饲"试点项目，保定市是河北省唯一示范市。保定市在"粮改饲"示范市推进试点项目实施两年以来，共推广种植全株青贮玉米 103 万亩，全株玉米青贮 257 万吨。新建青贮设施 8 万平方米，新增青贮全株玉米能力 20 万吨以上，为调整优化种植结构、促进奶业振兴、增加农民收入、提高秸秆综合利用率，减少环境污染提供新动能。

（3）针对目前存在的"奶（肉）牛合作社"的特殊地位与发挥的独特作用，应将其融入肉牛青粗饲料的供应链中，对目前的肉牛青粗饲料供应链进行优化，以期使奶（肉）牛合作社能够达到有步骤、有策略地组织、协调供应链伙伴内部关系、优化供应链条、培育青粗饲料市场体系。

（4）加大青贮玉米的种植面积。国内青贮玉米的品种类型主要分为三类：一类为普通青贮玉米，主要选用植株高大、生物产量高的杂交种为主（中北410、科多4、科青8等）；第二类为粮饲兼用型玉米杂交种（农大108、天塔1号、金刚50等），这种兼用型玉米不仅具有籽粒产量高、生物产量高和植株饲用品质好等优点，而且在生产上弹性大、风险小，当畜牧业对青贮玉米需求量大时，收获青贮玉米的比重就可加大；反之当畜牧业对青贮需求小时，收获青贮玉米的比重适当减少，这样牧场与农户可根据当时的市场需求情况进行调整；第三类为特种玉米，目前主要以高油青贮玉米为主，这类玉米是一种新型的优质青贮玉米类型，籽粒的含油量一般在 7% 以上，高于普通玉米近 1 倍以上，蛋白质含量也较高，具有营养全面、能量高等特点，使用此类青贮玉米可以提高养殖效率，改善肉奶品质。

（5）积极开展各种形式的培训活动，对养殖户、技术人员进行秸秆处理技术和青贮制作技术、饲草的科学种植技术的培训，逐步提高广大养殖户对粗饲料处理、加工和利用的水平，提高粗饲料的利用率。

（6）切实解决生产、加工、贮藏、运输等环节中遇到的实际困难和问题，从根本上解决粗饲料供需失衡的矛盾。

（7）推广使用 TMR 日粮，一方面提高粗饲料的利用率，扩大饲料资源，另一方面给肉牛提供全面营养。

（8）增加优势秸秆的开发利用，加大粗饲料在生产的利用比例。美国奶牛日粮中优质粗饲料所占的比例达到 60%～70%，而我国大型牧场粗饲料占比才达到 45%～50%，甚至有些牧场为了追求过高产量，粗饲料在日粮中长期只占 40%，其结果是导致奶牛淘汰率增高，平均利用年限仅 2～2.5 胎，而且奶产量也不能连续维持高水平。

五、河北省饲料资源及利用情况基本结论

河北省是粮食生产大省，主要粮食有玉米、小麦、稻谷、棉花和豆类等，秸秆资源也非常丰富。据估算我国每年生产秸秆大约 5.7 亿～7.9 亿吨，河北省的农作物秸秆大约就有 6 000 万吨，占全国农作物秸秆总产量的 1/10。

通过汇总调查表数据可知，河北省粗饲料资源使用排在前三位的分别是：全株青贮玉米（22 个）、玉米秸秆（15 个）和水稻秸秆（6 个），分别占到 29 个被调研牛场的 75.9%、51.7% 和 20.7%；通过各区县调查问卷也可以看出，河北省具有玉米秸秆资源优势的区县占到所有受调查区县的 72.22%。因此，玉米秸秆仍是河北省肉牛养殖的主要粗饲料资源。通过这一调研结果可知，在河北省研究和推广玉米秸秆养肉牛意义重大。

另外，降低母牛饲养成本、提高养殖母牛效益是发展可繁母牛的主要途径。通过本次调研结果可知，河北省母牛养殖每头每天的饲料成本在 15～20 元左右，如果赶上犊牛或架子牛销售价格高，这一成本水平是可以接受的。但是如果遇到犊牛或架子牛价格较低时这样的日粮成本养可繁母牛就有可能导致没有效益。另据本次调查结果可知，河北省还有一些区县，具有山区牧草资源。因此，可以考虑在这些地区通过采取"舍饲＋有计划放牧"，来降低母牛的饲养成本、扩大养殖数量、提高养殖效益，为在河北省发展肉用基础母牛、提供更多肉用犊牛增加一条途径。

从本次调研情况来看，河北省具有一定规模的肉牛养殖场大部分能够制作并利用青贮饲料、大部分肉牛场采用了 TMR 方式进行饲喂和基本上能使用预混料进行肉牛日粮配制。但是，使用软件配制饲料的牛场比例还很低，以后应加大在这方面的宣传和推广力度，使肉牛日粮供给更加科学化。

总的来看，河北省在玉米秸秆的深度开发及科学利用上还需进一步深入研究，以进一步提高秸秆养肉牛的效率，实现肉牛的精细化饲养。

参考文献

李冰，崔国文，胡国富，等. 不同粗饲料日粮对泌乳牛产奶性能及经济效益的影响 [J]. 草地学报，2014，22（6）：1375-1380.

李运起，贾青，孙少华，等. 河北省粗饲料资源载畜量与肉牛区域化生产的关系 [J]. 草业科学，2000，17（5）：55-59.

徐敏云，曹玉凤，李运起，等. 河北省粗饲料生产力及草食家畜容量 [J]. 中国农学通报，2011，27（3）：298-302.

张顺利，王若勇，石国峰，等. 粗饲料长度对奶牛咀嚼行为和生产性能的影响 [J]. 畜牧兽医杂志，2017，36（3）：29-31.

第八章 河北省肉牛屠宰加工产业技术现状及产业需求

一、河北省肉牛屠宰企业技术现状及产业需求情况

为了明确河北省肉牛屠宰企业的实际生产状况和技术提升需求，为行业主管部门和肉牛体系制定行业发展政策提供数据支撑，品质品牌与产品加工岗位团队联合肉牛创新团队唐山综合试验推广站、张家口综合试验推广站、保定综合试验推广站、廊坊综合试验推广站、定州综合试验推广站、承德综合试验推广站以及石家庄综合试验推广站等7个试验站，针对河北省规模以上肉牛屠宰企业年设计屠宰规模、年实际屠宰规模、主要屠宰肉牛品种、产地、屠宰工艺流程以及技术需求等内容开展河北省肉牛屠宰企业技术现状及产业需求跟踪调查。设计调查问卷《河北省肉牛屠宰企业技术现状及产业需求调查表》，共得到22家肉牛屠宰企业的有效问卷反馈。

经岗位团队认真整理、统计、分析，初步明确了河北省规模以上肉牛屠宰企业现状特点。

（一）肉牛屠宰加工地域分布特点明显

受民族习惯与传承的影响，河北省肉牛定点屠宰企业主要集中在廊坊市的大厂县、香河县、三河县（俗称北三县）。因此，全省80%的肉牛屠宰加工企业都集中在廊坊市，在廊坊市中70%以上企业集中在大厂县（图8-1、图8-2）。

（二）肉牛屠宰企业牛源紧张，普遍开工不足

据中国畜牧业协会统计，2017年河北省肉牛出栏量在国内排名第四，出栏量达到341.9万头；牛肉产量国内排名也是第四，达到55.9万吨。但河北省自身的肉牛存栏量仅排全国第16位，为171.1万头。由此可见河北省肉牛屠宰的牛源主要依靠外购，由此，受国内牛源紧张的影响十分明显。超过59%的肉牛规模屠宰企业屠宰量远未达到设计屠宰能力的

50%（图 8-3）。

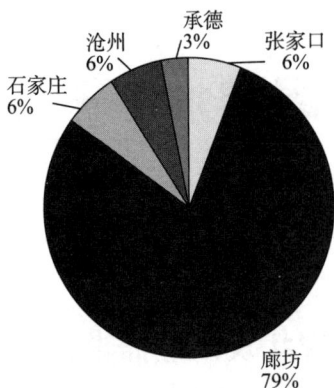

图 8-1　河北省 33 家定点屠宰场分布
（2017 年河北省屠宰办统计）

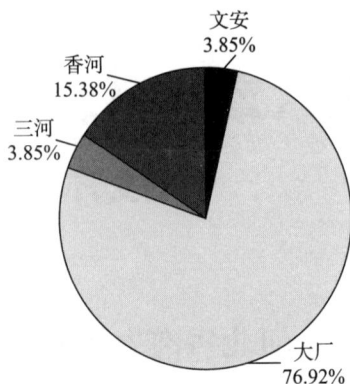

图 8-2　廊坊 26 家定点屠宰场在各县分布
（2017 年河北省屠宰办统计）

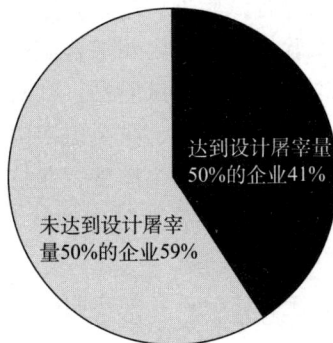

图 8-3　2017 年河北省屠宰量开工率过半企业占比（中国畜牧业协会统计）

（三）屠宰肉牛品种相对集中

调查发现，现在河北省屠宰肉牛主要以西门塔尔杂交牛为主。22 家屠宰企业中有 14 家屠宰西门塔尔杂交牛，约占 63.6%。但是，由于全国性的牛源紧张，加之河北省又是国内奶牛养殖大省，淘汰奶牛屠宰现已成为牛肉生产的重要补充来源。调查显示，22 家屠宰企业中有 10 家屠宰淘汰奶牛，约占 45.5%。22 家屠宰企业中有 9 家也屠宰本地黄牛，约占 40.9%。还有些企业也屠宰其他一些品种不详的牛（图 8-4）。

此结果一方面与前述的牛源紧张相呼应，企业为能正常运营，只能是有什么牛就收购什么牛，从而无法保证企业生产的牛肉品种一致性。另一方面，也反映出河北肉牛自身存栏量较低的问题。

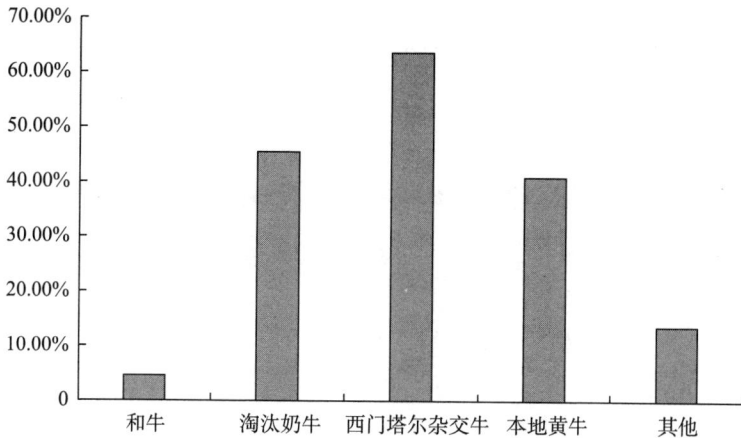

图 8-4　屠宰各牛品种厂家占比

（四）河北省肉牛屠体品质有待提高

调查发现，河北省西门塔尔杂交牛屠宰胴体重普遍在 200 千克左右，最低的仅 180 千克。淘汰奶牛体重稍高些达到 300 千克左右。和牛胴体重在 350～450 千克左右。河北省肉牛屠宰率在 40%～50%，低于行业 53%～55% 的平均水平。肉牛胴体重和品质与发达国家和国内养殖水平高的地区相比相对偏低。肉牛育肥强度有待加强。

（五）生产加工标准化意识欠缺，产品形态单一附加值低

所有参与调查的肉牛屠宰企业均未使用牛肉品质分级标准，如 NY/T676 等。销售以四分体交易或分割肉冻品为主（图 8-5）。冷鲜肉等生产技术要求高，附加值高的高档产品企业极少涉及。

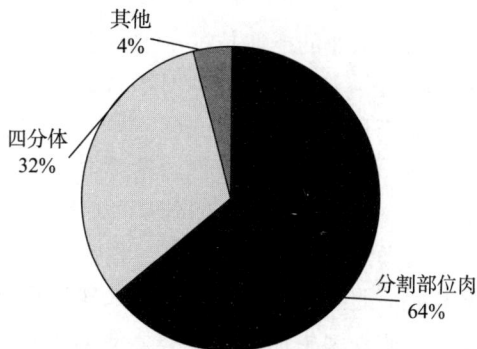

图 8-5　河北省牛肉销售形态占比

结果表明，河北省肉牛屠宰加工整体水平有待提高。由于不重视产品层级提升，现有牛肉产品很难满足京津两地中高端市场需求。河北的区位优势无从发挥，河北牛肉品牌构建也将无从谈起。因此，牛肉生产标准化与精准分割、增值化分割工作将是下一步的工作重点。

（六）受屠宰加工技术水平所限，市场消费层级低

22 家肉牛屠宰加工企业中有 16 家的销售渠道为批发商，占比为 72.7％；销售渠道为农贸市场的有 7 家，占比为 31.8％；中小餐馆的为 5 家，占比为 22.7％。连锁超市的仅有 8 家，占比为 36.4％；而宾馆酒店等稍微高端一些的消费层级渠道仅有 4 家企业供应，占比仅为 18.2％（图 8-6）。

由此表明，目前河北省屠宰加工企业的产品销售以批发商、农贸市场等以价格为导向的低端市场为主。

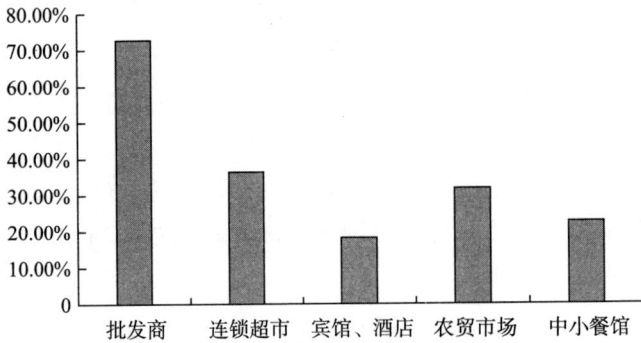

图 8-6　河北省牛肉各销售渠道占比

二、河北省肉牛加工企业技术现状及产业需求情况

为明确河北省肉牛加工企业的产业技术水平，主要产品形态特点、产品的市场分布特点与品牌影响力，实现河北省牛肉产品品牌战略，品质品牌与产品加工岗位团队联合肉牛创新团队唐山综合试验推广站、张家口综合试验推广站、保定综合试验推广站、廊坊综合试验推广站、定州综合试验推广站、承德综合试验推广站以及石家庄综合试验推广站等 7 个试验站，针对河北省规模以上牛肉加工企业主要产品类型、现行加工工艺、技术改进需求、产品开发意向以及销售区域等情况开展河北省肉牛加工企业技术现状及产业需求调研。通过向牛肉加工企业发放《河北省肉牛加工企业技术现状及产业需求调查表》，以及实地走访调研形式，共获得 6 家河北省牛肉生产加工企业信息资料。经岗位

团队认真整理、统计、分析，初步梳理出河北省规模以上肉牛加工企业现状特点及发展需求。

（1）现阶段加工企业的产品类型以酱卤、高温制品为主；

（2）销售区域差异较大，销售市场以批发商、农贸市场为主，个别品牌好的建有直营店或超市；

（3）生产工艺普遍以传统工艺为主；

（4）普遍有引进新工艺、提高产品品质的技术需求；

（5）产品开发意向：调理产品等深加工产品需求强烈。

附件 8-1

综合试验站所涉地域内肉牛屠宰加工企业类型调研表

类别	数量（个）
规模以上肉牛屠宰企业	
其他肉牛屠宰场	
肉牛屠宰点	
肉牛加工企业	
注：规模以上肉牛屠宰企业指牛年屠宰量在 0.3 万头以上的企业（GB12694—2016 畜禽屠宰加工卫生规范）	

附件 8-2

河北省肉牛屠宰企业技术现况及产业需求调查表

企业名称：＿＿＿＿＿＿＿＿＿＿＿＿＿＿＿＿＿＿＿＿＿＿＿＿＿＿＿＿＿＿＿＿

企业所在地：＿＿＿＿＿＿＿＿＿＿＿＿＿＿＿＿＿＿＿＿＿＿＿＿＿＿＿＿＿＿

企业负责人：＿＿＿＿＿＿＿＿＿＿＿＿　联系电话：＿＿＿＿＿＿＿＿＿＿

年设计屠宰规模（头）		年实际屠宰规模（头）	
主要屠宰肉牛产地	自养：		外购：
主要屠宰肉牛品种			
主要屠宰肉牛年龄（月龄）		宰前静时间（h）	
屠宰肉牛体重范围（kg）		平均胴体重（kg）	
平均屠宰率（％）		平均净肉率（％）	

（续）

是否冷却成熟	（是）（否）	成熟时间（h）	
产品是否分级销售	（是）（否）	参照哪种分级标准	
产品销售类型	分割部位肉　二分体　四分体　　其他：		
产品销售形态	热鲜肉　冷鲜肉　冷冻肉　调理制品　深加工产品		
主要产品销售运输距离 （km）		产品是否冷链运输	（是）（否）
主要销售客户类型	批发商　连锁超市　宾馆、酒店　中小餐馆　农贸市场		
主要技术需求			

填表人：_____　填表日期：_____

附件 8-3

河北省肉牛加工企业技术现况及产业需求调查表

企业名称：_____

企业所在地：_____

企业负责人：_____联系电话：_____

生产规模	年产量（　　　　）吨
主要产品类型 及产量（千克/年）	腌腊肉：　　酱卤肉：　　熏烧焙烤肉：　　干肉制品： 油炸类：　　肠类：　　火腿肉制品：　　调理肉制品： 其他肉制品类：
主要产品利润率（％）	
销售区域	国外（请填写国家）： 外省市（地级市）： 本省（市县）：

（续）

销售模式及 销售数量（千克/年）	批发商：　　超市：　　直营店：　　农贸市场： 宾馆（酒店）：　　网络：　　其他：
现行加工工艺	传统工艺　　　　　现代工艺
技术改进需求	
近期产品开发意向	

填表人：_____　填表日期：_____

第九章 中美贸易战对河北肉牛养殖业的影响及应对策略

一、引言

2018 年 6 月 15 日，美国政府依据 301 调查单方认定结果，宣布将对原产于中国的 500 亿美元商品加征 25％的进口关税，其中对约 340 亿美元中国输美商品的加征关税措施将于 7 月 6 日实施。对于美国违反国际义务对中国造成的紧急情况，为捍卫自身合法权益，中方依据《中华人民共和国对外贸易法》等法律法规和国际法基本原则，决定对原产于美国的大豆等农产品、汽车、水产品等进口商品对等采取加征关税措施，税率为 25％，涉及 2017 年中国自美国进口金额约 340 亿美元。上述措施将从 2018 年 7 月 6 日起生效。从此中美贸易战正式打响。在对美加征关税清单中，大豆、苜蓿、牛肉等位列其中，这无疑会对河北肉牛养殖业造成一定影响。分析中美贸易战对河北肉牛养殖业的影响，提出应对策略，以保证河北肉牛养殖业持续稳定发展。

二、中美贸易战对河北肉牛养殖业的影响分析

中美贸易战打响后，加征关税对肉牛养殖业造成的影响，既包括作为饲草、饲料的苜蓿、大豆、玉米等在饲养成本上的影响，也包括进口牛肉对养牛价格的影响。最终影响取决于二者作用的结果。

(一) 对美加征关税中影响肉牛养殖业商品名单

作为对美国贸易保护的反制措施，中国重点打击美国农产品等领域，作为美国对中国出口优势的大豆、牛肉、苜蓿一直是我国贸易谈判和反击的重要手段。这次反击美国的贸易战也不例外，其中，黄大豆，其他玉米，其他高粱，酿造及蒸馏过程中的糟粕、残渣，鲜、冷的去骨牛肉，冻的去骨牛肉、苜蓿的贸易量较大，影响也相对大。以下重点对对河北肉牛养殖影响较大的大豆、牛

肉和苜蓿进行系统分析。具体见表9-1。

表9-1　对美加征关税商品名单及数额

税则税号	商品名称	自美进口额（万美元）
12019010	黄大豆	1 394 417
12019020	黑大豆	117
10059000	其他玉米	15 988
11022000	玉米细粉	6
10079000	其他高粱	95 626
23033000	酿造及蒸馏过程中的糟粕及残渣	6 649
02011000	整头及半头鲜、冷牛肉	4
02012000	鲜、冷的带骨牛肉	40
02013000	鲜、冷的去骨牛肉	466
02021000	冻得整头及 半头牛肉	0
02022000	冻的带骨牛肉	152
02023000	冻的去骨牛肉	1 842
02062900	其他冻牛杂碎	4
12041000	紫苜蓿粗粉及团粒	约 42 000
12049000	芜菁甘蓝、饲料甜菜等其他植物饲料	

数据来源：中华人民共和国商务部网站。

（二）中美贸易战给河北肉牛养殖业带来的机遇

对从美国进口牛肉加征 25％关税，使得来自美国的进口牛肉在中国市场失去了本来就不强的竞争优势，对大豆、苜蓿加征关税，会促进河北肉牛养殖业的转型升级及上游产业优化调整，从而为河北省肉牛养殖带来了前所未有的发展机遇。

1. 推动河北肉牛养殖稳定发展

自从 2017 年 6 月中国市场重新对美国牛肉开放以来，在一定程度上给河北肉牛养殖业产生了冲击。针对美方公布对中国商品加征关税的清单，中方公布对美方的 106 项加税清单中，涵盖鲜冷牛肉、冻牛肉、牛杂碎等 7 个税项的进口牛肉。2017 年美国向中国出口牛肉 9 445 千磅，约合 4 284 吨，占我国牛肉总进口量不足 1％。中国对美国牛肉是一个充满潜力的市场，但如果对美国牛肉征收额外的进口关税，无疑会给美国牛肉在中国市场发展蒙上阴影。中国对美国进口牛肉设立的门槛较高，仅仅为高端市场，售价较高，在原有税率的基础上加征 25％关税，意味着美国牛肉将进一步提价，因此在一定程度上进一步削弱美国牛肉的市场竞争力。对美国牛肉加征关税，使得美国牛肉在中国受阻，向市场传递一种信号，国产牛肉竞争力增强，预期价格上升，未来行情看好，这对以育肥为主的河北肉牛养殖业稳定发展能起到一定推动作用。

2. 促进河北肉牛养殖业转型升级

对从美国进口大豆、玉米、苜蓿、牛肉加征关税后，短期看，对河北省肉牛养殖业有一定消极影响，会出现饲草饲料供应紧张、价格上涨，致使养殖成本上升，利润下降的状况。但从长期看，会加速淘汰落后产能，使具有较强生存能力的肉牛养殖企业生存下来。同时，也迫使肉牛养殖企业逐步走向纵向一体化，延伸产业链条，实现"种养加"产业有机链接，共享产业链收益，依托肉牛养殖，拓展新产业、新业态，逐步摆脱肉牛养殖业不景气的现状。

3. 引导上游产业优化调整

对大豆、苜蓿加征关税，从短期来看，会加大肉牛养殖业生产成本，从而降低收益。痛定思痛，从另一角度看，对美加征大豆、苜蓿关税，为中国大豆、苜蓿产业发展迎来新机遇。

大豆是一种"土地密集型"产业，像中国这样人多地少的国家，大规模种植大豆没有天然优势。大豆的主产国为美国（产量占 36.07%）、巴西（产量占 25.53%）、阿根廷（产量占 19.26%）。中国的产量仅为 7.52%。一旦中国对美国增加关税，虽然短期来看会造成大豆价格上涨，但从长期看有利于国内大豆产业发展，提高大豆自给率，增强国家粮食安全。在两国近期贸易摩擦升级的背景下，中国政府将更加重视提高大豆自给率，会采取更多措施大力鼓励本国大豆种植。

2012 年实施"振兴奶业苜蓿发展行动"以来，我国苜蓿产业发展显著提升，目前我国已经形成 450 万亩优质苜蓿种植，年产 250 万吨优质商品苜蓿干草。我省苜蓿产业已经初具规模，供给量也在继续增长，部分苜蓿质量已经接近国际标准。对美苜蓿加征关税，对河北牧草产业来说无疑是个利好消息。国产苜蓿生产亟待继续提升生产技术和质量稳定性，关键要在"提质增效"上做文章，缩短国产苜蓿与美国苜蓿质量差距。

（三）中美贸易战给河北肉牛养殖业带来的挑战

1. 饲草饲料供应紧张、价格上涨，致使养殖成本上升

2017 年我国大豆进口总量约为 9 552.98 万吨，其中来自美国的进口量约为 3 285.28 万吨，占大豆进口总量的 34.39%，美国是我国大豆主要进口来源国之一。而 2017 年我国大豆总产量仅约为 1473 万吨，进口大豆总量约是我国大豆总产量的 6.49 倍。在对美加征 25% 关税的情况下，美国对华大豆出口将下降 60%~70%。目前中国进口大豆几乎全部用于压榨加工，约 80% 的加工

产品为豆粕。进口减少，会使饲料成本进一步增加，这无疑会对饲料价格产生重要影响，最终影响肉牛养殖业。

美国是我国最大的苜蓿进口来源地，2017年进口苜蓿139.8万吨，进口额4.2亿美元。其中，从美国进口130.7万吨，占比93.5％。如果对从美国进口的苜蓿加征25％关税，意味着苜蓿草到牛场的价格每吨将增加550～600元。这让本就处于高成本、低收益的河北肉牛养殖业更加窘困，迫于成本上升压力美国苜蓿进口量肯定会下滑。国内供应方面，对于规模养殖场牧场面临的是高额牧草运输成本，增加的运输成本最后还是养殖场买单。另外，如果考虑应用替代饲草料降低或弥补这一部分苜蓿缺口，短期内养殖场面临饲料配方调整，养殖场生产效率会受到影响，短期无法避免阵痛。

2. 贸易战持续时间不确定，预期利润下降，肉牛养殖风险加大

对美国大豆、苜蓿等加征关税，造成河北肉牛养殖饲料、饲草成本上升，养殖利润下降。当前扩大肉牛养殖规模不是很好的选择，一方面，尽管牛肉价格短期会上升，但成本增加大大压缩了肉牛养殖的利润空间，使得河北省肉牛养殖业原本就不景气的情况下"雪上加霜"；另一方面，美国政府对华贸易政策具有时间上的不确定性，两败俱伤的贸易战通常不会持续下去，回到谈判桌才是最终的明智选择。然而，中美贸易战持续时间有多长？最终谈判结果如何？目前仍然难以准确判断。

三、中美贸易战下河北肉牛养殖业发展应对策略

（一）适当发展高端肉牛养殖

2017年中国向美国重新开放牛肉市场，未对中国牛肉市场造成冲击，很大程度上是由于中国对美国牛肉出口限制在了高端市场。加征关税后，美国甚至高端牛肉也难以进入中国市场。这无疑给河北高端肉牛养殖提供了良好的机会。河北省肉牛养殖品种多以西门塔尔、夏洛来、黄牛等为主，和牛等高档品种的肉牛养殖数量甚少，不能满足市场需求。部分屠宰企业只能到外地收购，运输成本大大增加。因此，应该利用中美贸易战提供的良好机会，适当发展高端肉牛养殖，弥补市场缺口。

（二）推进肉牛养殖产业延伸

河北肉牛产业链发展不均衡，长期以来，肉牛养殖盈利能力差，部分企业亏损严重，致使部分肉牛养殖企业难以持续下去，也在一定程度上，无法保证屠宰加工企业对牛源的需求，甚至迫使部分屠宰加工企业去外地收购育肥牛。因此，需要推进肉牛养殖产业链延伸，发展新产业、新业态、新模式，加强肉

牛产业之间的链接，建立产业间利益协同的运行机制。

（三）加大大豆种植补贴力度

中国豆粕饲料用量已经从 2000 年的 1 500 万吨增加至 2017 年的 7 297 万吨，近几年也维持持续稳定增长。2017 年豆粕饲料用量较 2016 年的 6 759.6 万吨增加 7.95%。中国不仅是大豆的全球最大进口国，也是大豆的主要生产国，中国种植的大豆多为非转基因大豆，主要用于食用，而进口大豆出油率高，压榨后豆粕用于饲料原料，广泛用于牛羊等的养殖，通过养殖行业把植物蛋白转化成动物蛋白。因为相对于其他作物，我国大豆种植机会成本高，人多地少的国情不具有优势。但在当前豆粕供应紧张，价格高企的特殊情况下，可通过加大大豆种植补贴的力度，鼓励大豆种植者种植专门用于作为饲料加工转基因高产大豆，以弥补目前豆粕供应缺口。

（四）调整大豆进口的区域结构

对美国大豆加征关税后，从美国进口大豆的数量会大幅下降，为满足肉牛养殖业对大豆作为饲料原料的需求，必须增加从巴西、阿根廷、俄罗斯、印度、加拿大、乌拉圭、乌克兰和哈萨克斯坦的进口，使大豆进口来源多元化，避免形成对某单一国家的依赖，也便于实现合理、低廉的进口价格。俗称 AB-CD 的四大粮商——A（美国 AMD 公司）、B（美国邦基公司）、C（美国嘉吉公司）、D（法国路易达孚公司）控制着全球 70% 以上的大豆货源以及 80% 以上中国大豆进口资源。美国大豆仍可以通过美销售给四大粮商，然后再转口贸易到中国，但是，加税依然大大削弱了美国大豆的市场竞争力，减少了从美国直接和间接大豆进口。

（五）推动苜蓿规模种植和品质提升

由于国内外种植的苜蓿存在较大品质差异，造成目前河北苜蓿种植面积较少，可以抓住这次中美贸易战带来的良好机遇，打个苜蓿产业振兴的翻身仗。以"提升品质"为抓手，通过财政、税收、金融、保险多手段进行全方位支持，推进苜蓿规模种植。借鉴苜蓿种植大国的先进种植和收割经验，力争 5 年内把苜蓿的产量和品质，提升到满足河北肉牛养殖发展的水平。

（六）开发利用河北本地秸秆等资源

在当前肉牛养殖业发展面临困境的情况下，应积极挖掘河北各地丰富的秸秆等资源，以弥补饲料、饲草的不足，缓解价格过高带来的成本压力。河北不同地区种植作物差别加大，许多作物秸秆都可以作为肉牛的饲草。各地开发本地丰富的秸秆资源，不仅可以变废为宝，改善生态环境，还可以在一定程度上，降低肉牛养殖成本，提高养殖经济效益。

参考文献

曹兵海，张越杰，李俊雅，等．2017年肉牛产业发展情况、未来发展趋势及建议［J］．中国畜牧杂志，2018，54（3）：138-144.

金洁颖，华晶．浅谈2018中美贸易战对我国经济的影响——以农产品进口为例［J］．经贸实践，2018（11）：72-73.

李国祥．中美贸易摩擦对中国农业的影响及启示［J］．中国合作经济，2018（4）：6-11.

第十章 隆化县肉牛产业发展现状及对策

隆化县地处河北省北部,县域总面积 5 473.4 平方公里,其中耕地面积 86.5 万亩,林地面积 488.6 万亩,草地面积 180 万亩,概称"八山一水一分田",是一个典型的山区农业大县。境内水资源充沛,水资源储量 10.86 亿立方米,人均水资源占有量约为 2 413.33 立方米,居河北省首位。气候温和,四季分明,光热充足,发展肉牛产业得天独厚。自 2001 年县委出台《关于加快养牛产业发展的决定》以来,历届班子持续在资金、项目、政策等方面予以重点倾斜,通过抓基地、扶龙头、增投入、强服务,全县肉牛产业始终保持着良好的发展态势。

一、隆化县肉牛产业发展现状

(一) 肉牛养殖产业是隆化县的精准扶贫主导产业

隆化县是国家扶贫开发工作重点县,全省 10 个深度贫困县之一。目前,肉牛产业已成为隆化县脱贫攻坚的"一号产业"。截止到 2018 年年底,隆化县肉牛饲养量达到 48 万头。其中存栏量 25.01 万头,同比下降 9.05%;而出栏量 22.99 万头,同比上升 13.8%;基础母牛总量 14.7 万头。肉牛龙头企业有 14 家,其中省级 4 家,市级 10 家。全县万头养牛乡镇达到 17 个,千头牛村达到了 130 个,千头以上规模场 20 个,肉牛养殖户数达到 1.72 万,10 头以上养殖户有 8 500 户,其中能繁母牛户 2 300 户,50 头以上养殖户有 722 户,全县肉牛产业产值达 17 亿元,占畜牧业总产值的 56.3%,人均养牛收入达到 4 864 元,占农民人均纯收入的 60%以上,肉牛产业成为全县农民脱贫致富的重要产业。

(二) 养殖方式由散养为主转为圈舍饲养

隆化县以山地为主,森林覆盖率 59.3%,适宜畜牧养殖产业的发展。隆化县传统的肉牛饲养方式以放养为主，饲料以草料为主，一年中有7个月在山上散养，5个月圈养。随着肉牛养殖数量的不断增加，山上草地退化严重，同时牛蹄踩踏破坏山上植被，使得昔日的青山面临着荒山的危险。为保护隆化县的生态环境，恢复植被覆盖，降低山体滑坡的风险，隆化县2017年出台了禁牧政策，要求养殖户由放牧转为舍饲养殖，使得肉牛养殖方式由散养转为圈养，饲料以干草和玉米秸秆为主。

（三）肉牛养殖企业发展趋于标准化、规模化

近年来，隆化县政府在政策、资金和技术等方面积极扶持肉牛养殖企业的发展，充分发挥龙头企业示范和引领作用，推动肉牛产业实现规模化、标准化养殖。百头以上规模牛场520个，省部级示范场8个，同时，树立大户引领理念，每个乡镇都培育了一批肉牛育肥和能繁母牛生产大户，形成了一户带多户，多户带一村，一村带一片的"蝶变效应"。

如隆化县凤林养殖有限责任公司，该公司2017年架子牛存栏1 500头，每年分三个出栏周期，每周期出栏肉牛1 500头，全年出栏能力4 500头。近年来，该公司肉牛养殖方式采用圈舍整排饲养，实行标准化养殖和科学化管理，由隆化县农牧局提供技术指导，防疫由防疫人员负责，推动养殖规模不断扩大，养殖效益逐年增加，2017年该公司带动了周边2 520户农户养殖架子牛12 000头，带动农户增收1 260万元。

以益佳养殖有限公司为例，该公司现有架子牛存栏600头，育肥周期为4个月，每年分为3个出栏周期，每个出栏周期出栏肉牛600头，2018年全年出栏能力1 400头。公司占地70亩，建设办公用房300平方米，拥有标准化育肥牛舍8栋，12 000平方米。建有青储窖3座，近17 800立方米，青贮能力15 000吨；有10 000平方米原料库房和饲草饲料加工区，年加工干草能力6 000吨，青贮及干草加工能力能够满足企业正常生产经营需要。现有贮粪场4 000立方米。牛舍全部采用钢梁机制砖混凝土全封闭结构，室内采光充足，备有饮水、饲喂设备，降温通风情况良好。公司各种设备齐全。场内设有防疫、消毒用品等，实行标准化养殖和科学化管理。每栋圈舍由专人负责管理。公司由隆化县农牧局提供技术指导，防疫由张三营畜牧站负责，确保企业生产安全、防疫安全。公司作为当地养殖大户，通过"政银企户保"及产品购销合同方式带动周边贫困户102户，每户年增加效益3 000元。年消耗玉米等饲料2 500吨，消耗农作物秸秆5万吨，为当地创造经济效益540万元，在发挥龙头企业带动及促进地方养殖业发展方面发挥着重要作用。

承德华商恒益农业开发有限公司在政府及农牧等部门的大力支持下，积极发展农畜产品养殖和生态农业，公司成立后便积极开展《年出栏万头牛及生态

农业》项目的建设。通过项目实施，可直接带动项目区内肉牛养殖向科学化、规模化方向发展。2016 年底该公司已建设完成高标准牛舍 11 栋，目前牛舍已有 17 栋左右，并在计划筹建新牛舍。2017 年该公司实现 500 户肉牛养殖农户户均增收 10 000 元，实现周边农户增收 680 万元。肉牛养殖企业发展趋于标准化、规模化，有利于发挥龙头企业辐射带动作用，促进农户与市场形成对接，推动隆化县肉牛养殖产业发展壮大，加快实现农民脱贫增收的目标。

（四）肉牛养殖品质提升

隆化县肉牛养殖历史悠久，传统的肉牛养殖品种是本地黄牛。隆化县早在 70 年代就开展了黄牛改良工作，近几年又引进了日本和牛、红安格斯牛等高档肉牛新品种，推广蒙贝利亚、弗莱维赫乳肉兼用型肉牛品种，形成了以西门塔尔、夏洛来为主，安格斯、日本和牛等高端肉牛为补充的优质肉牛种群。在全县布置冷配罐 50 个，设改良点 300 个，年改良黄牛 6 万头以上，肉牛良种率达到 95％以上。每年冷配高档肉牛 1 万头；建立了两个高档肉牛生产示范场，所培育的高档肉牛填补了河北省高档肉牛生产空白，提高综合养殖效益，不断推动肉牛养殖产业由规模数量型向质量效益型转变。如承德北戎生态农业有限公司肉牛品种有日本和牛，兼有改良牛西门塔尔，夏洛莱等品种；承德华商恒益农业开发有限公司肉牛品种主要是西门塔尔。而多数散养户肉牛养殖品种仍以黄牛为主，肉牛繁育多采用本交方式，但政府已在各地积极开展品种改良和推广工作，真正实现肉牛养殖产业由规模数量型向质量效益型转变。1978 年被列为全国商品牛生产基地县，1998 年、2004 年分别被列为国家级秸秆养牛示范。2010 年成为国家肉牛牦牛产业技术体系示范基地，2013 年隆化县被确定为河北省肉牛标准化示范区，进一步促进了全县养牛产业发展。

（五）肉牛产业服务体系逐步健全

隆化县为保障肉牛产业发展及扶贫工作的开展，发挥农业产业扶持政策的引领带动作用，在资金投入、用地审批、科技保障等方面制定了一系列优惠服务政策。

1. 养殖补贴标准规范

县财政每年都安排 500 万～1 000 万元养牛专项资金用于肉牛产业基础设施建设，对新建舍饲存栏肉牛 50 头以上的养殖小区，在水电配套工程上予以适当补贴；圈舍建设按照实际存栏量 6 平方米/头、140 元/平方米的标准予以补贴；按照县级财政承担 80％，农户承担 20％的比例对肉牛养殖保险予以补贴。2017 年，县财政列支 2 000 万元用于养牛舍饲圈舍补贴。2018 年，全县共新增牛舍 15.2 万平方米，落实补贴资金 2 128 万元。预计 2019 年将有 107

个肉牛养殖基地落实水电等基础设施配套补贴资金 6 074 万元，同时建立了 114 个村级养牛帮带小区，降低肉牛养殖门槛，提高产业扶贫效果。

2. 金融服务机制健全

县政府强化资金投入保障，近十年累计投入贷款贴息 3 300 余万元，撬动社会投资 40 多亿元发展养牛业。特别是借助推行"政银企户保"合作贷款模式，县财政拿出 1 亿元成立了农业政策性担保中心，撬动银行贷款 10 亿元，为养牛业提供充足资金支持。提供肉牛保险服务。县政府与县人保财险公司联合开办肉牛保险业务，采用"基本＋补充"的方式对全县肉牛进行统保，建立肉牛产业"普惠农险"制度，即以财政补贴为基本，农户自缴为补充，县级财政保费补贴比例为 80％，农户承担 20％，进一步降低肉牛养殖风险。目前，保险公司已承保存栏肉牛 12.8 万头（其中成牛 10.2 万头、犊牛 2.6 万头）。

3. 科技服务保障到位

具体包括，人员培训：每年培训农民技术骨干 2 000 人，普训农民 3.5 万人以上，适用新技术普及率达 90％；疫病防疫：全县设立了动物卫生监督所、动物疫病预防控制中心和 10 个基层防疫分站，从业技术人员 452 人，形成了县、乡、村三级防疫网络，保证了养牛产业的健康发展；饲草饲料：以种植饲用玉米、人工草地建设和秸秆处理为重点，秸秆处理利用率 65.4％，秸秆饲用率达 81％；基层服务。与中国农业大学、河北农业大学建立了长期合作关系，充分利用国家肉牛牦牛产业技术体系专家资源，积极开展养牛科学技术研究、科技成果转化、科技培训和现场技术指导，切实提高养牛产业科技含量，确保了肉牛产业健康、快速发展。

（六）肉牛产业扶贫效果明显

为实现 2020 年全面建设小康社会的目标，隆化县通过肉牛产业扶贫这一路径，扶贫效果明显。具体实施情况有：一是项目帮扶。肉牛产业扶贫项目 437 个，项目资金总数 21 410 万元，总收益 12 855 万元。肉牛产业扶贫项目带动总户数 13 321 户，带动贫困户 9 923 个，促进户均增收 10 500 元，人均增收 4 864 元。二是政策制定。肉牛产业扶贫政策总数 232 个，具体实施 232 个，政策实施率 100％。肉牛产业政策实施后，肉牛产业增加值 6 210 万元，推动产业增加率为 3.78％。三是利益联结机制。目前，隆化县肉牛产业新型经营主体（含合作社、养殖大户、龙头企业）1 043 个，主要开展业务为母牛繁育、肉牛快速育肥、牛肉深加工和有机肥生产，肉牛企业通过与贫困户建立股份合作、入股分红、劳动就业等利益联结机制，带动农户数 5 994 户 15 885 人，带动贫困户数 4 465 户 11 832 人，带动贫困户占总带动数 74.49％，带动户均收入增加 10 500 元，助推贫困户通过产业脱贫，实现扶贫的持续性。截至 2018 年，隆化县肉牛产业覆盖 114 个贫困村，占农业产业总覆盖户数的 34.88％；肉牛产业覆盖贫困户 9 923 户，占贫困户数的 60％，实现贫困人口年人均收入 4 500 元，肉牛产业扶贫效果显著。

二、隆化县肉牛产业主要经营模式

隆化县在长期的肉牛发展过程中，形成了多种肉牛经营模式。

（一）农户散养繁育模式

在隆化县平原地区的农村，很多农户在自己家周围搭建简易牛舍养殖肉牛，数量少的有 3、4 头，多的十几头。在山区则采用禁牧与放养相结合的方式，如郭家屯镇河南村，因驻村扶贫干部协调资金，给村里建起了 20 多栋牛舍，每个牛舍养 30 来头牛。农户散养以母牛繁育为主，出售架子牛或者犊牛，并以卖牛作为自己的收入来源。这种养殖模式具有养殖成本低、投入资金少等优点，是贫困户实现脱贫致富的主要选择之一；但也存在养殖技术水平低、品种改良困难、粪污处理方式不当、疫病防控不到位和可能破坏生态环境等方面的问题，制约肉牛产业的持续健康发展。

（二）公司为龙头的全产业链模式

承德北戎生态农业有限公司以"龙头企业＋综合农协＋合作社"的模式，整合隆化县肉牛产业链条，形成集生态种植，肉牛繁育、育肥、加工，有机肥生产和线上线下销售的全产业链模式。由签约农户散养母牛并进行繁育，农户将犊牛或者架子牛出售给公司，公司进行集中育肥，公司建有肉牛屠宰场，屠宰加工车间建筑面积 1 200 平方米，设计年屠宰能力为肉牛 5 万头，2013 年生产的"北戎雪花牛肉"经专家鉴定达到 A4 以上品级，填补了河北省高档肉牛养殖空白。公司获得了 GAP 认证、HACCP 认证、无公害农产品认证、有机农产品认证，生产的"北戎牛肉"获河北省优质产品品牌、河北省 30 佳农产品品牌。为打开北戎牛肉产品销售渠道，公司在北京成立新绿盟集团，并与腾讯、京东、国际电子商务中心合作打造电商平台和高端众筹会员平台实现生态全产业链 OMO（线上线下融合）销售，确保销售渠道畅通，实现了一二三产业融合。2018 年公司资产总额 16 175 万元，销售收入 10 541 万元，年利润 1 043 万元，真正做大做强了肉牛产业。

（三）肉牛养殖小区模式

承德华商恒益养殖有限公司创新了肉牛养殖模式，公司盖好牛舍后，租赁给养殖户，并提供品种改良、疫病防治、粪污处理和其他一家一户不易完成的事情；同时，公司把养殖安格斯肉牛作为育肥养殖示范。具体流程是：公司以每年1万元的价格把牛舍出租给农户，由农户按照公司规章制度负责肉牛喂养工作。每个圈舍每期最多可养80头牛，每年分3个出栏周期，肉牛出栏一般是由养殖户自行销往附近的肉牛交易市场。母牛繁育的安格斯牛犊可由公司回收，收入为每年每头2 000元。公司在2016年新建年存栏育肥牛580头项目一个，总建筑面积20 000平方米。新建牛舍10栋，3 200平方米，附属设施建设等16 800平方米。该模式达到了国家环保政策的要求，获得了天津市扶贫项目的资金支持，同时与贫困户建立了入股分红、打工收入的利益联结机制，受到了散养户的欢迎。公司化解了资金占用高的风险，将肉牛饲养这一环节留给养殖户，解决了占用资金和饲养管理的难题，用较少的资本撬动了散户的大量资本。

（四）"育肥场＋牛肉直销"模式

承德京唐养殖有限公司为出口企业，实施育肥场加牛肉直销经营模式，即公司购买架子牛进行后期育肥后，出口到港澳。具体实施流程是：公司会从附近的肉牛交易市场和散养户购买架子牛，育肥到700千克左右出口到港澳，每月出口6车，其中澳门出口2车，32头/车；香港出口4车，41头/车。这种经营模式扩大了肉牛销售市场，推动企业肉牛育肥更加科学化、专业化，以满足港澳高档消费市场需求，带动隆化县肉牛养殖产业发展和农户增收。

（五）"公司＋农户＋基地＋市场"模式

隆化县子泽畜牧繁育有限公司采取"公司＋农户＋基地＋市场"的经营模式，即吸收养牛户"加盟公司"等形式，扩大养殖规模，公司下辖1个养牛场、1个大牲畜交易市场、1个肉牛深加工企业（福泽食品加工有限公司），产品主要销往北京、天津、上海等地并出口港澳，自2009年以来，累计出口优质活牛48 900头，年出口创汇320万美元。该模式带动了养殖户扩大养殖规模，提高了规模效益，拓宽了肉牛销售渠道，提高了农户收入。

（六）"龙头企业＋合作社＋农户"模式

为扎实推进"粮改饲"试点工作，隆化县构建了粮饲兼顾、农牧结合、循环发展的新模式，即"龙头企业＋合作社＋农户"模式。该县安排983万元资金用于"粮改饲"项目补贴，鼓励龙头企业、养殖合作社与农户建立利益联结机制，通过流转土地、订单收购的方式，带动农户种植青贮玉米，养殖场将发酵后的粪肥提供给农户使用。该模式的实施，增加了农民收入，减少了焚烧秸秆造成的污染，提升了畜牧产业竞争力，为种养殖业循环发展提供了可复制、可推广的绿色发展新模式。

三、隆化县肉牛产业发展存在的主要问题

（一）肉牛品种改良技术是制约产业经济效益提升的关键

近年来，随着政府大力推动和优惠政策的实施，隆化县规模化育肥场已利用西门塔尔、夏洛莱和安格斯等优良品种进行肉牛杂交，并采用胚胎移植技术繁育肉牛，提高了繁育效率。但是，在挑选种牛时，养殖场缺乏较为规范的评判标准，且采用的杂交品种较多，未形成适合当地的杂交模式。而对于大多数散养户来说，虽然对肉牛品种改良的意愿强烈，但是由于改良员数量少和技术不过关，要么不能及时到达农户，要么配种不成功，肉牛品种退化比较严重，影响了品种改良效果。

（二）基层配种员和兽医严重缺乏

调研发现，基层养殖户对配种员和兽医的需求非常强烈，现有配种人员和兽医无法满足需求，原因有：一是收入低和奖励政策缺乏，懂配种技术的人不愿从事该工作；二是配种技术人员的技术不过关，配种成功率低，农村地区的散养户宁愿选择本交。三是交通不便，由于隆化县地域较广，山地较多，边远山区路途较远，基层配种员和兽医常常不能及时到达需要技术的山村。兽医人才也严重缺乏，肉牛疫病防疫工作做得不到位，肉牛常见疾病也得不到救治，即使治疗，效果也不明显；目前精通兽医医术的人年龄偏大，但是由于收入低工作累，年轻人学习兽医技术的意愿不强。

（三）疫病防控体系不健全

一旦发生疫病会给肉牛养殖户造成较大的经济损失。调研发现，肉牛口蹄疫发生几率较高，但由于农户疫病知识的缺乏和寻医困难，对于这种疫病，农户一般做法是让肉牛自行恢复，缺乏规范的应对措施。而对于疫苗注射来说，肉牛每年都进行疫苗注射，但对于注射的剂量、周期、种类等并未进行科学的安排和规划，同时缺少疫病预防和治疗的技术人员对已注射疫苗的肉牛进行定期巡查，对肉牛疫病发病情况不了解，致使肉牛一旦出现疫病，不能得到及时治疗，死亡的可能性较大。

（四）牛肉品牌竞争力弱

隆化县肉牛养殖历史悠久，被中国特产之乡推荐评审活动组委会授予"中

国肉牛之乡"的美誉，在该县企业品牌价值提升工程的带动下，建立了隆先、福泽、北戎3个省内外较有影响力的牛肉品牌，同时省内外较有影响力品牌有：隆化肉牛、隆先、福泽、北戎，其中"福泽"牛肉，已经进入了北京和河北部分超市。"福泽"商标被河北省工商行政管理局评为"河北省著名商标"。福泽食品公司成为供港澳活牛出口基地；一般品牌有：凤林、华商横益。但产量仅为1.23万吨，销售额为7.38万元，广告投入为580万元，相对于隆化肉牛饲养量47万头的基数来讲，品牌营销力度不够，隆化牛肉品牌市场占有率仍较低，品牌竞争力弱。

（五）山区禁牧舍饲后出现了许多问题

隆化县肉牛养殖禁牧后，农户表现出了极大的不适应。调研发现，问题集中体现在以下几个方面：

1. 肉牛养殖技术水平较低

一是饲料青贮技术不过关。由于农户不了解青贮饲料的制作工艺、储存方法、取料等方面的知识，虽然制作并保存了青贮饲料，但饲料基本上都发生了霉变，肉牛食用后普遍患有消化系统疾病，也有很多母牛流产，造成了较大经济损失。二是饲养水平低。许多农户饲养的肉牛年增重小，除了品种原因外，饲料配比不合理是重要原因。三是圈舍修建技术落后。通过调研发现，少数散养户虽然修建了成型圈舍，但在水槽和料槽修建、粪污清理等方面仍不规范，而多数散养户仍采用传统圈舍，养殖设施落后。

2. 肉牛疾病和配种遇到较大困难

肉牛冬季舍饲后由于环境封闭和饲养技术落后，患病率较高且得不到及时救治，传染性疾病没有进行疫苗接种。当春季母牛发情后，由于缺乏配种员，往往错过配种时机。农户不得不饲养本地公牛，其结果是牛的品种得不到改良甚至逐渐退化，牛的增重慢，经济效益低。

3. 饲养水平低

圈养户在养殖观念、疫病防治、人工授精、分群饲喂、犊牛补饲、秸秆综合利用等方面相对仍很低。尤其是由于抱着放牧的想法，绝大多数养殖户提前未储备充足的饲草饲料，导致饲料供给不足。

4. 粪污处理方式不当

调研发现，多数散养户清理出的粪污直接摊晒在路边和河床上，没有采用任何防护措施，除了影响乡村容貌和环境之外，如果粪污晾晒不彻底，携带的细菌会影响农作物正常生长；当遇到下雨时，粪污被雨水冲走排入河流，会造成水质污染。

（六）金融需求与供给间的不均衡

隆化县政府积极与金融、保险机构合作，提供了"政银企户保"金融贷款模式、普惠农险制度等金融服务，一定程度上缓解了肉牛产业发展的资金难题。但是，由于畜牧业具有资金投入周期长、风险高等特点，金融机构的涉农投资风险相对较高、获益较低的原因，贷款的积极性、主动性不强，且已有的金融产品因贷款额度、还款期限、贷款条件等方面的原因，并不能充分满足不同经营模式养殖户的资金需求，部分养殖户因对金融知识和政策认识不全面等原因，仍存在着贷款批不了、贷款风险高、可贷款机构少和银行不敢贷等问题。这种金融需求与供给间的不均衡，制约了隆化县肉牛产业的长远发展。

四、推进隆化县肉牛产业发展的对策建议

（一）推进改良品种培育，提高优良品种率

根据 FAO 和发达国家对养殖业的科学估计，在畜牧产业发展中，品种的贡献率约占 35％～60％，平均 45％，品种是实现经济效益的首要因素，因此优良品种培育仍然是发展肉牛产业的重中之重。规模场推广人工繁育技术。规模化牛场具有品种改良的条件，应推广同期发情和人工授精技术，对配种不成功的母牛再进行本交或者继续补配，保证提高怀胎率。经过持续改良，培养适合隆化气候的杂交品种。散养户一般饲养母牛，承担着繁育和提供架子牛的重任，针对散养户品种落后的现状，一是提高基层品种改良员的技术水平，提高配种成功率；二是大力宣传优良品种的好处，使农户改变传统观念，选择优良品种冻精；三是提高优良品种补贴额度，减少农户支出，提高优良品种率。

（二）培养专业畜牧人员，完善人才培养机制

一是培养一批合格的品种改良员，负责散养户肉牛品种改良工作。要根据当地人的意愿程度、年龄特点和文化水平，挑选出一定数量的人，进行品种改良培训。这样不仅可以结合当地实际制定科学的繁育方案，逐渐改变传统的肉牛繁育方式，稳定养牛收益，而且有利于使养殖户逐渐认识并接受优良品种改良工作，甚至逐步掌握人工授精技术，提高母牛群体生产水平，实现肉牛品种改良的良性循环。同时要经常性培训基层兽医，提高兽医的临床诊治水平和疫病防控能力。二是制定人才引进政策。政府要制定肉牛产业扶持奖励政策，激励专业人员深入农村基层，为当地提供专业的疾病防控、养殖技术等方面的服务，这在一定程度上缓解了兽医人才急缺和养殖技术培训、推广进程慢的难题。

（三）开展多种形式培训，提高肉牛养殖水平

针对禁牧舍饲后农户不适应的情况，全面依托省肉牛产业技术体系创新团队的专业技术资源，充分调动市县乡各级畜牧系统专业技术人员的积极性，制定出适用于隆化的、简化高效的标准化养殖技术规范，集成印刷标准化生产手册，通过组织科技下乡、技术培训和现场指导等多种方式，免费提供给广大养殖场户，引导和帮助广大养殖场户提高科学养殖意识，提升养殖技术水平。针对规模养殖场和散户青贮不过关的现状，应组织专家和技术员深入基层示范青贮饲料的制作、保存和取料方法，并定期进行回访，解答养殖户在运用青贮饲料技术中所遇到的问题，提高肉牛养殖水平。

（四）统筹营销规划，提高品牌知名度

一是打造县域特色牛肉品牌工程。支持和鼓励中能昊龙、北戎、华商恒益等龙头企业以资本运营为纽带，开展业务合作，通过区域品牌宣传和产品推广，打造县域特色牛肉品牌，重视肉牛品牌建设；二是制定区域营销规划，形成品牌体系。与当地旅游资源并行开发，打造养殖旅游线、参观线路等，制作"隆化肉牛"区域公用品牌宣传片，并在电视、广播等媒体平台上播放，提高品牌知名度，奖补企业品牌，带动企业的积极性。同时可邀请品牌设计者，以突出地方特点为目标，对牛肉产品进行品牌设计，推向消费市场，逐步提高品牌的知名度。

（五）完善金融扶持政策，助推肉牛产业发展

针对农户对贷款到期偿还不了的情况，可以考虑在以下方面完善现有的金融扶持政策：一是借鉴奶牛养殖小区模式，鼓励能人创建肉牛养殖小区，政府对建设养牛小区给予一定比例的资金支持。散养农户租赁小区的圈舍，小区提供统一配种、防疫、粪污处理等散养户做不了的事情，这样既有利于推进标准化规模化养牛进程，分散养殖资金过高的风险，降低生产管理的负担；二是借鉴丰宁县的经验，将"政银企户保"金融贷款模式与扶贫资金整合，建立扶贫担保资金，消除农户的顾虑，提高贷款的使用效率，促进肉牛产业发展。

参考文献

杜习英.彭阳县肉牛产业发展现状及对策［J］.畜牧兽医文摘，2017（3）：31.

牛国庆，武果桃.我国肉牛产业存在的问题及发展对策［J］.中国农村科技，2014（3）：68-69.

唐荣. 我国肉牛产业经济发展形势及对策建议 [J]. 中国畜牧兽医文摘，2018，34
　　(6)：64.

杨冬梅. 永胜县肉牛产业生产现状及对策分析 [J]. 农民致富之友，2018 (2)：205.

杨泽霖，尹晓飞，李存福. 关于我国肉牛生产模式的发展潜力与对策 [J]. 中国畜牧杂志，
　　2011，47 (20)：23-26.

张志明，张德生. 河北省围场县肉牛奶牛产业发展现状及对策 [J]. 当代畜牧，2013 (2)：
　　22-24.

第十一章　河北省肉牛产业经济形势分析及预测预警

一、肉牛生产形势分析与产量预测

（一）河北省肉牛生产形势分析

1. 生产数量与在全国的地位

近年来，河北省肉牛产业发展相对稳定，年存栏量保持在 180 万头左右，出栏量保持在 300 万头以上，产肉量 50 多万吨，出栏量和产肉量均位居全国的前列。表 11-1 显示了河北省肉牛的生产情况，表 11-2 显示了 2016、2017 两年的河北省肉牛生产变化与在全国的地位。

表 11-1　河北省肉牛生产情况一览表

单位：万头，万吨

年份	存栏量	出栏量	产肉量
2012	210.9	340.3	55.3
2013	199.5	325.3	52.3
2014	186.5	327.6	52.4
2015	166.86	325.42	53.4
2016	174.9	331.9	54.3
2017	198.4	341.9	55.9
2018.1	148.55	26.53	3.86
2018.2	146.98	20.59	3.01
2018.3	118.13	24.43	3.75
2018.4	143.87	24.28	3.87
2018.5	143.06	27.17	4.13
2018.6	141.24	28.20	4.65

注：2018 年各月数据缺保定市、辛集市。

资料来源：河北省调查总队。

表 11-2　2016—2017 年河北省肉牛生产变化与在全国的位置一览表

单位：万头，万吨

年份	存栏量	占全国的比重与位次	出栏量	占全国的比重与位次	产肉量	占全国的比重与位次
2016	174.9	2.3%，16	331.9	6.5%，4	54.3	7.6%，3
2017	198.4		341.9		55.9	
2017 比 2016	23.5（13.4%）		10（3.0%）		1.6（3.0%）	

资料来源：河北省调查总队。

河北省动物性消费品产量总体处于逐年上升状态，从 2011 年的 418.2 万吨上升到 2017 年的 463.7 吨。牛肉产量相对增量不大，仅从 2011 年的 54.48 万吨上升到 2017 年的 55.9 万吨；牛肉产量占肉类产量的 13.03% 下降至 12.06%，相对肉类产量占比下降。

2. 生产规模与区域分布

如表 11-3 所示，河北省肉牛养殖规模相对较小，出栏数在 1～9 头的经营户占总经营户的 95% 以上；主要生产区域为石家庄、唐山、邯郸、张家口、承德、沧州等六地市。

表 11-3　2015 年河北省肉牛饲养规模与主要生产区域

单位：户，头

生产区域	肉牛饲养规模情况场						合计
	出栏数 1～9	出栏数 10～49	出栏数 50～99	出栏数 100～499	出栏数 500～999	年出栏数 1 000 头以上	
石家庄市	65 280	4 039	301	76	6	4	69 706
唐山市	56 595	1 783	140	99	11	7	58 635
秦皇岛市	30 269	941	146	88	5	4	31 453
邯郸市	80 891	833	152	79	8	3	81 966
邢台市	30 111	991	168	73	3	2	31 348
保定市	20 038	1 425	182	41	10	3	21 699
张家口市	56 980	512	109	19	3	0	57 623
承德市	67 690	4 616	506	323	53	15	73 203
沧州市	116 994	2 256	558	95	11	4	119 918
廊坊市	6 901	3 198	167	41	15	23	10 345
衡水市	16 303	1 868	539	146	23	5	18 884
定州市	5 677	272	14	3	4	0	5 970
辛集市	843	120	8	2	0	0	973
合计	554 572	22 854	2 990	1085	152	70	581 723
占比	95.33%	3.93%	0.51%	0.19%	0.03%	0.01%	100%

数据来源：《河北省统计年鉴》2016。

表 11-3 所示，全河北省共有 581 723 家肉牛养殖场（户），其中年出栏数 1～9 头的养殖户达 554 572 家，占全部养殖场（户）的 95.33%，出栏 10～49 头的有 22 854 家，出栏 50～99 头的有 2 990 家，出栏 100～499 头的有 1 085 家，出栏 500～999 头有 152 家，出栏 1 000 头以上的有 70 家。据此，总体判断河北省肉牛养殖以"小规模"为主。

图 11-1 显示的是河北省肉牛养殖场（户）不同饲养规模占比情况。图 11-2 显示的是河北省不同市区养殖户数占比情况，其中，肉牛产出占全省产出 10% 以上的有沧州市、承德市、邯郸市、唐山市、石家庄市，5 个市区产出占全省肉牛产出的 63%。河北省已形成"北繁南育、西繁东育"格局，在坝上地区、燕山和太行山区建设肉牛繁育基地，在平原地区建设育肥基地。

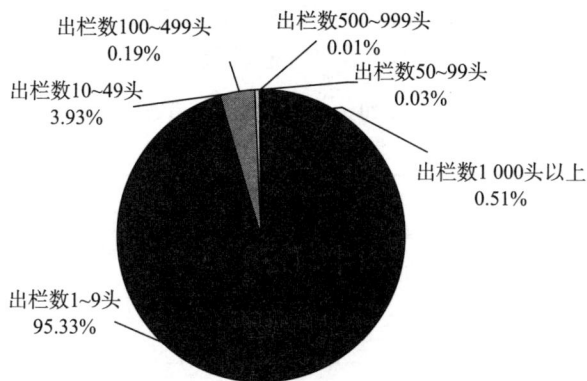

图 11-1　不同饲养规模占比

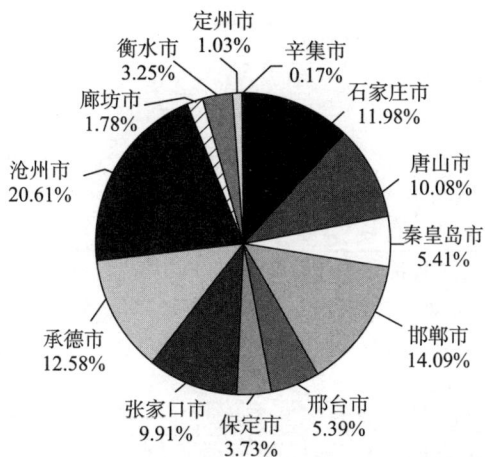

图 11-2　各地区养殖户数占比

表 11-4 显示的是截至 2018 年 5 月保定市肉牛生产情况。

表 11-4　截至 2018 年 5 月底保定市肉牛生产情况一览表

单位：万头，吨

项目	5 月份	上月	去年同期	环比（％）	同比（％）
肉牛存栏	172 931	174 612	165 958	−0.96	4.20
肉牛出栏	106 786	95 021	111 445	12.38	−4.18
牛肉产量	20 244.4	17 698.42	21 741.59	14.39	−6.89

3. 河北省畜牧经营人员素质情况

表 11-5 所示，2016 年河北省农业经营人员总数为 1 982.63 万人，占河北省总人口（7 470.05 万人）的 26.54％。畜牧业经营人员占从事农业行业构成的 1.81％。而农业生产经营人员受教育程度构成初中以下学历人数占经营人员总数的 90.16％。经营人员学历水平普遍较低。

表 11-5　河北省 2016 年农业经营人员数量和构成

单位：万人，％

指　标	全　省
农业生产经营人员总数	1 982.63
农业生产经营人员性别构成	
男性	52.93
女性	47.07
农业生产经营人员年龄构成	
年龄 35 岁及以下	23.42
年龄 36~54 岁	43.13
年龄 55 岁及以上	33.45
农业生产经营人员受教育程度构成	
未上过学	2.99
小学	26.99
初中	60.18
高中或中专	8.79
大专及以上	1.05
农业生产经营人员主要从事农业行业构成	
种植业	96.39
林业	1.11
畜牧业	1.81
渔业	0.32
农林牧渔服务业	0.36

数据来源：《河北省统计年鉴 2017》。

4. 肉牛优良品种结构不断优化

20 世纪 80 年代先后引进了西门塔尔、夏洛莱、利木赞、安格斯、海福特、短角等优良品种肉用种公牛，确立了以西门塔尔、夏洛莱、利木赞等品种为主体的肉牛改良路线；近年来，又确立以西门塔尔、夏洛莱、利木赞等传统肉牛品种为主体，弗莱维赫为补充的肉牛改良路线，以和牛和安格斯为主体的高档肉牛生产繁育路线。

目前，肉牛品种以西门塔尔、夏洛莱和利木赞等大型肉牛杂交为主，还有部分淘汰奶牛、本地黄牛和牦牛。

5. 肉牛良种繁育体系基本形成

全省肉牛良种繁育体系基本形成：建成肉用种公牛站 2 个，存栏肉用种公牛 58 头，年生产冻精 80 多万支，全省建有牛的冷配站点 2 495 个。肉牛品种改良力度不断加大，产肉性能不断提高。

（二）河北省肉牛产量预测

如图 11-3、图 11-4 所示，近五年来，河北省肉牛的出栏量和牛肉产量呈不断上升趋势，尤其是 2017 年，肉牛出栏量较 2016 年增加了 10 万头，牛肉产量增加了近 1.6 万吨，产出增速均达到 3%。

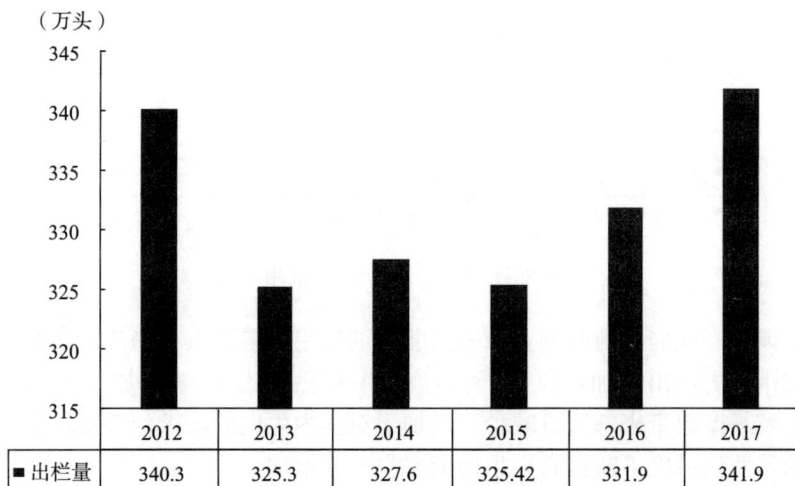

（万头）

	2012	2013	2014	2015	2016	2017
■ 出栏量	340.3	325.3	327.6	325.42	331.9	341.9

图 11-3 2012—2017 年河北省肉牛出栏量

图 11-5 显示，2018 年以来，月度统计的肉牛的出栏量和牛肉产量继续呈上升态势，尽管统计数据没有涵盖全省的肉牛养殖主产区，无法从绝对数上与去年同期进行比较，但从已有统计数据的变化趋势来看，肉牛产量上升趋势明显。

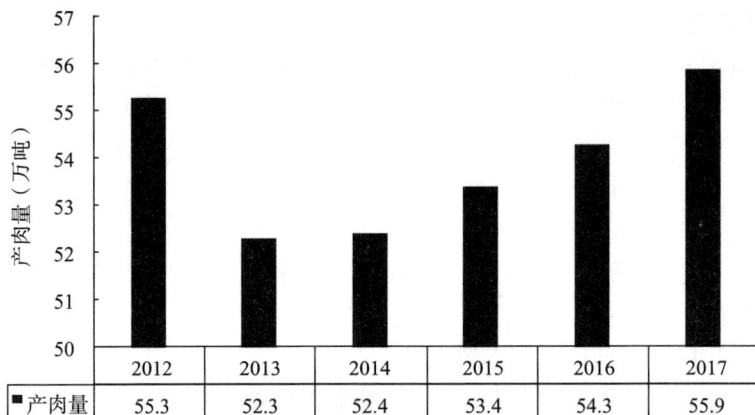

图 11-4　2012—2017 年河北省牛肉产量

	2012	2013	2014	2015	2016	2017
■ 产肉量	55.3	52.3	52.4	53.4	54.3	55.9

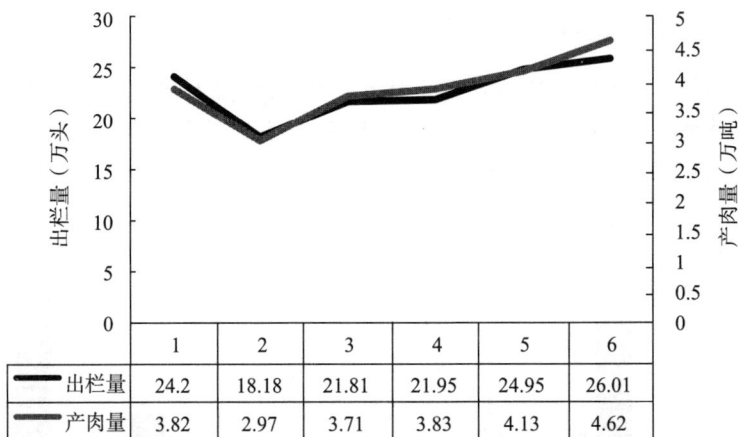

	1	2	3	4	5	6
━ 出栏量	24.2	18.18	21.81	21.95	24.95	26.01
━ 产肉量	3.82	2.97	3.71	3.83	4.13	4.62

图 11-5　2018 年 1—6 月河北省肉牛产出数量

受以下一些因素的影响，未来河北省的肉牛产量呈上升趋势，一是存栏量的增加带来的产出增加，仅 2017 年，肉牛存栏量比 2016 增加了 13.4％；二是中美贸易摩擦带来的进口减少，增加了对国内牛肉的需求；三是社会大众对牛肉的消费认可度不断提高，牛肉消费量不断增加。

二、疫病调查与预警

2018 年 3 月至 2018 年 6 月肉牛疫病岗位团队成员采集唐山市、廊坊市、秦皇岛市、承德市、沧州市、石家庄等部分市县肉牛鼻腔拭子、肛拭子、腹泻粪便、血液等样品进行了部分疫病调查，并进行了汇总分析。

（一）疫病调查

1. 口蹄疫免疫情况调查

采集的 35 个牛场血液样品 548 份，分别进行口蹄疫 O 型（正向间接血凝法）、亚洲 I 型（Elisa 法）血清抗体检测（被检牛均做 O 型-亚洲 I 型双价疫苗免疫），即口蹄疫免疫密度达 100%。O 型口蹄疫疫苗免疫血清抗体合格率平均达 93%，亚洲 I 型口蹄疫疫苗免疫血清抗体合格率平均达 94.5%，另外检测到 A 型口蹄疫抗体（免疫背景不明），阳性率达 15.3%。免疫用疫苗为内蒙古必威安泰生物科技有限公司、金宇保灵生物药品有限公司生产。

2. 布鲁氏菌病免疫调查

采集的 26 个肉牛场血液样品 366 头份，用虎红平板凝集实验检测：26 个牛场只有 7 个牛场做布鲁氏菌疫苗免疫，即只有 26.92% 的肉牛场做布鲁氏菌疫苗免疫，免疫牛场肉牛布鲁氏菌抗体合格率达 47%（免疫后 21 天检测）。免疫用的布氏菌病活疫苗（S2 株）由齐鲁动物保健品有限公司、金宇保灵生物药品有限公司生产。19 个场没有做布鲁氏菌疫苗免疫，其中 6 个牛场（292头）检测到 14 头肉牛布鲁氏菌抗体阳性（均未做过布鲁氏菌疫苗免疫），未免疫牛场的布鲁氏菌感染率 31.5%（6/19），未免疫牛场肉牛布鲁氏菌抗体阳性率 4.79%（14/292），即肉牛布鲁氏菌感染率 4.79%。

3. 腹泻发生情况调查

（1）寄生虫性腹泻。 采集了 16 个牛场的共 311 份正常以及腹泻牛粪样品。粪样经处理后，提取总 DNA，设计微孢子虫和隐孢子虫引物，采用巢式 PCR 的方法检测微孢子虫和隐孢子虫基因，将阳性结果进行测序，在 NCBI 上进行序列比对。结果表明 311 份粪样中巢式 PCR 共检测出 27 份微孢子虫。即微孢子虫感染率为 8.7%，隐孢子虫感染率为 7.1%，另外用漂浮法查到球虫卵囊，球虫感染率 4.7%。

（2）细菌及病毒性腹泻。 采集了 16 个牛场的共 311 份正常以及腹泻牛粪样品。进行细菌的分离鉴定，分离到 17 株溶血性大肠杆菌、9 株沙门菌、7 株志贺菌，感染率分别为 5.5%、2.8%、2.2%。部分菌株对阿米卡星、林可霉素、新霉素、庆大霉素等不同程度的耐药，对环丙沙星、蒽诺沙星、乙酰甲喹敏感；通过设计检测引物进行 PCR 检测，检测到冠状病毒、轮状病毒、黏膜病病毒感染率分别为 4.5%、3.2%、4.1%。

4. 运输应急综合征发生情况调查

分别采集了来自河北省承德市、秦皇岛市等地区 21 个肉牛场共 152 份鼻腔拭子样品。将采集的鼻腔拭子样品进行细菌的分离培养、纯化，利用 16S rDNA 通用引物对分离菌株进行 PCR 扩增；PCR 检测阳性的菌液送北京生工生物工程股份有限公司测序。测序结果在 NCBI 上进行序列比对。152 份鼻腔拭子共分离出 292 株优势菌株，测序结果表明共检出 10 株多杀性巴氏杆菌，检出率为 3.4%；检测 9 株溶血性曼氏杆菌，检出率为 3.1%；检测肺炎克雷伯菌 14 株，检出率为 4.8%；检测绿脓杆菌 13 株，检出率为 4.5%；检出莫拉菌属 25 株，检出率为 8.6%；检出葡萄球菌 18 株，检出率 6.2%。分离鉴定的多杀性巴氏杆菌、溶血性曼氏杆菌、肺炎克雷伯菌、绿脓杆菌、葡萄球菌 5 种菌对实验动物小鼠均有较强的致病性。分离菌对林可霉素、氟苯尼考、阿米卡星、头孢曲松敏感。多杀性巴氏杆菌、溶血性曼氏杆菌、肺炎克雷伯菌、绿脓杆菌、葡萄球菌 5 种菌是引起肉牛运输应急综合征的主要病原菌，一般场内肉牛发病率约 20%～60%。

（二）疫病预警

1. 关于口蹄疫

口蹄疫属一类动物疫病，为我国强制性免疫病种之一。检测结果表明采集的 35 个牛场血液样品 548 份，均进行了 O 型-亚洲 I 型双价疫苗免疫，免疫密度达 100%。免疫血清抗体合格率平均达 93% 以上，说明肉牛养殖场还是重视口蹄疫免疫的，另外检测到 A 型口蹄疫抗体阳性率达 15.3%。出现 A 型口蹄疫抗体阳性的原因，经调查，有的养牛场进行了 A-O-亚洲 I 型三价疫苗免疫，而有的养牛场没有进行 A-O-亚洲 I 型三价疫苗免疫，没有进行三价疫苗免疫的牛场何来的 A 型血清抗体，需进一步调查追溯，提请有关部门高度重视。

2. 关于布鲁氏菌病

布鲁氏菌病属二类动物疫病，是重要的人兽共患传染病。成为目前世界上流行最广、危害最大的公共卫生问题之一。采集的 26 个肉牛场血液样品 366 头份，只有 7 个牛场做布鲁氏菌疫苗免疫，19 个场没有做布鲁氏菌疫苗免疫，未免疫牛场肉牛布鲁氏菌感染率 4.79%。显示大部分肉牛养殖场的肉牛一般不做该病的疫苗免疫，访谈中也有个别从业人员感染布鲁氏菌病。调查还显示不经检疫肉牛的自由贸易，交换和流动是该病广泛感染发病的原因之一。此外，肉牛不能及时、广泛免疫，以及养殖户对布氏菌病防治麻痹等都是重要原因。

应该从以下两方面加强布鲁氏菌病防控工作。一是加强肉牛产地检疫工作，严格按照检疫规程进行检疫，确保染疫肉牛不进入流通环节；二是进一步提高基层防疫人员布鲁氏菌病防控技术水平，规范布鲁氏菌病防疫行为，能够及时发现处置染疫肉牛，确保公共卫生安全。

3. 关于腹泻

采集了 16 个牛场的共 311 份正常以及腹泻牛粪样品。微孢子虫感染率为

8.7％、隐孢子虫感染率为 7.1％、球虫感染率 4.7％；溶血性大肠杆菌、沙门氏菌、志贺菌感染率分别为 5.5％、2.8％、2.2％；冠状病毒、轮状病毒、黏膜病病毒感染率分别 4.5％、3.2％、4.1％。隐孢子虫病、微孢子虫病、某些溶血性大肠杆菌、沙门氏菌、志贺菌以及轮状病毒等均为人兽共患病，有着重要的公共卫生意义。在肉牛中主要引起腹泻导致生产性能下降或死亡，在人类最常见的症状是腹泻，尤其是婴幼儿和免疫功能低下或缺陷者，感染后病情加重，甚至危及生命。此类病可通过污染水源、食物、接触病牛等途径传播。因此，应防止病牛粪便污染食物和饮水，加强牛舍卫生消毒管理，控制传染源并注意环境卫生。用福尔马林、氨水或 65℃以上 30 分钟均可杀死卵囊。给患病牛口服抗菌素、磺胺类药物可控制本病。

4. 关于运输应急综合征

采集了 21 个肉牛场共 152 份鼻腔拭子样品。肉牛运输应急综合征发病率 20％～60％。在肉牛养殖生产过程中需引种、出售、屠宰等，肉牛运输应激综合征是长途运输时形成的多种应激原，使机体抵抗力下降而易感染各种病原，肉牛出现呼吸道、消化道甚至全身病理性反应的一种综合征。临床上肉牛表现食欲不振，发热、咳嗽、流鼻涕、呼吸困难，腹泻甚至有血便、体重减轻，给肉牛养殖户带来巨大的经济损失。调查显示多杀性巴氏杆菌、溶血性曼氏杆菌、肺炎克雷伯菌、绿脓杆菌、葡萄球菌等细菌是引起肉牛运输应急综合征的主要病原菌。

预防该病：

（1）提前了解购牛地的防疫情况及疫情动态，对将购买的牛进行相关疫苗注射，隔离观察 15 天再装车。隔离期间，一旦发现病弱牛要剔除。

（2）运输的车辆用强力消毒灵、新洁尔灭等进行全面消毒，在车厢底部铺上一层约 7 厘米厚的沙子或干草等，防止牛只打滑。运输途中要匀速行驶（60～80 千米/小时），并每隔 2～5 小时停车检查一次，确保顺利到达。

（3）运输前要合理计算路程，根据牛的数量，计算出所需的饮水与草料用量，途中牛喂草料 5 千克左右，饮水 1～2 次，每次约 10 升，水中加入适量电解多维和葡萄糖。

治疗该病：

（1）引进后对发烧 40℃及以上的牛，病初注射柴胡，如降温效果不明显，可改用安乃近和 A＋B（头孢噻呋钠＋板蓝根），至体温逐步回到正常水平。

（2）对腹泻的牛使用阿托品＋氨苄西林注射，严重时进行输液（地塞米松＋青霉素＋维生素 C＋葡萄糖＋肌苷）；对有血便的牛在补液的同时，头孢和青霉素交替注射使用。

三、技术创新分析及预测

（一）河北省肉牛产业品种创新及应用

自 20 世纪 80 年代以来，我省引进并推广了多个世界优秀肉牛品种，其中利用最广的主要有西门塔尔牛、夏洛莱牛、利木赞牛、安格斯牛、海福特牛、蒙贝利亚牛、黑毛和牛等。通过以上优秀肉牛品种冻精的推广，实施黄牛杂交改良，外来牛种遗传物质在我省生产牛群中的比重迅速提高，并形成了具有区域特点的杂交组合，为我省肉用基础母牛生产性能提高奠定了基础。在我省张承两地、燕山、太行山区，通过多年利用西门塔尔肉牛进行杂交改良，级进杂交的西杂基础母牛含有 85％ 以上西门塔尔牛血统。通过进一步杂交改良，并对后代进行有目的地选育和提高，有望培育出河北省的兼用牛品种；在奶牛养殖优势区域，开始利用乳肉兼用品种（如弗莱维赫牛）对低产荷斯坦奶牛进行杂交改良，以提高后代公牛和淘汰母牛的产肉性能；在城市近郊或者条件较好规模化养殖企业，利用引进的和牛及胚胎，初步开展通过胚胎移植进行快速扩繁，建立育种核心群。同时，利用引进的和牛或安格斯牛与本地母牛进行杂交，提高后代育肥牛的肉用品质，创建牛肉品牌。

（二）河北省肉牛产业技术创新及应用

面对供给侧结构性改革的要求和产业转型升级的需要，河北省肉牛产业发展必须转变发展理念，要排除国外低端低值肉的价格竞争优势，必须挖掘我省肉牛产业的独自优势，差异化、特异化将是我省肉牛产业走出困境的唯一出路。注重品质、提高质量，从生产普通牛肉，向高效、安全、生态、特色牛肉转变。目前河北省肉牛养殖取得了以下进展：

1. 全混合日粮在肉牛产业中的应用越来越广泛

TMR 饲养技术已经非常成熟，最先在以色列、美国、加拿大等国家奶牛上推广使用，效果非常好。目前在我国和许多国家规模化肉牛场多数都在使用这一技术。

2. 不断开发利用可代替低质粗饲料资源

肉牛养殖成本控制很关键，而饲料成本几乎占到养殖总成本的 70％ 左右，所以对饲料成本的控制直接关系到肉牛的养殖效益。开发和利用当地可作为饲料原料利用的一切资源尤为重要。当前国内外对肉牛养殖的粗饲料开发利用研究较多，被发现的可代替资源越来越丰富，过去被认为是废弃物的一些农副产品或废料，经过加工处理都可变成肉牛的饲料。例如，甜菜渣经过处理后可作为氮源饲喂肉牛；苹果渣与玉米秸秆混贮饲料作为肉牛主要粗饲料等。因此，开发当地没有被利用的一些资源，通过适当的加工处理变成肉牛可利用的资源，降低肉牛日粮成本非常重要。

3. 开发肉牛专用微生物发酵饲料

微生物发酵饲料是利用微生物发酵原理，可改变饲料原料的理化性质，改善适口性、提高营养价值及消化率。是以微生物、复合酶为生物饲料发酵剂菌种，将饲料原料转化为微生物菌体蛋白、生物活性小肽类氨基酸、微生物活性益生菌、复合酶制剂为一体生物发酵饲料。发酵产生的微生物单板不仅可以弥补饲料中氨基酸的缺乏，而且能使其他粗饲料原料营养成分迅速转化，达到增强消化吸收利用效果。因此，通过研发和推广适宜于肉牛养殖的发酵饲料对肉牛产业技术创新将带来巨大效益。

4. 随着粮改饲推广，全株玉米青贮在肉牛的利用率越来越高

有条件的地区可以结合"粮改饲"项目，大力发展肉牛产业，也是我省肉牛产业发展的途径之一。通过粮改饲，做到饲草饲料高产、优质、高效均衡供应饲草料，是保证肉牛产业稳定、快速发展的关键。

5. 开发及应用高品质肉牛专用添加剂及预混料

在肉牛日粮中添加质量好的添加剂或预混料可以起到补充肉牛需要的各种微量元素和维生素的作用，使饲料的营养丰富、平衡，可防止牛发生营养缺乏症；能够加快肉牛育肥速度，提高日增重，能够提前出栏；能够提高产肉性能、提高牛肉品质、增加肉的嫩度；有利于肉牛瘤胃微生物的繁殖，提高瘤胃反刍功能，增加对粗饲料的消化能力；可提高肉牛免疫力和抗病力，减少肉牛的发病率。因此，在未来的肉牛产业技术创新发展中加大肉牛专用添加剂和预混料的研发与推广应用。

6. 精细化饲养管理不断加强

推广母牛低成本养殖技术，优化配置经济日粮，既使母牛保持适度的膘情、保证胎儿正常发育，又使母牛能正常产犊和哺乳，通过营养调控使产后母牛尽早恢复体况，适时配种，确保一年一胎。精准化管理意识的提高是对养殖成本控制、提高养殖水平、增加养殖经济效益的有力举措，在肉牛产业化创新的今天必须注重和强化。

7. 肉牛育肥管理过程进行精细化分析

养殖人员在肉牛育肥过程中不仅要注重肉牛喂养技术的制定，同时还应善于采用多种管理手段提升养殖水平。通过对牛舍的卫生程度、温湿度控制进行量化管理，考核管理人员，与绩效挂钩。要求在养殖过程中要每天做到观察牛群的精神状态，对周围环境的敏感性，观察被毛和皮肤的状态，观察行走姿势，观察鼻镜和鼻腔，观察饮食状况，观察牛的嗳气和反

刍情况等。

（三）河北省肉牛产业工艺创新及应用

《国务院办公厅关于加快推进畜禽养殖废弃物资源化利用的意见》等推进畜禽养殖废弃物资源化利用政策的相继出台，推动了肉牛粪污资源化利用工艺的创新和应用，更多的新建、改扩建规模肉牛场采取了雨污分流设计，高效堆肥工艺及高效沼气利用工艺日渐成熟，膜覆盖堆肥、发酵仓工艺研发不断取得突破，更多的牛场采用了粪污高效处理工艺及干湿分离技术。

（四）河北省肉牛产业发展方向和重点

基于河北省肉牛改良现状和基础，结合国家肉牛遗传改良计划的继续推进，制定出针对河北省不同区域和地理特征的全省肉牛遗传改良规划，进一步通过加大优秀牛种冷冻精液和胚胎的进口及推广应用提高肉牛良种覆盖率，筛选适宜杂交组合，指导肉牛主产区群体选配和生产。理清当前肉用牛种遗传现状，建设肉牛育种核心群，开展种牛登记和性能测定，对后备种公牛实施后裔测定，提高河北省自主培育种公牛的能力。

探索特色种养模式发展生态养殖，走生态养殖、循环养殖的路子。发展特色农业与特色草畜产业有机结合，走发展循环经济的路子，实现种、养、生态多赢；生态＋种植＋旅游＋养牛等新模式。探索低成本可繁母牛养殖及高效肉牛育肥集成新方案，加强精细化饲养管理，推广母牛低成本养殖。此外，已有肉牛育肥技术的综合、集成、适宜本地发展的新方案。提升肉牛养殖中的信息化系统应用，实现养牛环节的信息化管理，为每头牛建立标准的信息档案，有条件牛场可以给牛佩戴耳标，为做到肉牛精细化养殖管理提供数据支撑，尽可能低的控制养殖及管理成本，达到提高经济效益的目的。建立牛肉生产可追溯体系、让消费者放心消费。全产业链可追溯平台，需要有政府、企业及终端销售者的共同参与，缺一不可，而政府应起到主导作用。政府需要加强可追溯体系优势宣传，以扩大消费群体对追溯系统的认识，逐渐改变消费者消费观念，建立更合理的消费认知。相比欧美等发达国家，我国畜禽养殖废弃物资源化利用工作起步晚，畜禽养殖废弃物工艺创新的空间大，近期相关技术和工艺的创新和研发仍是农业科研的热点。在推广方面，雨污分流工艺以及防水、防渗、放溢流的粪污储存设施等实用工艺将大面积推开，这个过程会一直持续到2020年左右；更多的实用、低成本的创新性工艺会被采用，今后一段时间是肉牛新工艺的研发和推广的爆发期。

四、经营主体分析与预测

（一）经营主体生产经营、加工现状

1. 小规模养殖比例下降

小规模养殖户持续退出，规模化养殖趋势愈加明显，母牛养殖仍以分散的小农户养殖为主，适度规模化的母牛养殖主体也不断出现。2018 年 1～9 头的肉牛养殖场户同比下降 15.38%，出栏数同比下降 16.57%。

2. 肉牛养殖量有所增长

一是肉牛养殖效益稳中有增，吸引社会资金投入肉牛生产，同时部分奶牛户发展公犊或杂交育肥。二是得益于机械化、信息化技术的推广应用和饲养管理水平的提高，母牛存栏量下降的趋势得到一定程度的遏制。三是基础母牛扩群、"粮改饲"、产业扶贫等项目带动了农户种草养牛的积极性，也使养牛数量增加。2018 年 6 月底，肉牛存栏 173.5 万头，同比增加 1.0%，累计出栏 175 万头，增长 3.0%，牛肉产量 28.8 万吨，增长 3.0%。

3. 养牛效益较好

据调查，2018 年 6 月份玉米每千克 1.87 元，同比上涨 9.36%，豆粕 3.19 元，同比上涨 8.14%，青贮料价格每千克 0.2 元左右，同比上涨 5%。按 6 月份价格，自繁自育，养殖周期为 2 年，出栏每头肉牛盈利 1 500～2 000 元左右；购进架子牛短期育肥 3 个多月，每头牛有 1 000～1 500 元左右的利润。

4. 肉牛屠宰有所下降

目前河北省仍存在牛肉原料品质特性挖掘欠缺、同质化严重，产品加工层级与附加值低下，高端产品市场占有率低等问题，受环保压力影响，部分小屠宰场改造或关停，导致河北省肉牛屠宰能力和屠宰量下降，据行业统计，2017 年底，肉牛屠宰能力同比下降，肉牛屠宰场数同比下降 19%，肉牛屠宰量同比下降 30% 左右。

（二）产业经营模式及发展方向预测

2017 年从美国进口牛肉量占我国牛肉进口总量的比例不足 1%，且主要集中于高端产品；但从美国进口大豆约占我国大豆进口量的 34.39%，从美国进口苜蓿约占我国苜蓿进口量的 93.5%。因而，对美国进口牛肉加征关税，将进一步削弱其市场竞争力；对美国进口大豆、苜蓿等加征关税，短期会因饲草料价格紧张，带来养殖成本上升，牛肉价格将进一步走高。长期看有利于肉牛产业的转型升级和结构调整。

产业经营模式方面，适度规模化的母牛养殖主体也不断出现，规模养殖比例将逐渐增加，但家庭养殖和小规模养殖仍将是肉牛生产的主体。屠宰和加工方面，逐步向全产业链生产模式转化，养殖屠宰一体化的比例将逐渐提高。

五、竞争力分析及预测预警

产业竞争力是研究某一个特定产业与其他产业相比或者同一产业与不同国家或地区相比能够更好地获利和发展的能力，是一国或地区比较优势与竞争优势的综合体现。比较优势从资源禀赋视角决定主体国家或地区的分工和角色，而竞争优势决定在市场冲突中的竞争能力，比较优势与竞争优势共同决定主体国家的产业竞争力。

（一）肉牛产业竞争力指标体系构建

产业竞争力是比较优势和竞争优势共同作用的结果。比较优势反映一个区域内要素禀赋程度，是构成产业竞争力的资源条件，它们需要外部力量的推动和运作才能发挥作用，否则无法转化为现实的产业竞争力，因此比较优势位于产业竞争力体系最底层，是构成产业竞争力的基本要素。竞争优势是一种策略或博弈行为，它对比较优势中所拥有的基础资源条件进行运用和组合构成产业竞争力，是产业竞争力的实质来源；竞争优势处于产业竞争力体系的核心部位。竞争的目的是在与竞争对手的博弈过程中取得优势地位，具体表现为比竞争对手占据更大的市场份额，有更强的获利能力。肉牛产业竞争力分析框架如图 11-6。

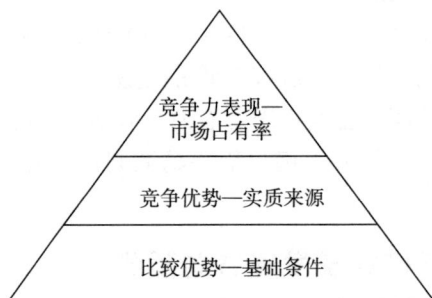

图 11-6　产业竞争力分析框架

1. 比较优势指标选择

生产要素、需求条件和相关支持产业是某特定产业形成的基础条件，也是构成产业竞争力的资源条件。生产要素的丰余程度、需求条件的好坏和相关支持产业的发展程度与产业竞争力的强弱呈正相关关系。

生产要素包括土地、资本、劳动力。在现代肉牛产业技术体系下，肉牛养殖对资本、技术、劳动力、土地的综合要求越来越高，是资本、技术集约型产业，肉牛存栏量是生产要素综合作用的体现，并且在数量上具有可对比性，因此选择肉牛存栏量作为生产要素的对比分析指标。需求条件指市场对特定的产品的需求量，本文选取了肉牛制品消费量作为对比。相关支持产业指为本产业提供产前、产中及产后的服务的相关行业，本文选取肉牛制品加工企业为比较对象，通过对比加工企业数量及其经营能力来分析肉牛制品加工业对肉牛养殖产业的带动能力。

2. 竞争优势指标的选择

竞争优势的本质是一种策略行为，它通过对生产要素进行整合以在市场上获取更多的利润。竞争优势包括的范围相对广泛，与人的主观性和企业所采取的策略密切相关，最终又来源于企业在市场中所做出的反应。企业获得竞争优势通常采用成本领先战略、差异化战略和目标集聚战略，而无论企业采取何种市场战略，其最终都表现为以更低的成本生产出同种类型和效用的产品或者以同样的成本生产出效用更高、更适合市场需求的产品。在实际市场竞争中，生产效率提高、技术进步和组织结构的调整是实现企业战略，使企业获得竞争优势的根本途径。在肉牛养殖产业中，生产效率、技术进步和组织结构调整的结果最终会反映到肉牛单产、成本收益和肉牛制品质量水平上来。考虑到数据的可得性和可比性，选取肉牛单产、成本收益和肉牛制品质量三个指标对肉牛养殖产业的竞争优势进行分析。

3. 表现指标选择

市场占有率是产业竞争力强弱的直接表现。不同于工业生产，肉牛市场供应受自然规律限制，短期内不会出现大幅度增长现象，因而用肉牛市场占有率衡量肉牛养殖业竞争力相对比较客观。

产业竞争力不仅体现为与其他区域相同产业争夺市场的能力，也体现为与本区域内其他产业争夺资源的能力。借鉴美国经济学家巴拉萨的显示性比较优势指数（RCA）方法来对各个区域肉牛养殖产业竞争力进行比较。本章中，显示性比较优势指数是指一个区域内肉牛产值占该区域内畜牧业总产值的份额与全国畜牧业总产值中肉牛产值所占的份额的比率。综上所述，肉牛产业竞争力分析指标体系见表 11-6。

表 11-6　肉牛产业竞争力分析指标体系

一级指标	二级指标	三级指标
比较优势	生产要素	肉牛存栏量
	需求条件	人均肉牛制品消费量
	相关支持产业	肉牛制品加工企业

（续）

一级指标	二级指标	三级指标
竞争优势	生产效率	肉牛单产水平
		成本收益水平
	技术进步	肉牛制品质量
产业竞争力表现	市场占有率	
	显示性比较优势指数	

（二）河北省肉牛产业比较优势分析

1. 肉牛存栏量比较

根据 2009—2017 年《中国畜牧兽医年鉴》相关数据整理绘制图 11-7。

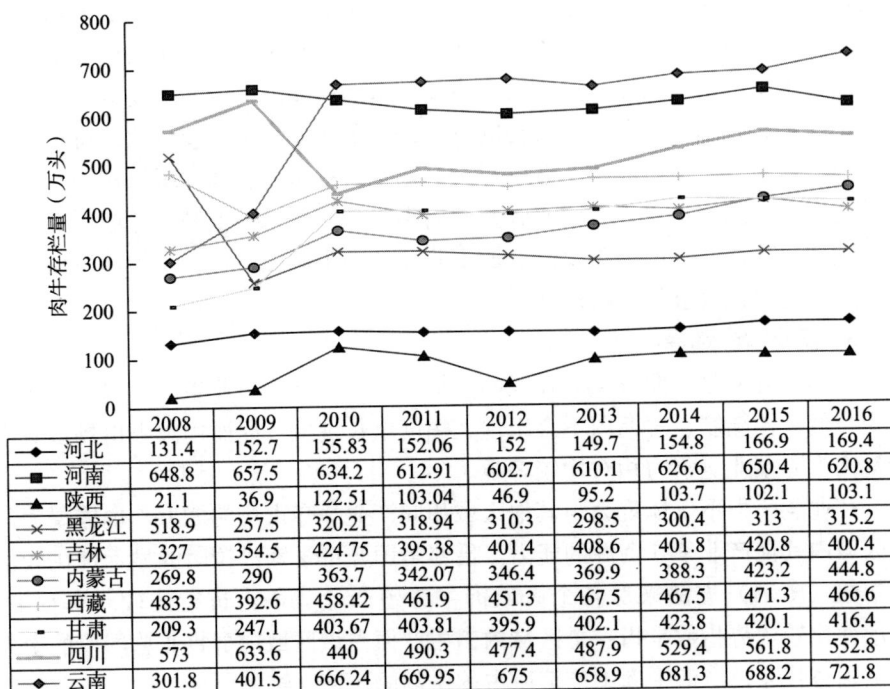

	2008	2009	2010	2011	2012	2013	2014	2015	2016
河北	131.4	152.7	155.83	152.06	152	149.7	154.8	166.9	169.4
河南	648.8	657.5	634.2	612.91	602.7	610.1	626.6	650.4	620.8
陕西	21.1	36.9	122.51	103.04	46.9	95.2	103.7	102.1	103.1
黑龙江	518.9	257.5	320.21	318.94	310.3	298.5	300.4	313	315.2
吉林	327	354.5	424.75	395.38	401.4	408.6	401.8	420.8	400.4
内蒙古	269.8	290	363.7	342.07	346.4	369.9	388.3	423.2	444.8
西藏	483.3	392.6	458.42	461.9	451.3	467.5	467.5	471.3	466.6
甘肃	209.3	247.1	403.67	403.81	395.9	402.1	423.8	420.1	416.4
四川	573	633.6	440	490.3	477.4	487.9	529.4	561.8	552.8
云南	301.8	401.5	666.24	669.95	675	658.9	681.3	688.2	721.8

图 11-7 2008—2016 年河北省及相关省份肉牛存栏量

数据来源：《中国畜牧兽医年鉴》2009—2017。

总体上看，中国肉牛存栏量主要集中在云南、河南、四川、西藏、内蒙古、甘肃、吉林七个省（自治区），它们出栏量合计约占全国肉牛出栏量的50%左右，这些地区普遍拥有较悠久的肉牛养殖历史和习惯，要么种植业产生的秸秆丰富，要么草原提供的饲草丰富，使得这些地区一直在中国肉牛养殖中占有重要地位。

自 2011 年以来，云南肉牛存栏量就排在全国第一位，排在二、三、四位的分别是河南、四川、西藏，而且排位从未改变，表明肉牛养殖业的地位牢固，发展稳定。

河北省肉牛存栏量 2008 年和 2009 年排在全国 16 位，自 2011 年以来，河北省肉牛存栏量一直排在全国 14 位，2017 年河北省肉牛存栏量有较大幅度提升，达到 198.4 万头，增长 13.4%（数据来自河北农调总队）。但肉牛存栏量的排位不会有大幅上升。因此，河北省在肉牛存栏方面没有比较优势。

2. 需求条件分析

美国哈佛商学院教授迈克尔·波特十分重视市场需求在刺激和提高竞争优势中的作用，他认为如果消费者成熟复杂和苛刻的话，会有助于企业赢得竞争优势，因为成熟复杂和苛刻的消费者会迫使本国企业努力达到产品高质量标准和产品创新。

表 11-7　2016 年各省份城镇、农村居民人均牛肉消费量

单位：千克/人

省份	城镇			农村		
	肉类	牛肉	占比	肉类	牛肉	占比
四川	42.99	2.28	5.30%	33.23	0.46	1.38%
陕西	17.2	1	5.81%	9	0.2	2.22%
河北	28.95	2.36	8.15%	18.78	0.44	2.34%
辽宁	28.44	3.56	12.52%	24.89	0.67	2.69%
吉林	23.68	3.11	13.13%	16.75	0.84	5.01%
青海	26.5	5.4	20.38%	26.7	4.6	17.23%
新疆	26.03	5.34	20.51%	20.57	4.33	21.05%

数据来源：《河北统计年鉴 2017》、《四川统计年鉴 2017》、《陕西统计年鉴 2017》、《辽宁统计年鉴 2017》、《吉林统计年鉴 2017》、《青海统计年鉴 2017》、《新疆统计年鉴 2017》。

从肉类消费总量看，除四川省外，其他省的消费水平无论城镇还是农村，各省之间差异不大。相对来说，城镇居民肉类消费稍多于农村居民。牛肉的消费除了新疆和青海外，其他省份城镇居民牛肉人均消费量大大高于农村地区。

从以上各省牛肉消费来看，无论城镇还是农村，牛肉消费占肉类消费的比重，新疆维吾尔自治区和青海省都遥遥领先，分别排名第一、二位。这与他们的民族特点、生活习惯有很大关系。

河北省牛肉消费在全国处于中等偏下水平，城镇牛肉消费占肉类消费之比为 8.15%，农村牛肉消费占肉类消费之比为 2.34%，可见，河北城镇居民对牛肉的消费能力和消费水平远远大于农村居民。一方面的原因是居民消费习惯的影响，居民更习惯消费其他肉类，如猪肉、鸡肉；另一方面原因是居民收入水平偏低，对价格相对较高的牛肉消费不强。这一状况说明目前河北省牛肉消费对肉牛养殖业发展拉动能力不强。但随着居民可支配收入的不断提升，河北居民，尤其农村居民的牛肉消费潜力巨大（图 11-7、图 11-8）。

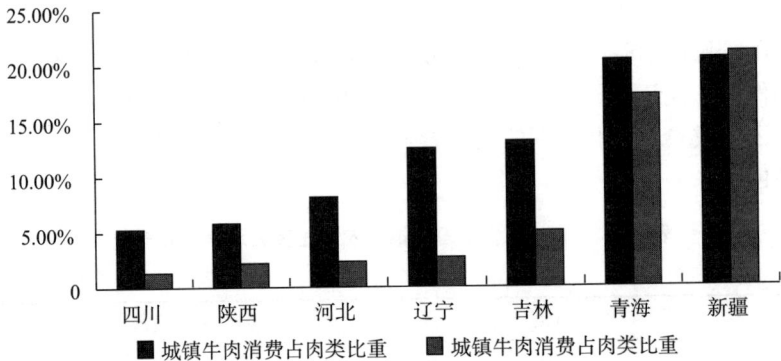

图 11-8　各省城镇及农村牛肉占肉类消费比重图

数据来源：《河北统计年鉴 2017》、《四川统计年鉴 2017》、《陕西统计年鉴 2017》、《辽宁统计年鉴 2017》、《吉林统计年鉴 2017》、《青海统计年鉴 2017》、《新疆统计年鉴 2017》。

3. 肉牛屠宰加工业比较

河北省肉牛屠宰加工业企业以中小型企业为主，规模加工企业不多，大部分屠宰加工企业目前面临的主要问题是牛源问题，即无牛可杀，致使许多屠宰加工企业花很大精力到省外买牛，造成开工不足甚至生产停滞。而且，总体上加工水平参差不齐，大部分屠宰加工企业以屠宰分割为主，加工深度不高，加工水平过剩，需要反过来深思肉牛养殖问题。

（三）河北省肉牛产业竞争优势分析

1. 肉牛单产分析

就肉牛单产来看，河北省和黑龙江省的单产水平一直处于前两位，自 2015 年以来，河北省更是超越黑龙江省，一跃升至第一位，大于出栏大省河南，并且大大高于全国平均水平。表明河北省有着养殖传统和丰富的养殖经验，近些年来，更是不断提升架子牛育肥水平，使单产水平不断突破。但从另一方面，也折射出，河北省更注重架子牛育肥，而忽视了种牛饲养和良种繁育等基础工作。

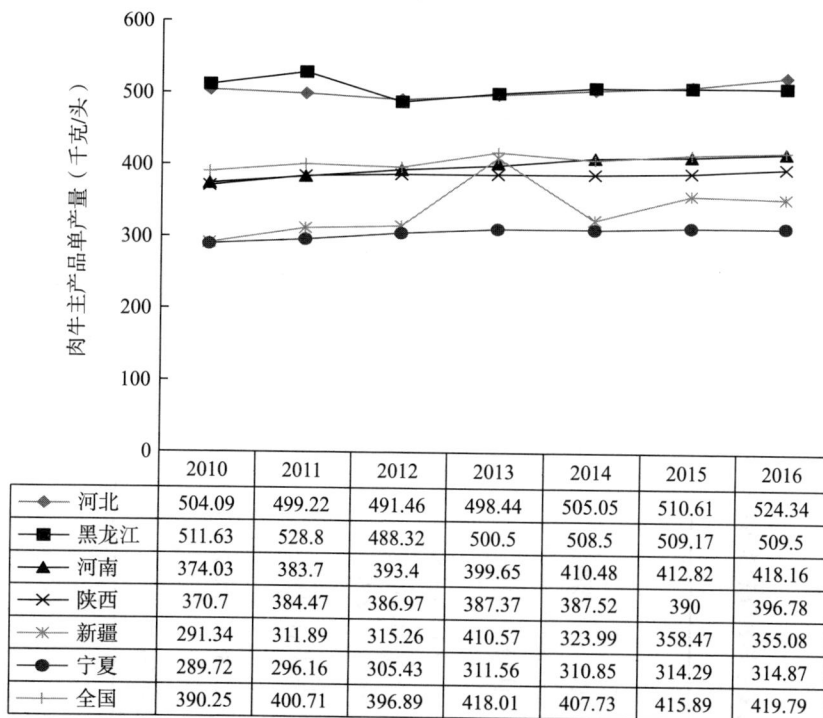

	2010	2011	2012	2013	2014	2015	2016
河北	504.09	499.22	491.46	498.44	505.05	510.61	524.34
黑龙江	511.63	528.8	488.32	500.5	508.5	509.17	509.5
河南	374.03	383.7	393.4	399.65	410.48	412.82	418.16
陕西	370.7	384.47	386.97	387.37	387.52	390	396.78
新疆	291.34	311.89	315.26	410.57	323.99	358.47	355.08
宁夏	289.72	296.16	305.43	311.56	310.85	314.29	314.87
全国	390.25	400.71	396.89	418.01	407.73	415.89	419.79

图 11-9　2010—2016 年散养肉牛主产品单产量

数据来源：《全国农产品成本收益资料汇编 2017》。

2. 成本收益分析

从各省肉牛散养成本来看，2016 年黑龙江、河北、新疆明显高于其他省份，接近或超过万元。各省 2016 年比 2010 年成本都增长了 40%～50%。主要原因是各生产投入要素价格的提高，如饲料、饲草、人工等。

从各省肉牛散养净收益来看，自 2012 年以来河南省肉牛养殖净收益一直名列前茅。新疆和黑龙江明显低于其他省份，陕西和宁夏肉牛养殖净收益一直处于较高水平。河北省处于中游偏上水平，忽高忽低，不太稳定，近些年来，净收益稍有下滑（表 11-8、图 11-10）。

从成本利润率看，自 2010 年以来，河南省一直名列前茅，并且一直在提升；陕西和宁夏成本利润率也较高，二者分别曾经一度达到 55.53% 和 57.28%，但近些年均有些下滑。新疆和黑龙江肉牛养殖的成本利润率明显偏低，河北省肉牛养殖的成本利润率处于中等偏下水平，说明河北省散养肉牛养殖盈利能力不强（图 11-11）。

表11-8 2010—2016 年河北及主要省份散养肉牛成本收益情况表

单位：元

	2010		2011		2012		2013		2014		2015		2016	
	总成本	净收益	总成本	净收益	总成本	净收益	总成本	净收益	总成本	净收益	总成本	净收益	总成本	净收益
新疆	4 630.33	426.9	5 412.6	1 051.37	7 890.12	806.77	11 066	1 418.55	8 741.27	645.73	8 921.59	469.12	9 011.73	754.11
黑龙江	6 551.93	994.87	8 158.58	770.45	9 814.74	1 434.47	11 313.62	1 198.8	10 654.5	2 025.84	10 367.36	1 674.84	10 108.7	2 003.3
宁夏	3 563.98	1 083.65	4 131.84	2 366.79	5 839.09	2 396.23	6 545.71	2 909.79	6 253.28	2 346.56	6 296.85	2 296.93	6 154.34	2 376.96
河北	6 129.08	1 020.44	7 001.38	1 293.82	7 920.77	3 001.73	9 580.55	3 755.26	10 694.15	2 392.12	10 589.06	1 989.17	10 191.94	2 461.09
陕西	4 600.91	1 040.8	5 465.13	2 737.87	7 033.66	3 905.55	7 716.14	4 277.3	7 788.11	3 309.34	7 532.14	2 666.97	7 634	3 022.67
河南	4 424.01	162.62	5 302.28	1 915.73	6 207.02	2 543.35	7 044.41	3 309.37	7 479.53	3 506.43	7 596.95	3 578.67	7 475.13	3 560.36

数据来源：《全国农产品成本收益资料汇编 2017》。

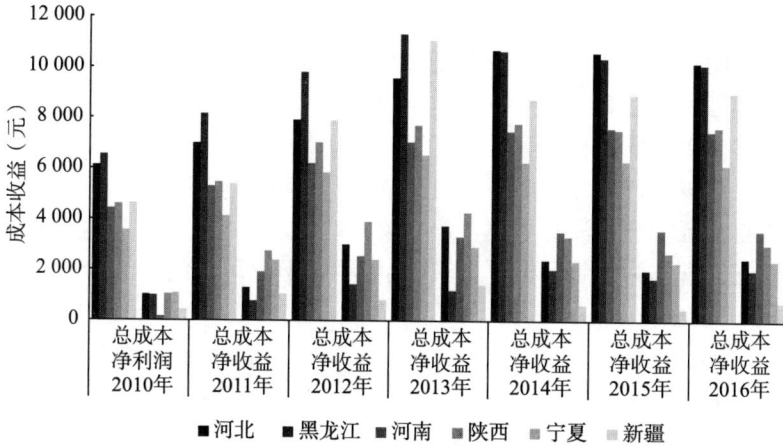

图 11-10　河北及主要省份散养肉牛成本收益情况（2010—2016）

数据来源：《全国农产品成本收益资料汇编 2017》。

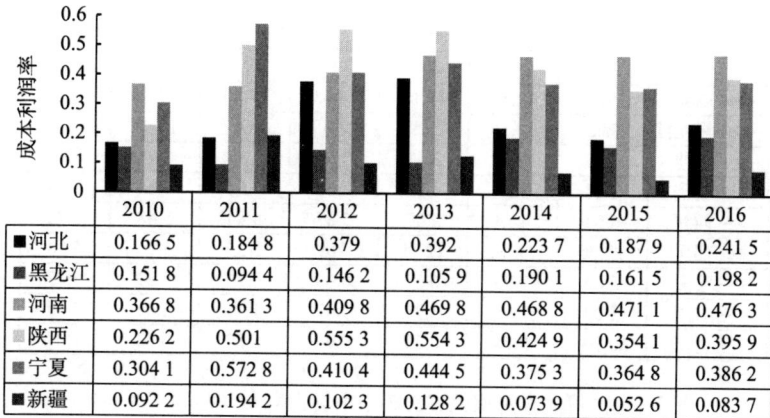

	2010	2011	2012	2013	2014	2015	2016
■河北	0.166 5	0.184 8	0.379	0.392	0.223 7	0.187 9	0.241 5
■黑龙江	0.151 8	0.094 4	0.146 2	0.105 9	0.190 1	0.161 5	0.198 2
□河南	0.366 8	0.361 3	0.409 8	0.469 8	0.468 8	0.471 1	0.476 3
■陕西	0.226 2	0.501	0.555 3	0.554 3	0.424 9	0.354 1	0.395 9
■宁夏	0.304 1	0.572 8	0.410 4	0.444 5	0.375 3	0.364 8	0.386 2
■新疆	0.092 2	0.194 2	0.102 3	0.128 2	0.073 9	0.052 6	0.083 7

图 11-11　河北及相关省份肉牛成本利润率

数据来源：《全国农产品成本收益资料汇编 2017》。

3. 牛肉制品质量分析

河北省牛肉制品以大众化制品为主，加工企业以中小企业居多。加工制品的加工深度低，以屠宰分割为主，附加值低，基本没有形成全国知名品牌。因此，河北省牛肉制品质量无明显优势。

（四）河北省肉牛产业竞争力表现分析

1. 市场占有率分析

内蒙古自治区和黑龙江省的市场占有率非常高，二者合计市场占有率，从 2010 年的 27.02%，到 2014 年达到 47.23%，近两年虽然稍有下滑，但也一直保持在 44％以上。相当于占据了半壁江山。因此两省（自治区）肉牛产业竞争力优势明显。其他西部省份市场占有率普遍较低。尤其四川省市场占有率逐年下滑，已由将近 2010 年的 12.76％下降到 2016 年的 5.58％。

河北省肉牛市场占有率除了 2011 年和 2012 年较低外，其他年份均保持在 8％～9％。应该说，河北省肉牛养殖从市场占有率看也表现出一定竞争力，但与内蒙古自治区和黑龙江省相比，还有较大差距。因此，河北省应把内蒙古自治区和黑龙江省作为追赶目标，力求缩小差距（图 11-12）。

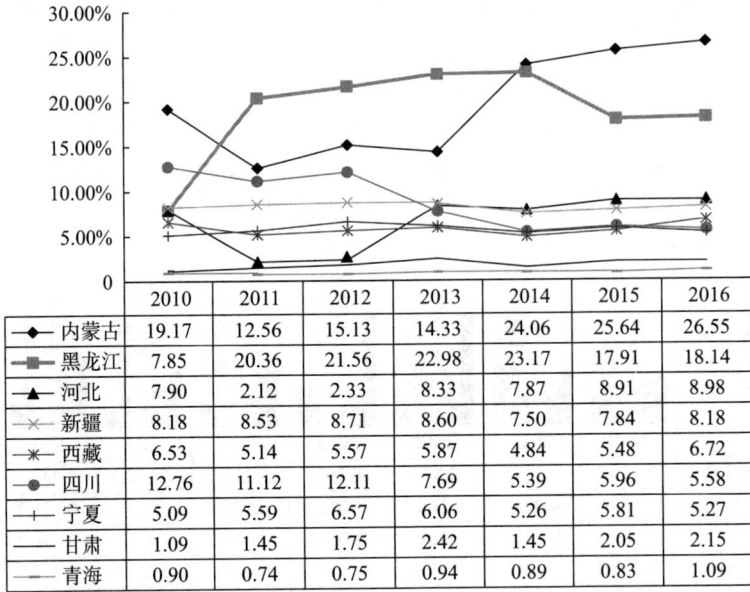

	2010	2011	2012	2013	2014	2015	2016
内蒙古	19.17	12.56	15.13	14.33	24.06	25.64	26.55
黑龙江	7.85	20.36	21.56	22.98	23.17	17.91	18.14
河北	7.90	2.12	2.33	8.33	7.87	8.91	8.98
新疆	8.18	8.53	8.71	8.60	7.50	7.84	8.18
西藏	6.53	5.14	5.57	5.87	4.84	5.48	6.72
四川	12.76	11.12	12.11	7.69	5.39	5.96	5.58
宁夏	5.09	5.59	6.57	6.06	5.26	5.81	5.27
甘肃	1.09	1.45	1.75	2.42	1.45	2.05	2.15
青海	0.90	0.74	0.75	0.94	0.89	0.83	1.09

图 11-12　河北省及相关省份肉牛市场占有率（2010—2016）

数据来源：《中国畜牧兽医年鉴 2011—2017》。

2. 显示性比较优势分析

从各省畜牧业产值看，河南省、四川省牧业产值均超过了 2 500 亿元，是典型的畜牧业大省，其后，河北省、黑龙江省紧随其后，畜牧业产值也达到了将近 2 000 亿元，内蒙古自治区、吉林省、云南省处于第三梯队，畜牧业产值也都超过了 1 000 亿元。所以河北省的畜牧业体量比较大。

表 11-9　2016 年肉牛养殖省显示性比较优势分析

单位：亿元,％

	畜牧业产值	肉牛产值	占比	比较优势指数	排序
西藏	113.8	47	41.30	3.42	1
吉林	1 252.8	367.9	29.37	2.43	2

（续）

	畜牧业产值	肉牛产值	占比	比较优势指数	排序
甘肃	299.7	76.7	25.59	2.12	3
河南	2 611.3	548.4	21.00	1.74	4
内蒙古	1 202.9	218	18.12	1.50	5
黑龙江	1 854.8	302.8	16.33	1.35	6
云南	1 141.8	178.3	15.62	1.29	7
河北	1 939.2	254.7	13.13	1.09	8
陕西	695.9	60.6	8.71	0.72	9
四川	2 551.7	168.9	6.62	0.55	10
全国	31 703.2	3 826	12.07	1.00	

数据来源：《中国畜牧业统计 2016》。

从肉牛产值看，河南一骑绝尘，遥遥领先，产值达到了 548.4 亿元；吉林省、黑龙江省紧随其后，产值均超过 300 亿元；河北省肉牛产值为 254.7 亿元，处于中游水平。

从牛肉产值占畜牧业产值比重看，全国占比为 12.07%，而西藏占比达到了 41.30%，也就是说，西藏畜牧业产值的 40% 多是肉牛贡献的，因此，比较优势系数高达 3.42。吉林和甘肃的占比分别达到了 29.37% 和 25.59%，比较优势系数分别为 2.43 和 2.12。而河北省牛肉产值占畜牧业产值比重只有 13.13%，比较优势系数仅为 1.09，仅高于全国平均水平，主要是因为河北生猪、奶牛、蛋鸡肉鸡等对畜牧产值贡献较大。当然这些产业之所以贡献大的一个很重要的原因是国家支持力度较大，尤其奶牛产业和生猪产业（图 11-13）。

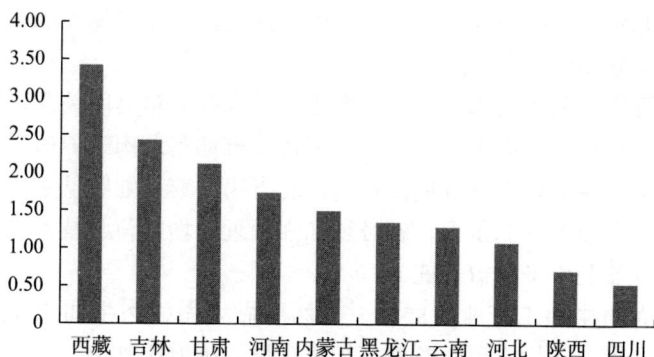

图 11-13 2016 年各省显示性比较优势指数图（2016 年）

数据来源：《中国畜牧业统计 2016》。

（五）河北省肉牛产业竞争力结论及发展方向和重点预测

通过对河北省肉牛产业竞争力的分析评价，探索河北省肉牛产业未来发展的正确方向，推动河北省肉牛产业稳定、快速发展。

1. **河北省肉牛产业竞争力基本结论**

（1）河北省肉牛产业比较优势较弱，肉牛产业发展基础条件不佳。 具体表现在：肉牛存栏量长期处于较低水平，在全国处于中等偏下；河北省牛肉消费能力不强，对肉牛养殖业发展拉动能力较弱；河北省肉牛屠宰加工业企业以中小型企业为主，规模加工企业不多，总体上加工水平参差不齐，大部分屠宰加工企业以屠宰分割为主，加工深度不高，无法实现对肉牛养殖产业的带动作用。

（2）河北省肉牛产业竞争优势偏弱，无法支撑肉牛产业发展。 具体表现在：从肉牛单产来看大大高于全国平均水平，但从另一方面也折射出，河北省更注重架子牛育肥，而忽视了种牛饲养和良种繁育等基础工作；河北省肉牛养殖成本利润率处于中等偏下水平，说明河北省散养肉牛养殖盈利能力不强；河北省肉牛制品质量无明显优势。

（3）河北省肉牛产业整体竞争力不强。 具体通过市场占有率和显示性比较优势体现出来：河北省肉牛市场占有率近些年份均保持在 8%～9%。应该说，河北省肉牛养殖从市场占有率看也表现出一定竞争力，但与内蒙古自治区和黑龙江省相比，还有较大差距；河北省畜牧业产值较高，畜牧业体量比较大，但肉牛产值处于中游水平，因此，显示性比较优势系数仅相当于全国平均水平，肉牛养殖对畜牧业产值贡献较小。

2. **河北省肉牛产业发展方向和重点预测**

由于肉牛产业技术支撑不足，消费拉动力度不够，产业之间链接机制不协调，导致河北省肉牛产业竞争力不强。因此河北肉牛未来发展的基本方向是育养并重，养加联结的基本思路。

（1）加强肉牛繁育工作。 应该均衡出栏量和存栏量之间关系，在稳定肉牛育肥的同时，积极开展肉牛育种和繁育工作，推动河北肉牛养殖平衡发展。

（2）推进肉牛养殖良性发展。 目前河北省肉牛养殖业收益水平较低，为提升河北省肉牛养殖业的竞争力，就必须加强管理、增加科学技术投入，不断提高肉牛养殖业盈利水平和盈利能力。

（3）壮大肉牛加工产业发展。 一方面要做大做强肉牛加工业，推进标准化、规模化；另一方面，要不断提高加工深度，提升附加值。

（4）培育适合河北地方养殖的肉牛品种。 加强适合河北地方的肉牛品种培育，并且深入研究开发本地秸秆等资源，"变废为宝"，支持河北肉牛养殖业发展。

（5）建立肉牛养殖业和屠宰加工业良好的利益联结机制。 探索建立肉牛养殖业和屠宰加工业良好的利益联结机制，彼此目标一致，相互促进。

六、市场形势分析与预测预警

（一）肉牛养殖形势分析

2015 年以来，河北省肉牛养殖量逐年增加，到 2017 年存栏数量近 200 万头，出栏数量达到 341.9 万头，同比增长率分别达 17％和 3％。2018 年第一季度末，河北省肉牛存栏 175 万头，累计出栏 99.3 万头，同比分别增加 1％和 2％。从近些年的增长率趋势可以看出，今后河北省肉牛养殖量将持续上升。

肉牛养殖量将持续上升的主要原因：首先是政策推动，粮改饲、草牧业、产业扶贫等政策带动了省内肉牛养殖业的发展。其次是近年来肉牛养殖效益较稳定，其价格波动风险小于其他养殖业，吸引大量农户、企业加入肉牛养殖业。再有消费者对牛肉的消费偏好逐年提升，有力地拉动了肉牛养殖业发展。

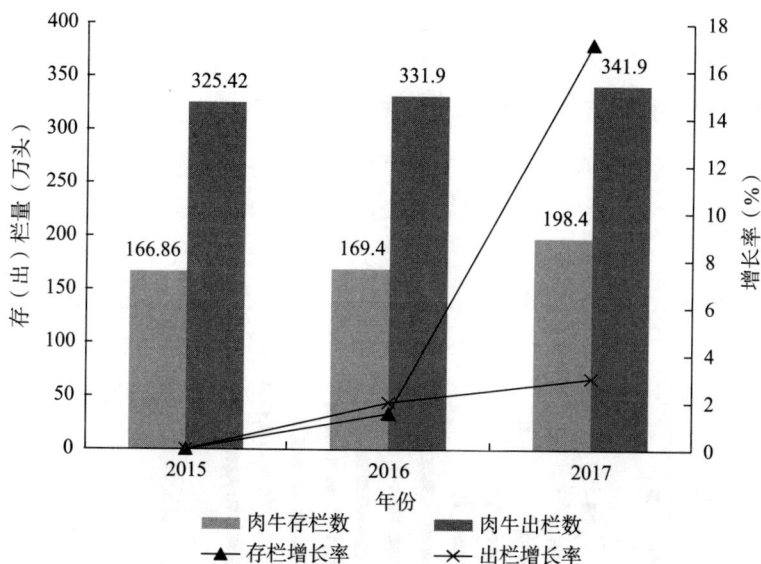

图 11-14　河北省肉牛养殖情况
数据来源：河北省农业厅。

（二）市场消费形势分析

2010 年以来河北省牛肉消费总量先降后升，尤其 2013 年后增速较快，2016 年达到最高值 10.93 万吨，占全国消费量的 4.35％。其中城镇消费量

9.4 万吨，占全国城镇总量的 4.74%，农村消费 1.53 万吨，占全国农村总量的 2.89%（图 11-15）。从增长速度来看，城镇增速自 2013 年来稳步提高，农村增速波动幅度较大。

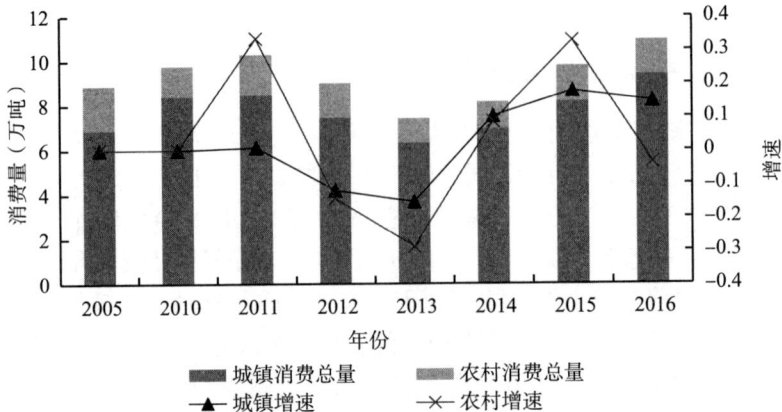

图 11-15　河北省城镇与农村牛肉消费量

数据来源：《河北经济年鉴》2011—2017。

（三）牛肉、活牛及相关饲料价格分析

根据河北省畜牧兽医局网站关于活牛与牛肉的每周集市价格，换算得出 2017 年 1 月至 2018 年 5 月活牛与牛肉的每月集市价格，如图 11-16、图 11-17 所示。

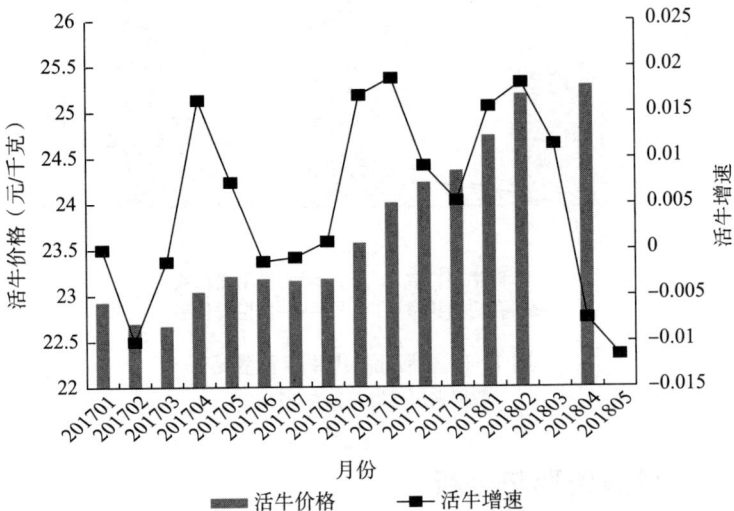

图 11-16　河北省活牛价格及增速

数据来源：河北省畜牧兽医局网站每周数据。

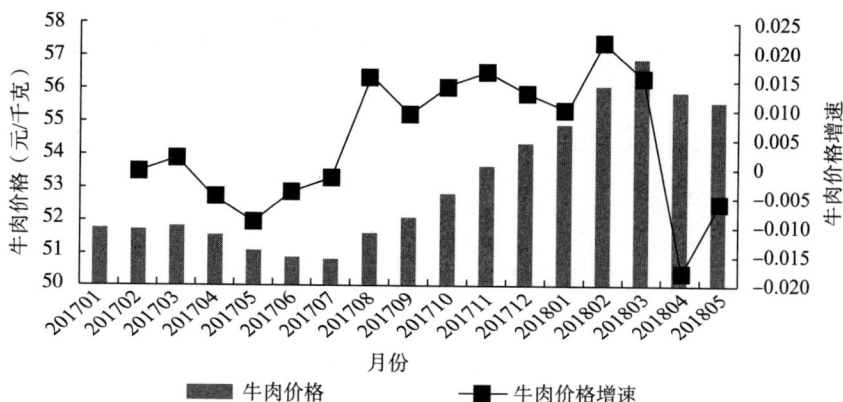

图 11-17　河北省牛肉价格及增速

数据来源：河北省畜牧兽医局网站每周数据。

2017 年以来，河北省活牛及牛肉价格呈现出波动上升的趋势，秋冬季节价格上涨，春夏季节价格略降。2018 年春节期间牛肉价格达到 57.15 元/千克，活牛价格达到 25 元/千克，4～5 月份开始分别进入缓慢下降期。到 2018 年第 24 周（6 月 10 日至 6 月 16 日），全省牛肉与活牛价格分别为 55.21 元/千克、24.87 元/千克，价格下降主要原因：河北省肉牛养殖量持续增加，市场供给增加；依据居民的消费饮食习惯，春夏季节是牛肉的消费淡季，市场消费量下降；同期猪肉价格下降幅度较大，消费者的替代选择较多，进一步降低了牛肉的消费量。

（四）牛肉进出口形势分析

自 2016 年以来中国牛肉进口数量稳步上升，2016 年进口 58 万吨，2017 年 69.5 万吨，2018 年前 4 个月已经达到 28.5 万吨。按照此趋势估算，2018 年进口量约为 85 万吨。进口牛肉平均价格从 2016 年 1 月至 5 月呈下降趋势，从每吨 3.07 万元大幅下降至 2.65 万元，并形成了近年来的最低值，随后进口均价在 2017 年 1 月上升至最高值 3.15 万元，随后一直徘徊在 2.9 万元至 3.1 万元之间（图 11-18）。相对于国内牛肉售价，我国牛肉进口价格较低。

我国牛肉出口数量自 2016 年以来大幅度下降，2016 年出口 4 142 吨，2017 年大幅减少为 922 吨，2018 年前 4 个月仅 146 吨，按此趋势估算，2018 年出口量约为 438 吨。出口牛肉平均价格从 2016 年 1 月至今呈波动下降趋势，且 2017 年至今波动幅度增大（图 11-19）。

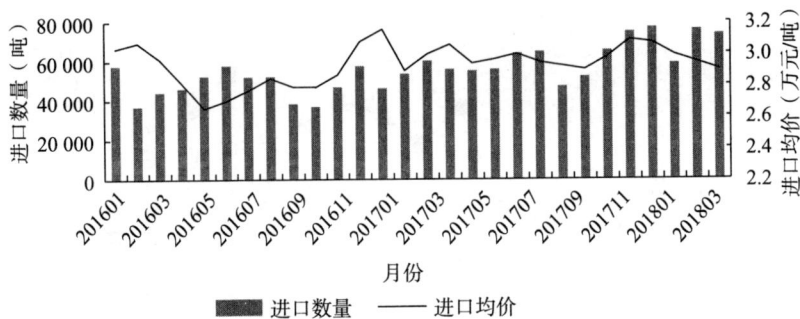

图 11-18　中国牛肉进口数量及均价
数据来源：中国海关总署网站。

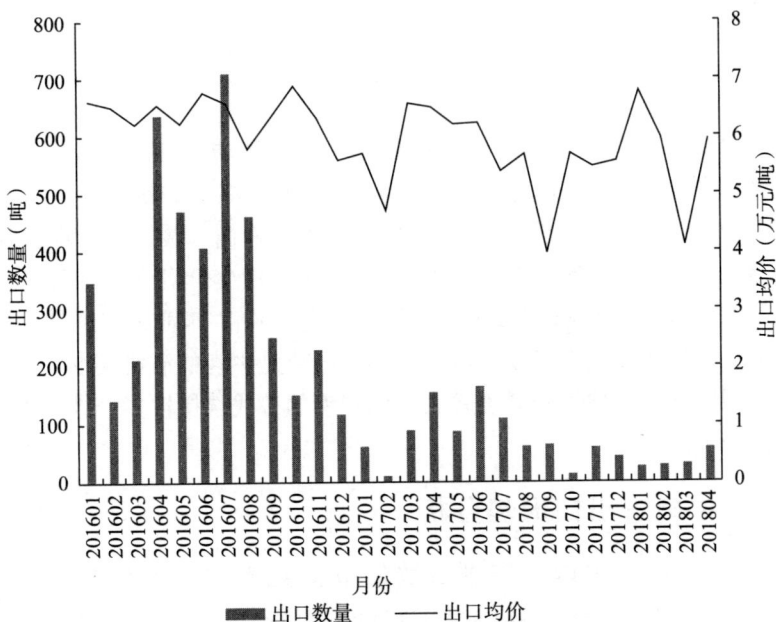

图 11-19　中国牛肉出口数量及均价
数据来源：中国海关总署网站。

（五）后期市场走势预测

下季度肉牛产业将继续平稳向好发展。

（1）受利好政策、消费趋势及利益驱动影响，肉牛养殖量将保持稳定或略增。

（2）养殖技术的提高，科学管理的推广，将不断提高肉牛出栏率和胴体重，牛肉产能将稳定或小幅增加。

（3）在科学饮食消费习惯引导下，牛肉消费需求在中长期内将稳定增长，7—9月份将逐步进入旺季消费期，抵消进口和走私牛肉的增加，牛肉供应仍将处于紧平衡状态。

（4）受消费量增长的影响，牛肉和活牛价格在入秋后仍将高位运行，小幅回升。

七、对策建议

通过对河北省肉牛生产、疫病防控、技术创新、经营主体、产业竞争力、市场行情等方面的分析，全方位阐释了河北省肉牛产业现状及存在的问题，为促进河北肉牛产业健康发展，必须采取如下应对策略：

（一）培育适合河北地方养殖的肉牛品种

河北省目前几乎没有本地肉牛品种，大部分养殖企业盲目买来架子牛按照固定的饲料配方进行养殖，导致河北省肉牛养殖成本高，形成了高投入低产出的资源浪费型养殖模式，造成河北省肉牛养殖资源消耗大、成本收益率低的结果。因此，应加强适合河北地方的肉牛品种培育，并且深入研究开发本地秸秆等资源，"变废为宝"，支持河北肉牛养殖业发展。

（二）推进肉牛养殖良性发展

目前河北省肉牛养殖业收益水平较低，在全国属于中下水平，许多肉牛养殖企业收益水平很低，甚至亏损，这也是河北省肉牛养殖业发展的瓶颈。因此，提升河北省肉牛养殖业的竞争力，就必须加强管理、增加科学技术投入，不断提高肉牛养殖业盈利水平和盈利能力。

（三）适当发展高端肉牛养殖

2017年中国向美国重新开放牛肉市场，未对中国牛肉市场造成冲击，很大程度上是由于中国对美国牛肉出口限制在了高端市场。加征关税后，美国高端牛肉甚至也难以进入中国市场。这无疑给河北高端肉牛养殖提供了良好的机会。河北省肉牛养殖品种多以西门达尔、夏洛莱、黄牛等为主，和牛等高档品种的肉牛养殖数量甚少，不能满足市场需求。部分屠宰企业只能到外地收购，运输成本大大增加。因此，应利用中美贸易战提供的良好机会，适当发展高端肉牛养殖，弥补市场缺口。

（四）壮大肉牛加工产业发展

目前河北省肉牛产业竞争力低的原因之一，是河北省肉牛屠宰加工业产业未能发挥有效拉动作用。当前肉牛屠宰加工企业以中小型企业为主，规模加工企业不多，总体上加工水平参差不齐，大部分屠宰加工企业以屠宰分割为主，加工深度不高，无法实现对肉牛养殖产业的带动作用。因此，一方面要做大做强肉牛加工业，推进标准化、规模化；另一方面，要不断提高加工深度，提升附加值。

（五）推进肉牛养殖产业延伸

河北肉牛产业链发展不均衡，长期以来，肉牛养殖盈利能力差，部分企业亏损严重，致使部分肉牛养殖企业难以持续下去，也在一定程度上无法保证屠宰加工企业对牛源的需求，甚至迫使部分屠宰加工企业去外地收购育肥牛。因此，需要推进肉牛养殖产业链延伸，加强肉牛产业环节之间的链接，建立产业间利益协同的运行机制。

（六）重视肉牛疾病防疫

肉牛疾病防疫始终是影响肉牛养殖业发展不可忽视的重要一环，这不仅关系到肉牛养殖效益，更重要的是关系到养殖人员的健康和消费者的安全。加强日常防疫和检验、检测，做到防患于未然，早发现、早处理，防治疫病传染。将损失降低到最低限度。

（七）积极推进粮改饲试点

发展专用青贮玉米和优质牧草种植，保证肉牛养殖饲料供给，稳定降低饲料成本，提高养殖收益。尤其要推动苜蓿规模种植和品质提升。由于国内外种植的苜蓿存在较大品质差异，造成目前河北苜蓿种植面积较少，可以抓住这次中美贸易战带来的良好机遇，打个苜蓿产业振兴的翻身仗。以"提升品质"为抓手，通过多种手段进行全方位支持，推进苜蓿规模种植。借鉴苜蓿种植大国的先进种植和收割经验，提升到满足河北肉牛养殖发展的产量和品质水平。

（八）开发利用河北本地秸秆等资源

在当前肉牛养殖业发展面临困境的情况下，应积极挖掘河北各地丰富的秸秆等资源，以弥补饲料、饲草的不足，缓解价格过高带来的成本压力。河北不同地区种植作物差别加大，许多作物秸秆都可以作为肉牛的饲草。各地开发本地丰富的秸秆资源，不仅可以变废为宝，改善生态环境，还可以在一定程度上，降低肉牛养殖成本，提高养殖经济效益。

（九）加强技术创新和推广

探索低成本可繁母牛养殖及高效肉牛育肥集成新方案，加强精细化饲养管理，推广母牛低成本养殖。此外，将已有的肉牛育肥技术综合、集成，开发适宜本地发展的新方案。提升肉牛养殖中的信息化系统应用，实现养牛环节的信息化管理。建立牛肉生产可追溯体系让消费者放心消费。在推广方面，雨污分流工艺以及防水、防渗、放溢流的粪污储存设施等实用工艺将大面积推开。

（十）探索肉牛新产业、新业态

目前河北省已经探索出了"育肥场＋农户"养殖模式、"饲草饲料＋肉牛"养殖循环经济模式、天和肉牛公司的科技引领模式、屠宰加工场加产品加工销售模式、优质育肥场的牛肉直销模式、肉牛生产与文化相结合模式、肉牛养殖加牛棚顶光伏项目精准扶贫模式等七种肉牛产业新业态。通过对这些新业态的优缺点分析，进行二次创新，并进行推广。

（十一）不断开拓牛肉营销新渠道

在市场多元化发展形势下，牛肉产品生产销售模式也应相应的发生改变。随着电子商务的发展和青年消费群体的不断壮大，牛肉由家庭传统菜肴向方便、快捷型快消品的商业定位转型。同时，原有产业模式中的规模化屠宰加工厂建设转向城市街区加工分割中心；规模化食品加工厂建设转向中央厨房配送中心；由屠宰加工向形象连锁餐饮店面延伸，这些都将是新业态下肉牛屠宰加工产业的发展方向。

（十二）提高从业人员素质

充分利用河北省肉牛产业技术体系平台，围绕肉牛主导产业发展和新型职业农民培育需求，建立实训教学基地；同时，以产业园区、专业村、农民专业合作社和农业企业为依托建立农民学校，实现农民教育与产业对接，就地就近培训农民，覆盖了种养加、电商和休闲农业等主导产业和特色产业，在全省实现新型职业农民培育实训教学基地优质资源共享格局。

（十三）加大肉牛产业扶贫力度

由于安格斯和西门塔尔肉牛饲养管理粗放，适应性强，生长发育快，肉质好，适合小群体大规模方式养殖。因此建议政府拿出专项扶贫资金，购买国外纯种安格斯或西门塔尔肉牛作为主要品种，免费发放给农户。利用农户的丰富饲草饲料资源和闲散劳力，发展现代肉牛产业。也可以在山区县推广易县涞源发展的"小母牛"模式，真正发挥肉牛养殖的扶贫带动作用。

第十二章　河北省各市肉牛产业
发展调研报告

一、保定市肉牛产业发展调研报告

(一) 引言

随着牛肉需求的不断增长，保定市肉牛产业发展稳中有升，特别是 2016 年以来肉牛产业整体向好，养殖、屠宰、加工、消费各环节发展步伐加快。2018 年河北省成立了"河北省现代农业产业技术体系肉牛创新团队"，并设立了"保定综合试验推广站"。此举将为保定肉牛产业的科技进步、效益提升和品牌创新等发挥强有力的支撑作用。为了摸清"家底"，了解保定肉牛产业发展现状、特点和存在问题，保定综合试验推广站通过发放调查表、实地调研、召开座谈会等形式开展了全市肉牛产业调研工作。

(二) 保定肉牛产业发展基础

1. 自然条件

保定市辖区包括涿州市、高碑店市、定兴县、易县、涞水县、涞源县、顺平县、唐县、阜平县、曲阳县、望都县、安国市、博野县、蠡县、高阳县、清苑区、徐水区、满城区、竞秀区、莲池区、高新区、白沟新城、容城县、雄县、安新县共 25 个县（市、区）（注：容城、雄县、安新 2017 年成立了雄安新区，不再为保定行政辖区）。地貌分为山区和平原两大类。以黄海高程 100 米等高线划分，山区面积 10 988.1 平方公里，占总面积的 49.7%。平原（含洼地）11 124.9 平方公里，占总面积的 50.3%。2015 年，保定市全市粮食播种面积 1 231.4 万亩，粮食总产量 501.8 万吨。其中，夏粮总产量 224.3 万吨，秋粮总产量 277.5 万吨。丰富的青贮玉米资源、四季分明较为干燥的气候、背靠太行山区区位优势、身在华北平原粮食主产区，是保定发展肉牛的良好基础。

2. 养殖传统

保定市是农业大市，具有悠久的养殖历史和养牛传统。肉牛和奶牛数量随着养殖效益而不断变化，如图 12-1 所示：2010 年以来，牛出栏量每年达到 20 多万头，其中黄牛杂交牛约占 85％，其他主要是淘汰低产奶牛和奶牛公犊育肥。

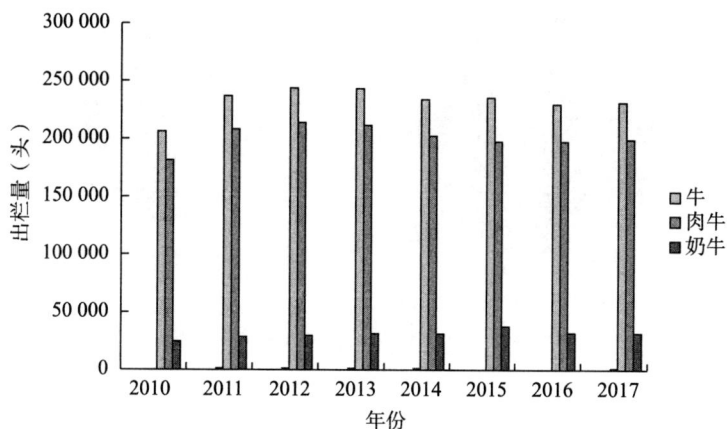

图 12-1　牛、肉牛、奶牛 2010—2017 年出栏量

2000 年后，奶牛迅速发展，肉牛比较效益低。经济实力强、信息发达的养牛人，转向奶牛养殖，并向规模化方向发展。尤其是 2008 年三鹿奶粉事件后，奶牛规模养殖迅速发展，肉牛养殖主要在西部贫困山区散养或小规模分布。2010 年存栏 50 头以上的规模养殖全市仅有 48 家，存栏 1.3 万头。2013 至 2017 年奶业受国际市场冲击以及国内乳品加工企业垄断，奶牛养殖效益下滑亏损，肉牛养殖效益逐步升高，肉牛育肥发展进入快车道。到 2017 年底全市存栏 50 头以上的规模养殖已发展到 285 个，存栏 5.7 万头。

3. 区域布局

据 2017 年底统计，全市共有 285 个存栏 50 头以上的肉牛养殖场。其中：涞源、阜平、曲阳、唐县、顺平、易县、涞水等 7 个山区县有 147 个，存栏约 3.6 万头；莲池、满城、徐水、清苑、定兴、高阳、望都、蠡县、安国、高碑店等 11 个县（市、区）138 个，存栏约 2.2 万头。从统计上看，平原县（市、区）单位养殖规模要大于山区县，但山区县肉牛养殖场数量大于平原县。

（三）肉牛饲养管理现状

2018 年 5 月份，我们设计了《保定市肉牛场基本信息统计表》，下发到各县（市、区），收回 102 个肉牛场填写的信息统计表。统计表涉及牛场占地存栏规模、土地环保防疫规范性、饲草饲粮、育肥方式、粪污处理设施、购买销售等信息，可以全面代表全市肉牛养殖饲养管理现状，统计分析如下：

场数

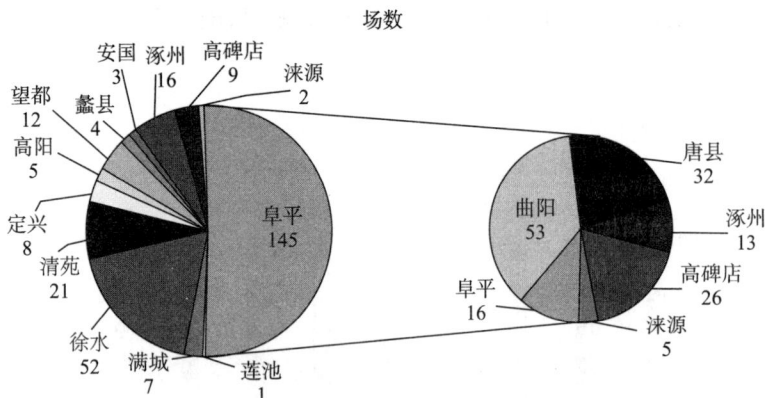

图 12-2　2017 年末保定市各县肉牛场数

1. 养殖场选址的合法性

养殖场选址的合法性是养殖场长久发展的基础，土地管制、环保与动物防疫保护距离决定着未来具体养殖场的生存，在当前土地、环保政策前提下，选址不合法养殖场迟早将被关闭。

106 份调查问卷中：填报占地手续 92 个场，其中 64 个有占地手续占 69.6%；填报环境评价手续的 98 个场，其中 34 个有环境评价手续，占 34.7%；填报动物防疫条件手续 84 个，其中 76 个有动物防疫手续，占 90.5%。由于过去养殖无序发展，相关部门管理没有及时跟上，致使养殖相关手续不全或选址不符合有关国家规定。从调查分析来看，有土地手续的近 70%，同时动物防疫及环保防护距离基本一致，只是多数养殖场没有办理环境评价手续，90% 多的肉牛养殖场能够防疫条件合格，说明环境评价手续也能办。总的来说，未来政府规范养殖场，肉牛养殖场受到的影响不大（关闭数量不多）。

2. 占地面积及容量

102 个肉牛养殖场占地总面积 2 572.4 亩，设计存栏量 52 269 头，2018 年 6 月末存栏 23 646 头，2017 年出栏 18 685 头。按设计存栏计算，每亩地饲养肉牛 20 头，附属设施占地按 20% 计算，养殖区每头牛占地面积约 27 平方米。设计饲养密度较为合理，但空栏显著，降低了土地的利用效率，在肉牛行情较好的形势下，直接影响到肉牛场的经济效益。按正常存栏为设计存栏 80% 计算，可存栏约 4.2 万头肉牛，而目前只有近 2.4 万头存栏，规模养殖场养殖量具有增加 1 倍的潜力。存栏较少原因有两个，一是资金紧张，没有满负荷生产能力；二是架子牛目前价格太高，担心买后不挣钱。

3. 饲养结构

102 个肉牛场，其中饲养部分繁殖母牛的场有 51 个，占牛场数量的 50%。51 个母牛繁殖场牛总存栏 12 380 头，其中能繁母牛 5 539 头，占 44.7%。完全自繁自养的仅有 3 家，存栏母牛 280 多头。总的来看，肉牛规模场能繁母牛约占总存栏数的 20% 左右，在牛源紧缺的情况下，从购买架子牛育肥到自繁自养的过渡，保定肉牛养殖场具备了一定的基础。

调查显示：保定购买育肥架子牛主要来源于张家口、承德、山西等周边地区、东北吉林与黑龙江，也有部分来源于新疆、甘肃、西藏等。从品种改良上看，东北吉林、黑龙江地区能长更大的体重，改良程度更好，但运输应急大，架子牛膘情好，育肥补偿潜力小；张家口与承德架子牛，改良程度较好，运输距离短，但价格偏高；张家口、山西等周边架子牛改良程度低，育肥程度低，育肥补偿潜力大；新疆、西藏等地架子牛改良程度更低，但价格优势明显。

4. 饲草饲料及饲养方式

102 个肉牛养殖场，其中 80 家填报了是否有 TMR。80 家中有 TMR 的 29 家，占 36.3%，表明用 TMR 技术的肉牛养殖场可能较少。全部或部分全株青贮玉米的 32 家，占 31.4%；全部或部分黄贮的 55 家，占 54%；全部或部分干草或作物秸秆的 41 家，占 40%。从统计数据来看，TMR 这项技术、全株青贮玉米理念、适当饲喂干草或干作物秸秆观念尚需大力推广，促进肉牛的营养水平的均衡性，提高健康水平和生长发育速度。

102 个肉牛养殖场，以拴系方式为主的 35 家，占 34%；以散栏的方式为主的 67 家，占 66%。场地紧张的可采取拴系的方式育肥，场地宽松的可采取散栏的方式育肥，因场而异。

5. 粪污处理

102 个肉牛养殖场，有固体粪便贮存场所的 57 家，占 56%；有固液分离机的 18 家，占 18%；具有污水贮存处理的有 25 家，占 25%。从统计分析看，肉牛养殖场粪污处理贮存设施建设不到位比较明显，应进一步加强。

（四）保定肉牛业发展特色

1. "小母牛"项目助力农民脱贫

"小母牛"项目是由"香港小母牛北京代表处"在涞源、易县实施的"关爱地球消除贫困"扶贫项目，其项目款是由香港爱心阶层捐助而来，"礼品传递"是"小母牛"项目至上的发展理念。项目的实施引导农户家庭参与生态建设，以保护环境，合理利用自然资源为前提，开发内生动力，坚持生态优先，开发农副产品资源再生利用，发展肉牛养殖产业，提高贫困家庭经济收入，实现社区和谐，生活富裕。易县 2009 年项目实施以来，基础母牛已从 90 头发展到 300 头，实现 80 户脱贫，收入达到每头牛 5 000 元（2018 年价）左右。涞源 2010 年项目实施以来，五年内由首批 200 户贫困家庭，传递到下批 200 户贫困家庭，礼品款和所学知识得到传递，实现可持续发展。

2. 高档肉牛（和牛）入住望都

九围和牛公司正式成立于 2017 年，专为中国食客提供高端、安全、营养的澳洲纯血和牛，经过辛勤的耕耘和发展，公司在望都现拥有专业牧场 300 亩，利用胚胎移植技术，目前和牛存栏量近 800 头，依托专业的饲养技术和牛群健康管理系统，实现优质牛肉的规模生产。为了开拓和宣传高档牛肉市场，该公司在保定市专门开设了和牛牛肉体验饭店。

3. 屠宰加工业已有较好发展基础

易县塘湖、保定市南沟头、徐水高林村等回民聚居区，不仅有牛肉的消费习惯，而且擅长肉牛的生产和经营（流通），这些地区均有规模不等肉牛屠宰点。易县塘湖建有一座屠宰场，设计屠宰能力 50 头，常年为北京供应牛肉，具有稳定的市场供应渠道。2018 年易县、定兴分别新建了 1 座屠宰场，设计日屠宰能力分别是 100 头和 200 头。目前，定兴的屠宰线已投产，牛肉产品主要销往北京、天津、河南等地。保定的肉牛屠宰能力正在扩大，肉牛产业链体系日趋完善。

（五）保定市肉牛产业发展中存在的主要问题

1. 政策层面

农副产品运输绿色通道—活畜的运输高速免费关闭，购买育肥牛的成本上升；养殖场污染治理更趋严格，粪污处理贮存设施投入及运行费用增加；土地和环评管制走向正规，不规范养殖场面临关闭，新建养殖场选地更难。肉牛养殖的发展也将面临政策层面的制约。

2. 饲养管理层面

相对于猪、鸡、奶牛而言，肉牛的饲养管理从环境控制、营养平衡、防疫制度、精细管理、粪污处理等各个方面，都比较粗放。一是养牛人没有提高到相当的认识水平，二是肉牛饲养的技术标准和水平也不像猪鸡奶牛那样深入和普遍。

3. 生产经营层面

"北繁南育、山区繁平原育"的生产经营方式随着"封山育林育草禁牧"提倡"舍饲圈养"等生态环境保护政策的普及与加强，以及应防疫需要禁止活畜禽频繁流动鼓励自繁自养等政策陆续出台，可能生产方式将以"架子牛育肥为主"转变为"自繁自养为主"，自繁自养经验和饲养管理技术匮乏，不能适应生产经营方式的转变。

4. 技术层面

一是养殖方式落后。养牛场设施设备投入不足，大多数养牛场缺乏基本的养牛设施，不能合理分群饲养，降低了养牛效益及生产水平。二是肉牛良种覆盖率和繁育效率低。肉牛繁殖手段主要以传统的人工授精和本交，肉牛母畜繁殖率在85%左右，犊牛存活率86%左右，均低于国内肉牛养殖发达地区8～12个百分点。三是肉牛疾病防控不规范。多数牛场设计不合理、一些牛场选址不科学、防疫制度落实不严等给防疫制度疫病防控带来隐患。四是饲料资源开发不够，肉牛粗饲料单一，没有进行氨化或膨化等深加工处理。五是缺少完整的肉牛营养需求数据库。饲料配方不合理，导致肉牛生产成本高，肉牛个体发育缓慢，经济效益低下。六是牛场废弃物利用率低，粪污处理利用方式还有待提升。

5. 从业人员层面

整体素质较低、很多肉牛场专业技术人员缺乏，具有本科以上学历人员更是凤毛麟角。这就导致了养牛观念落后，牛场饲养管理、防疫等措施不到位，科学技术真正落地难。

（六）保定市肉牛产业发展建议

（1）牛肉缺口及消费潜力大，肉牛养殖业具有较大的发展空间，同时肉牛养殖能够消纳农作物秸秆，在一定程度上能够解决秸秆焚烧污染空气的难题，政府及其有关部门应大力支持：在土地规划上合理布局肉牛养殖场，重点布局在小麦玉米主产区域内；在金融贷款服务上，充分利用农业担保公司的相关政策，保证生产经营资金充足。

（2）针对肉牛养殖饲养管理相对比较粗放，技术水平普遍偏低的肉牛养殖现状，技术推广机构一方面应加大现有实用技术推广力度，提高肉牛养殖者科学养殖意识，解决实际生产中的小技术影响大收益的一些关键实用技术。另一方面加强肉牛环境控制、营养供应、粪污处理、疫（疾）病防控技术的研究，并及时运用到生产实际当中去，将相对先进细致的猪鸡奶牛技术变通移植到肉牛饲养管理当中去。

（3）肉牛养殖场需要加大饲养管理人才的培养，探索有利于人才发挥作用，留得住用得着的生产经营机制，发挥科技与管理在效益方面的长久恒定作用。还要重点提高肉牛饲养环境控制意识，为养好牛打下良好的环境基础，是养殖一次性投资长期受益的关键。

二、沧州市肉牛产业发展调研报告

肉牛产业是沧州市农业和农村经济的优势后备产业之一，市委、市政府历来高度重视肉牛产业发展。近年来，沧州市以肉牛标准化示范场的建设等进行示范引领，大力鼓励发展肉牛养殖。

（一）肉牛产业发展基本情况

1. 养殖现状

沧州市 2018 年末，全市肉牛饲养量达到 16 万头，出栏 12 万头，肉牛业产值达到 22.4 万元。建成标准化肉牛养殖场 24 个，带动全区发展肉牛养殖大户 300 余户。肉牛主要品种由多到少顺序为：西门塔尔牛、夏洛莱、淘汰荷斯坦奶牛（公犊）、利木赞。

2. 存在问题

（1）品种化程度低，产业经济效益差。沧州市肉牛主要是奶公犊牛的育肥、淘汰奶牛育肥，优质的肉牛品种少、良种率低，改良肉牛占比约为50%。育肥牛存在着生长速度慢、胴体产肉少、优质牛肉切块率低等缺点。

（2）生产方式落后，饲料转化率低。沧州市肉牛饲养成规模的只有 24 家，主要是以散户为主。大部分沿袭了传统的饲养方法，饲草季节性供应不平衡矛盾突出，精料补饲方面，大部分农户用麸皮、玉米等自家料拌料，专用的饲料使用少，出栏活重小，育肥质量较差，饲料转化力低。

（3）养殖知识贫乏，饲养管理粗放。沧州市肉牛养殖的产业化水平差，产业形不成集群，肉牛规模化饲养配套技术难以在养殖户中推广应用。一些养殖户不懂得养牛，缺乏科学的养殖知识。表现在：犊牛免疫上，大部分肉牛场没有免疫程序，随意性太强，一部分牛场还没有进行免疫，所以在这一方面有待加强，应该严格按合理的免疫程序进行免疫。肉牛的饲料配合不合理。在基本的营养成分如能量、蛋白质和钙、磷不足或不平衡的情况下，总是希望于饲料添加剂或增重计量来大幅度的提高肉牛的生产效率；不分青草种类，有时大量饲喂，造成瘤胃鼓气；在肉牛发生腹泻等疾病时，过度的依赖抗生素的防病作用，混用、加大剂量使用普遍存在，甚至用人用的抗生素替代兽用抗生素使用；管理粗放。一是饲喂不规律，喂牛时早时晚、喂料时多时少，经常变换饲料；二是圈舍简陋，环境条件很差，舍内粪尿不及时清理，舍内潮湿、刺激性气味严重，牛体脏；三是未按照肉牛的生理状态进行管理。育成牛、妊娠牛甚至种牛不区别，均采用同样的饲养管理方式，造成肉牛生长发育缓慢，不能适时出栏。

（二）沧州市肉牛产业发展典型模式

以沧州市中特牧业有限公司为例，该公司占地面积 133 333 平方米，总建筑面积达到 27 000 平方米，集饲料加工、肉牛生态养殖等为一体。其肉牛生态养殖园区项目，设计肉牛存栏 3 000 头，目前肉牛存栏 900 头。一是借助研发平台和雄厚的专家力量。中特牧业有限公司属于省级龙头企业，具有自己的饲料研发和交流平台，依靠雄厚的专家技术力量，在不断夯实自我的同时，可以为本地肉牛养殖提供优质的饲料配方及资源供应。该公司借助"国家牧草体系沧州综合试验站"、"河北省草业创新团队沧州综合试验推广站"、"河北肉牛产业创新团队定州综合试验推广站"等平台，邀请国家级、省级知名专家刘忠宽研究员、曹玉凤教授、李秋凤教授等来"沧州中特"指导工作。先后完成了"红枣发酵饲料对架子牛生长发育的影响"等 5 项试验，有 20 多人次的体系专家、教授为中特肉牛养殖户进行免费的生产指导、技术培训和技术研发，在专家帮助下，肉牛养殖效益得到了很大的提高。二是利用本地草业较为发达的优势，节本增效。沧州市是我省草业种植大市，苜蓿产业较为发达。在整市推进粮改饲的状况下，2019 年沧州市共种植苜蓿面积达到 42 000 亩，苜蓿干草产量约 16 万吨。沧州中特牧业，利用本地粗饲料资源优势，学习并引进苜蓿草、青贮苜蓿草饲喂肉牛技术，增强肉牛品质，提高经济效益。2018 年利用自家饲料厂的饲料＋苜蓿干草，形成自己的配方，提升经济效益约 10 万元。

（三）沧州市肉牛疾病状况

定州综合试验站在对沧州市头牛养殖现状调研时得到养殖户的反馈，犊牛腹泻是犊牛和引进架子牛初期（尤其是冬春季节）比较严重的问题。我团队对沧州市的 23 个肉牛养殖场（户）的腹泻情况进行了调研。

1. 调研情况

（1）调查地点及时间。河北沧州地区大部分的肉牛养殖场（户），调研时间 2018 年 8 月 1 日至 2019 年 5 月 1 日。调研内容：代表性养殖场（户）养殖现状和犊牛腹泻发生情况。

（2）调查方法。通过沧州市畜牧站发放调研表的形式进行调查。调查表涉及内容包括：肉牛场名称、地址、负责人、联系方式、养殖场肉牛主要品种、育肥牛存栏、年产犊牛数、犊牛饲养方式、孕母牛或犊牛免疫情况、对牛腹泻发生率、平均发病日龄、粪便特征、多发季节或时间、有无病原学检测、病因或病原、治疗方法、治疗用药、治愈率、死亡率、病死犊牛处理方式。

2. 调研结果

（1）犊牛基本现状。在沧州市畜牧工作站的协助下，完成了 23 个代表性养殖场（户）的问卷调研。犊牛品种和占比情况见表 12-1 和表 12-2。

表 12-1　不同规模育肥牛奶牛场（户）数量及育肥牛、犊牛头数

单位：个，头

规　　模	养殖场（户）数量	育肥牛数	犊牛数
100 头以下	12	500	310
100～1 000 头	11	2 000	500
1 000 头及以上	0	0	0
合计	23	2 500	810

表 12-2　不同品种育肥牛场（户）数量及育肥牛、犊牛头数

单位：个，头

品　　种	养殖场（户）数量	育肥牛数	犊牛数
西门塔尔	10	1 200	316
西门塔尔、夏洛莱	2	734	242
西门塔尔、夏洛莱、利木赞	2	208	91
淘汰荷斯坦奶牛（公犊）	6	392	158
夏洛莱	1	6	3
合计	22	2 500	810

（2）犊牛腹泻的有关情况。根据表 12-3 汇总信息（183 个养殖场、户），犊牛免疫以免疫口蹄疫为主，免疫 3 联苗疫苗和不免疫的较少；犊牛腹泻发病率为 63%，发病率在 10% 以下占 26%，发病率在 10%～23% 的占 37%；犊牛发病日龄 50% 在 30 日龄之前，25% 在 30～60 日龄，25% 在 60 日龄以上；腹泻犊牛粪便 54% 为黄色或黄绿色稀便，36% 为白色稀便，10% 为褐色；犊牛发病季节一年四季均可发生，夏季和冬季相对发病率高，发病率为 30%，春夏交替或春秋季节发病率各占 20%；调研的所有的肉牛场表示没有进行病原学检测；犊牛腹泻主要有两方面原因，56% 的肉牛场反映是因为潮湿、季节原因的环境刺激造成的，44% 的牛场反映是因为交叉吃乳、饮食不当等导致犊牛消化不良造成的；在治疗犊牛腹泻的方法或方式上一般的牛场以饮水灌服为主，42% 的牛场用肌注方式进行治疗，静脉注射的方式较少，只有 8%；治疗用药上 58% 的牛场用双黄连、白头翁散、止痢散等中药，42% 的牛场用诺氟沙星、庆大、氨苄西林、环丙沙星等抗生素进行治疗；治愈率均在 90%～100%；死亡率在 3%～10% 占 27%，63% 可以治好。病死牛处理方式主要以焚烧、深埋的方式，用化石池的占 25%，在当地县市无害化处理中心进行处理的占 25%。

表 12-3 与犊牛腹泻有关情况调研汇总表

单位：个,%

项 目		牛场数	比值
犊牛饲养方式	圈养	4	14
	散养	25	86
孕母牛或犊牛免疫情况	不免疫	3	13
	免疫 1～4 次口蹄疫	18	78
	免疫 3 联苗疫苗	2	9
犊牛腹泻发病率	无发病	7	37
	0～10%	5	26
	10%～23%	7	37
犊牛发病日龄	30 日龄前	6	50
	30～60 日龄	3	25
	60 日龄以上	3	25
粪便特征	黄色、黄绿色稀便	6	54
	白色	4	36
	褐色	1	10
多发季节	春夏交替	2	20
	夏季	3	30
	冬季	3	30
	春秋	2	20
病原学检测	无	21	100
病因	交叉吃乳、饮食不当、消化不良	4	44
	潮湿、季节原因、环境刺激	5	56
治疗方法	肌注	5	42
	饮水灌服	6	50
	静注	1	8
治疗用药	诺氟沙星、庆大、氨苄西林、环丙沙星等	5	42
	双黄连、白头翁散、止痢散等	6	58
治愈率	90%～100%	11	100
死亡率	3%～10%	3	27
	0	8	63
病死牛处理方式	焚烧、深埋	2	50
	化石池	1	25
	县无害化处理中心	1	25

三、张家口市肉牛产业发展调研报告

（一）张家口市基本情况

张家口市地处北方农牧交错带，位于东经 113°50′～116°30′，北纬 39°30′～42°10′，光照充足，气候冷凉，昼夜温差大，土地草地资源丰富。全市现有草原面积 1 595.35 万亩，占全市国土面积的 28.84%，占河北省草原面积的 30.3%，其中天然草原 1 513.53 万亩，人工草地 81.82 万亩，全市饲草资源丰富，青玉米种植面积保持在 60 万亩左右，年青贮 160 万吨，优质苜蓿常年保留面积 30 万亩，张杂谷种植面积 40 万亩，年产饲用谷草 10 万吨，全市牧草种子田发展到 4.8 万亩。张家口市东南毗邻北京市，西南接壤山西省，北部交界内蒙古自治区，是连接渤海经济圈和西北内陆资源区的重要节点，是京津冀协调发展的重要经济枢纽。得天独厚的资源禀赋和优越的区位优势，使张家口一直以来，是河北省肉牛的优势养殖区域。

（二）张家口肉牛产业发展现状

近几年，按照夯基础、重质量、强龙头、创品牌、提档次的发展思路，着力培育现有牛肉加工企业，打造产业经济链条，发展肉牛养殖大县，全市肉牛产业发展势头良好。肉牛养殖业开展了以规模养殖、兼用牛推广、肉牛良繁为主要内容的行业行动，实现了由分散向集中、由粗放向集约、由数量扩张型向规模效益型的转变。肉牛品种主要以杂交西门塔尔和荷斯坦奶公犊育肥为主，还有部分淘汰奶牛、本地黄牛及少量牦牛。饲养方式主要是分户散养。粗饲料主要是干玉米秸秆、谷草和青莜麦，精料主要有豆粕、玉米、酒糟等。截至 2018 年底，全市肉牛年饲养量 49.6 万头，存栏 28.8 万头，出栏 20.8 万头，能繁母牛存栏 16.3 万头，牛肉产量 3.3 万吨，肉牛规模养殖场 35 家，其中坝上地区肉牛规模养殖场 17 家。

（三）张家口肉牛产业发展的优势条件

1. 京津冀协同发展拓展了张家口市肉牛产业的发展空间

张家口市一直是京津的主要农产品供应基地。凭借与北京毗邻的地缘优势，在实施京津冀协同发展国家战略的新形势下，在京津冀畜牧兽医合作框架协议的指导下，张家口市肉牛养殖业将迎来北京非首都核心功能向周边地区疏解的重要机会。与此过程相适应，积极引进牛肉生产、加工和市场龙头企业，更多地承接产业和项目转移，将使张家口更好地融入京津供应链、物流圈和环京津现代牛肉供应区，更好地实现牛肉产品产销对接，拓宽牛肉产品销售市场，提升肉牛产业化经营水平和肉牛产业转型升级能力。同时，还将全面提升与京津在项目、资金、科技、人才上的合作层次，为现代肉牛产业发展提供更有力的支撑。

2. 京张联合承办冬奥会为张家口市农业发展注入了活力

成功申办冬奥会这一极具世界影响力的体育赛事，对张家口市经济社会发展产生了历史性的影响。未来几年，与资金、技术、人才等多个方面投入的加大相伴随，奥运经济有望催生新的消费市场，为张家口市农产品进一步开拓国内外市场提供新的难得的历史机遇，张家口作为北京农产品供应基地的作用将更为凸显，奥运品牌效应将为农业发展提供更为广阔的前景。紧抓机遇，重点培育本地具有发展潜力和影响力的奥运牛肉产品和品牌，不断提高在国内外市场的占有率，将有利于进一步提高我市牛肉产品的竞争力，把我市肉牛产业提升到新的发展水平。

3. 良好的政策环境为我市农业发展提供了保障

中央和省始终坚持把解决好"三农"问题作为全部工作的重中之重，不断加大强农惠农政策支持力度和财政投入力度，全党全社会关心支持"三农"的氛围更加浓厚，工业化、信息化、城镇化对农业现代化的引领和推动更加有力。省、市出台了扶持肉牛产业发展的一系列政策，为现代肉牛产业建设提供了更加明确的载体和抓手。京津冀列为国家全面创新改革试验区域，有利于生产要素顺畅流动和区域间创新合作，为张家口市肉牛产业全面创新改革、实现创新驱动发展转型提供有力的制度保障。"互联网＋农业"的蓬勃兴起，为现代农业发展插上了新的"翅膀"。

（四）张家口肉牛产业发展的制约因素

全市肉牛产业经济仍存在着较小的农牧经济总量与打造农牧强市的战略目标不相适应、优势特色产业发展水平与独特的资源禀赋不相适应、经济的发展现状与肉牛产业发展要求不相适应等诸多问题，张家口市肉牛行业发展面临着严峻挑战和考验。

1. 缺乏完善的肉牛产业发展政策体系

一个产业的健康快速发展，离不开完善的政策体系支撑和政府必要有效的宏观调控。近年来，国家先后对粮食生产实行了农业税免收和直接补贴，对主要粮食品种的国家收购实行了保护价，对生猪规模饲养场推行了标准化建设，对母猪、奶牛养殖实行了政策性补贴，对肉牛养殖则完全交给了市场。肉牛养殖周期长、效益低的特点与市场调节滞后性的相互作用，加之产业政策支撑体系的严重缺失，使肉牛饲养业陷入"恶性循环"，出现了严重的危机。

2. 农业资源约束趋紧，环境压力日益增大

肉牛养殖废弃物资源化利用水平低，病死畜禽采用化制、发酵、碳化法无害化处理的能力不足是制约张家口市肉牛行业快速发展的重要因素。肉牛养殖

粪尿排放量大，规模肉牛养殖场（小区）粪污处理设施配套率偏低，粪污有效利用潜能尚未充分释放。适应"绿色发展、循环发展、低碳发展"的新要求，进一步改变拼资源消耗、拼农资投入、拼生态环境的粗放经营状况，仍然需要付出艰苦努力。

3. 种养结构不合理，结合不紧密

在种植业内部，粮经饲结构不合理。长期以来，全市粮食作物比重过高，播种面积占总播种面积的 70% 以上，特色和优势不明显的商品玉米播种面积占粮食播种面积的 30% 以上，青贮玉米的种植面积较小，谷子、莜麦、杂豆等优质兼用作物的产业化带动规模和水平偏低，饲草料生产与肉牛业发展需求不相适应，仍然是肉牛业发展的重要制约因素。在农牧两类产业之间，种养业结合不紧、循环不畅。

4. 肉牛饲养周期较长

与生猪和禽类等其他肉食用动物相比，肉牛的繁殖、饲养周期较长，一头犊牛从母体受孕开始，到出生后育肥出栏达到屠宰要求，一般需要 20 个月左右时间，而一头仔猪从母体受孕开始，到出生后育肥出栏达到屠宰要求，只需要 9 个月左右。况且，一头母牛一年只产一胎，平均一胎一头，而一头母猪一年至少两胎，平均每胎 10 头左右。由此可以看出，肉牛的饲养周期较长，产业恢复期漫长。在目前全国基础母牛严重不足、饲养效益低的情况下，肉牛饲养业面临总体的危机。

5. 肉牛繁育效率低，生产方式落后

张家口市地方肉牛品种还没有充分挖掘，缺少全市范围内的良种肉牛遗传育种规划，由于品种退化，使得肉牛个体小、生长缓慢，经济效益比较低。肉牛生产方式传统落后。与奶牛相比，肉牛饲养规模小而分散，养牛场设施落后，经营管理方式粗放，集约化规模化水平低，养牛生产水平低、整体经济效益低。面对各种风险和挑战的考验，需要进一步攻坚克难、夯基础、补短板、强弱项、蓄后劲、彰特色、显优势。

6. 肉牛产品开发深度上缺乏突破

"牛的身上全是宝"，尽管这一点早已成为人们的共识，但张家口市近年来虽然在屠宰技术上由封闭式生产取代了"地打滚"式的粗加工模式，实现了质的飞跃。但多年来不管产业规模如何提升，除了分割还是分割，产业层次一直停留在以分割调整为主的初级阶段。在牛肉产品的精深加工和极具增值潜力的骨、血、皮、毛、脏器等牛副产品的深度开发利用上一直没有突破，产业链条延伸有限，产品增值空间受限。造成这一局面的原因主要有三个：一是有开发意愿的企业由于资金、土地、信息等方面制约，没有条件进行开发；二是有开发条件的企业受"小富即满，小绩即安"的小农意识束缚，满足于屠宰加工获

取的利润，缺乏创新创业精神；三是政府在牛副产品的深度开发上虽然重视，但受财力制约，难以实施具体的产业扶持政策。以上原因，造成张家口市牛肉精深加工和牛副产品深度开发领域鲜有人问津和涉足，没有形成完整的产业链条。

（五）促进张家口肉牛产业发展的对策建议

1. 促进张家口肉牛产业发展的对策

（1）坚持科学规划，稳步推进产业发展。 着眼现有产业基础，立足发挥比较优势，加强规划引导，加大政策扶持。发展优势产区和优势品种。巩固发展赤城县、张北县、怀来县、尚义县、沽源县、怀安县 6 个县区，培育康保县、阳原县、涿鹿县、蔚县 4 个县区新的增长极。重点发展西门塔尔肉牛、杂交低产奶牛和奶公犊。坝上地区发挥草场资源和传统养殖习惯，重点开展肉牛繁育，适度发展规模母畜养殖。根据肉牛遗传育种规划重点开展肉牛同期发情、人工授精、肉牛双胎、犊牛早期断奶、早期低成本饲养、传染病防控和环境控制等轻简化技术的研发和推广。打造规模化肉牛养殖、屠宰、加工、销售一条龙企业，铸就本地名优肉牛品牌。

（2）着力推动种养结合，建设现代化生产基地。 张家口是畜牧业大市，在发展生产的同时要统筹解决好生产、生活和生态问题。坚持生态优先，规模养牛场建设污水处理池和贮粪池，牛粪堆积发酵还田，加大粪污资源化利用，鼓励用牛粪制造沼气和食用菌生产。因地制宜实行禁牧政策，推行草畜平衡制度，激励和支持人工种草及建设标准化暖棚，发展生态家庭牧场，推行半舍饲养殖；进一步调整农业结构，发展青贮玉米和优质饲草种植；重点建设肉牛养殖育肥基地，采取股份制或参股入股等各种形式，以村集体为主导、农牧民群众为主体、股份制公司为支撑，建设标准化养殖场。建立"户繁场育"为主的养殖模式，实施"户繁场育"，形成利益共同体，提升标准化规模养殖水平，建成一批养殖规模适度、生产水平高、综合竞争力强的养殖基地。

（3）着力培育新型经营主体，建立利益联结机制。 一是打造高水平龙头企业。采取"培育＋引进"的方式，一方面大力培育 1～2 家有发展前景、有一定规模、能辐射带动的市域内牛肉产品加工龙头企业，在资金、政策、服务等多方面加大扶持力度，使其提高产品附加值、延长产业链条，带动肉牛产业持续健康发展；另一方面注重引进一批有实力、辐射带动能力强的牛肉产品加工龙头企业，缩短养殖户与市场的距离，减少中介，降低流通成本，推行订单养殖和产销对接，提高养殖户效益。二是培育新型经营主体。抓好养牛专业合作组织规范化建设。对于本地的养殖专业合作社，应该加大扶持力度，规范合作运行，加强基础设施建设，使其真正发挥组织标准化生产和市场化销售产品的作用。三是大力培育现代职业农民。发展现代畜牧业需要高素质的农民，老龄化的农业劳动者，不适应现代农牧业的发展要求，因而要鼓励大学毕业生到农村创业，同时要加强对农民的职业技能培训，大力培养农村实用人才，全面提升张家口市农牧业从业者的职业素养。要引导农民解放思想、更新观念，树立起发展现代畜牧业的观念。四是建立利益联结机制。要在全面完成土地草牧场确权换证工作的基础上，鼓励农民以土地、资金、技术参股，与龙头企业建立紧密利益联结机制。在全市范围内选定有发展前景、有一定规模、能辐射带动的龙头企业，由政府为企业解决周转资金和扶贫贴息贷款，安排涉农项目建设，企业负责吸纳一定数量的农民和贫困人口参与龙头企业产业发展，构建政府、龙头企业与农民三方"利益均沾，合作共赢"的经营机制。

（4）加大扶持力度，激发养殖积极性。坚持一手抓保护、促规范，一手抓扶持、固基础。在保护现有基础母牛资源的同时，着眼增强自身"造血"功能，制定出台基础母牛养殖扶持政策，加大专项资金投入，加强种源基地建设，推广繁育改良技术，保证良种供应，提高良种覆盖率；对使用贷款的养殖场，给予适当贴息；对规模养殖场给予项目和资金扶持；实行多元化筹资办法，通过财政补贴、项目争取、社会引资、企业垫资、银行贷款、群众集资等多种途径筹集肉牛产业发展资金；要强化金融保险支持，积极探索实行政府扶持资金有偿使用、逐步返还的扶持政策，鼓励和引导大量社会资本进入农牧业综合开发领域，努力解决龙头企业和种养大户的贷款难题；探索建立肉牛保险制度，逐步扩大保险覆盖面，提高风险保障水平；按照国土资源部、农业部《关于促进规模化畜禽养殖有关用地政策的通知》（国土资发〔2007〕220 号）精神，严格落实养殖用地政策。

（5）完善服务体系，拓宽产业发展平台。一是建立全市畜牧技术推广与社会化服务体系，为养殖业生产、加工及销售提供全方位信息、技术服务。二是健全中介服务机构，组建肉牛养殖协会、屠宰协会、经纪人协会。三是增加对动物疫病防控、动物检疫、畜产品安全监管体系建设方面技术、项目与经费投入，加大肉牛产业综合配套技术的示范推广力度。四是注重品牌效应，以创建名优特产品为抓手，积极培育优势品牌，扩大知名度，建立现代化营销体系，提高市场占有率。

（6）丰富产业内涵，拓展效益增值空间。按照"提质扩模、丰富内涵、扩大外延、增强吸引力"的思路，在加大企业科技创新及传统产品改造，着力提高牛肉精深加工能力的同时，深入挖掘肉牛产业潜能和特色文化底蕴。加大对骨、血、皮、毛、脏器及生物制药等精深加工项目的引进力度，做大做强循环经济，进一步促进产业上档升级。大力发展以肥牛、肉饼、清真八大碗等为代表的民族特色饮食，探索在养牛大县或旅游景点举办赛牛大会等特色民俗文化活动，开发以骨雕等工艺品为代表的旅游纪念品，实现特色产业与民族文化发展的融合互促。

2. 张家口肉牛产业发展建议

进一步加强对肉牛产业发展的宏观调控，完善产业政策和财政政策，打破地区保护和市场封锁，促进总量平衡和结构优化，完善统一、开放、竞争、有序的肉牛市场；加大对肉牛产业发展的项目扶持。对达标的肉牛养殖公司、养殖小区、屠宰加工企业和农业产业化项目在立项、用地等方面给予扶持；加大对肉牛产业发展的财政扶持。对饲养繁育母牛的农户和规模扩繁场、育肥牛场、养殖小区，由各级财政给予直接奖补或采取贴息方式扶持；加大对成长型肉牛屠宰加工龙头企业在信贷投入、贷款贴息、新产品研发、名优品牌培育等方面的项目和资金支持。

四、承德市肉牛产业发展现状调研及典型案例分析

（一）承德市肉牛产业发展现状

1. 肉牛产业发展基本情况及目标

承德市是河北省肉牛养殖大市。2018 年全市牛出栏 63.3 万头，牛存栏 68.5 万头，牛肉产量 10.6 万吨，位于河北省首位，实现产值 51.1 亿元，占全市畜牧业产值的 41.3%，肉牛养殖业已经成为承德市畜牧业的经济支柱。承德市饲养的肉牛品种主要有本地黄牛、安格斯牛、西门塔尔牛、夏洛莱牛、利木赞牛、和牛，承德市肉牛产业初步形成以围场棋盘山、隆化张三营两个大牲畜交易市场和中农昊龙、北戎、子泽三个深加工企业为龙头，以丰宁、围场、隆化三县为主要生产基地的北部肉牛繁育产业带，以滦平县、承德县、平泉县、宽城县等中南部地区为肉牛快速育肥产业带。主要发展目标就是打造以隆化为核心，辐射丰宁、围场、平泉等县为基地的"百万头肉牛工程"。到 2020 年，建成以隆化县为核心，带动丰宁、围场、平泉 3 县市的承德市百万头肉牛产业带，肉牛饲养量达到 145 万头，存栏达到 75 万头，其中能繁母牛 35 万头。

2. 肉牛产业发展规划

按照市政府"一环六带"行动计划，今后承德市肉牛产业的发展将主要围绕肉类产业带进行规划。

（1）**优势区域**。按照"北繁南育、西繁东育"的格局，建设坝上和接坝地区繁育基地、中部地区育肥基地。形成以隆化、围场、丰宁为重点的北部肉牛产业带，建设以隆化为中心的百万头优质肉牛产业示范区。

（2）**主导品种**。以西杂和夏杂改良牛为主推品种，生产优质肉牛；引进和牛、安格斯等优良品种，生产高档牛肉；开发草原红牛等保护品种，生产特色

肉牛。

（3）龙头建设。加工型龙头，重点整合、改造隆化北戎、福泽、雨润所建加工厂等肉牛屠宰加工龙头企业，到 2020 年，年屠宰加工能力达到 20 万头，培养一个京津冀地区牛肉知名品牌。市场型龙头重点提升改造围场棋盘山和隆化张三营两个大牲畜交易市场，年交易额稳定在 20 亿元以上，逐步达到全国知名，华北最优。

（4）基地建设。发展年存栏 100 头以上能繁母牛的养殖场 1 000 个，年存栏 500 头以上能繁母牛的养殖场 100 个；年出栏 500 头以上育肥场达到 500 个，年出栏 1 000 头以上育肥场达到 100 个；提升改造肉牛养殖场 500 个；发展种养结合肉牛养殖园区 10 个。

（5）项目建设。一是隆化县百万头优质肉牛养殖示范区建设项目。扶持基础母牛养殖户 2 000 户，引进优质国产、进口冻精 60 万支，每年改良优质肉牛 30 万头以上。二是肉牛标准化健康养殖项目。扶持 100 个肉牛场进行改造提升。三是建设 10 个种养结合肉牛养殖园区。

3. 承德市肉牛产业发展的对策或展望

总体来说，承德市未来肉牛养殖将呈下滑趋势。原因主要是禁牧后养殖成本增加，能繁母牛减少，造成年产犊减少，牛源供应趋紧，犊牛价格保持高位。养殖成本持续上升，牛肉市场供求呈趋紧格局。高档牛肉需求增加，将拉动肉牛业转型升级。

（二）承德市肉牛产业发展典型案例

承德北戎生态农业有限公司（以下简称北戎公司）成立于 2009 年 3 月 19 日，注册资金 1 200 万元。公司总部位于隆化县经济开发区食品产业园，占地面积 68 亩。北戎公司是"河北省农业产业化重点龙头企业"、"河北省扶贫龙头企业"、"全国巾帼扶贫示范基地"、"科技型中小企业"；获得了 GAP 认证、HACCP 认证、无公害农产品认证、有机农产品认证；先后被认定为农业部首批"肉牛标准化示范场"；农业部、财政部"现代农业产业技术示范基地"；"国家肉牛产业技术体系试验示范基地"；国家科技富民强县项目"肉牛产业化养殖技术开发集成与推广应用"试验示范基地；商务部"国家储备肉活畜储备基地"；"全国农技推广农业科技实验示范基地"、"紫塞先锋工程党员示范服务基地"，以及科技型企业、隆化县优秀企业、诚信企业等，并获得振兴隆化突出贡献奖。公司主要经营范围：高档肉牛和生态肉牛养殖加工、农业生态种植、有机肥生产、生态农产品销售等。

北戎公司立足于京津水源承德生态环境优势，河北省肉牛标准化示范区、隆化县肉牛主导产业优势，以及隆化肉牛国家地理标志产品、中国农产品最受消费者喜爱的区域品牌优势。形成集肉牛繁育、育肥、加工，有机肥生产、生态种植为一体的生态全产业链科技园区。在 2019 年 5 月河北省第三届肉牛产业发展大会上，北戎公司肉牛养殖基地被评为河北省"十佳肉牛养殖场"，北戎公司生产的"北戎雪花牛肉"和"北戎生态牛肉"两个高档牛肉产品经国内专家鉴定达到 A4 级以上标准，生产的"北戎分割牛肉"荣获河北省优质产品品牌、河北省中小企业名牌产品、河北省 30 佳农产品品牌，在 2019 年 5 月河北省首届牛肉文化美食节上北戎牛肉被评为"优秀雪花牛肉奖"。

1. 北戎公司基础设施情况

公司总部位于隆化县经济开发区食品产业园，占地面积 68 亩，建筑总面积 5 200 平方米，其中办公及科研培训等建筑面积 4 000 平方米，肉牛屠宰加工车间建筑总面积 1 200 平方米。生态养殖基地区域生态循环农业科技园区位于隆化县唐三营镇二道窝铺村，园区规划占地面积 11 000 亩，其中生态农业种植基地占地 10 850 亩，主要用于种植肉牛用生态饲草饲料；养殖基地占地 150 亩，建有标准化牛舍 15 000 平方米，贮青窖 12 000 立方米，生物有机肥生产线 6 000 平方米。饲料生产加工车间 2 000 平方米，办公及生活用房 600 平方米，干草棚 1 000 立方米。2018 年公司总资产 2.01 亿元，实现销售收入 9 800 万元。

2. 设备情况

公司肉牛屠宰车间配备所需屠宰仪器设备、牛肉分割仪器设备及所有包装材料，并配有牛肉产品检验检测化验室和化验用仪器设备。有机肥生产车间粪便发酵搅拌设备、制粒制粉设备及所有配电设备；饲料加工车间配备各种机械设备和仪器设备；还配有专家配套设施，包括专家用高档肉牛育肥所需各种饲料、电子秤、测量尺以及高档牛肉分割仪器设备、牛肉产品检验检测仪器设备等。

3. 公司人才支撑情况

（1）自有人才支撑情况。承德北戎生态农业有限公司是河北省科技型中小企业，公司内部技术人才储备充足。在肉牛养殖区聘请了具有多年养殖实践经验的正高职技术人员为技术总监，指导肉牛养殖全方位技术工作；在高档肉牛屠宰、产品分割及品牌开发研究方面，聘请了县内具有多年实践经验最权威专家从事肉牛产品开发和品牌打造等研究工作。另外，公司肉牛养殖基地是河北省肉牛产业技术体系试验示范基地，借助河北省肉牛产业技术体系专家团队成员能人多、技术强的优势，加之公司内部技术人才的通力协作，使公司在应用新技术及产品开发中取得了很大成绩。

（2）与涉农科教单位对接情况。承德北戎公司与河北农业大学签订了"三区"科技人才选派三方协议书。作为河北省肉牛产业技术体系承德综合试验站的示范基地，承担着多项技术成果示范推广工作、并配合肉牛体系专家开展试验研究。此外还配合国家肉牛牦牛体系开展试验示范。其中高档牛肉生产技术，从饲养管理、饲料配方到屠宰分割以及隆化黑牛牛肉品位评价，到创建"隆化肉牛"品牌和隆化高档牛肉进入京津高端市场，每一步都得到了国家体系岗位专家、河北农业大学曹玉凤教授的技术指导。另外为了降低育肥牛生产成本，河北农业大学安排 2 个研究生在该公司系统进行了不同比例的谷草与玉米秸秆黄贮日粮对肉牛育肥性能、瘤胃发酵及微生物菌群影响的研究和玉米秸秆青贮日粮对肉牛育肥性能和屠宰性能的研究，对低成本生产优质牛肉进行示范。

(3) 公司承担农业项目情况。2012 年 1 月至 2014 年 12 月，国家科技富民强县项目"肉牛产业化养殖技术开发集成与推广应用"在隆化县实施，承德北戎公司是主要的试验示范基地；2015 年 1 月至 2016 年 12 月，公司争取到承德市科技支撑计划项目"草原红牛良种繁育及生态养殖技术研究与产业化示范"，项目实施期两年。于 2017 年 6 月顺利通过验收；2017 年，公司争取到国家区域生态循环农业项目，即"河北省承德市隆化县区域生态循环农业示范项目"，项目建设期为一年即 2018 年 7 月开始至 2019 年 6 月结束，项目总投资 2 806.1 万元，其中国家投资 1 000 万元，省级财政配套资金 400 万元，企业自筹资金 1 406.1 万元；目前该项目各项工程建设内容已经全部完成，仪器及机械安装全部就绪，试运营正在进行，等待上级部门验收。

4. 产业发展及扶贫情况

公司自成立以来，以坚定不移的意志和奋发向上的精神，始终奉行"为农者谋利，为食者造福"的企业宗旨。经过多年发展，企业规模不断壮大，基础设施不断完善，产业链条不断延伸，品牌打造不断出新，销售渠道不断拓宽，产加销布局日趋合理。建立起了生态养殖基地区域生态循环农业科技园区、肉牛屠宰及产品加工和高档牛肉分割包装产业园、在北京建立起了电子商务网络销售平台（设有 36 个社区门店），真正形成了完善的"产、加、销"一条龙的生产经营管理模式。实现了一二三产业融合。公司总部占地面积 68 亩，建筑总面积 5 200 平方米，其中办公及科研培训等建筑面积 4 000 平方米，肉牛屠宰加工车间建筑总面积 1 200 平方米。生态养殖科技园区占地面积 11 000 亩，其中生态农业种植基地占地 10 850 亩，主要用于种植肉牛用生态饲草饲料；养殖基地占地 150 亩，建有标准化牛舍 15 000 平方米，贮青窖 12 000 立方米，生物有机肥生产线 6 000 平方米。饲料生产加工车间 2 000 平方米，办公及生活用房 600 平方米，干草棚 1 000 立方米。

在脱贫攻坚工作中，北戎公司已帮扶贫困户 514 户，其中：2016 年帮扶贫困户 24 户、2017 年帮扶贫困户 172 户、2018 年帮扶贫困户 318 户，2019

年，预计帮扶贫困户 178 户。带贫的主要形式：一是入股分红；二是通过项目带动，高于市场价 15％～20％的价格收购贫困户的饲草饲料，如玉米籽实、玉米秸秆等用作牛饲料；三是采取技术扶贫，定期对养殖户中的贫困户进行集中科技培训，提高贫困户养殖户的养殖科技含量，增加科技养殖效益。因扶贫成绩突出，公司被河北省人民政府认定为"省级扶贫龙头企业"，被承德市委、市政府授予"脱贫攻坚党旗红"荣誉。

公司立足于科技兴企，建立了高端牛肉产品研发中心，主要研发领域为高档肉牛和生态肉牛屠宰加工、高端肉牛产品品牌打造、区域生态循环农业技术等。公司生产的"北戎雪花牛肉"和"北戎生态牛肉"两个高档牛肉产品经国内专家鉴定达到 A4 级以上标准；生产的"北戎分割牛肉"荣获河北省优质产品品牌、河北省中小企业名牌产品、河北省 30 佳农产品品牌，在 2019 年 5 月河北省首届牛肉文化美食节上北戎牛肉被评为"优秀雪花牛肉奖"，该产品具有独特的区域特色，品牌影响力极大。

公司的发展计划，一是加强养殖基地建设，引进、创新养殖新技术，生产优质高档肉牛及其产品；二是提高肉牛及其产品质量，强化牛肉品牌打造，在生产"专精特新"名牌产品上下功夫；三是拓宽市场销售渠道，营造良好的销售网络氛围；四是借助项目实施，确保项目设施建设得到充分利用。

五、唐山市肉牛产业发展调研报告

（一）肉牛产业现状

按照省、市关于加快推进现代畜牧业发展的要求，全市有力推动转变肉牛产业发展方式，调整畜牧业布局和品种结构，提出"在平原区大力发展农区育肥基地，以西门塔尔杂交牛为主，适当发展安格斯、和牛等优质特色肉牛，适当开发高档牛肉产品，满足京津等高端消费需求"，为全市肉牛产业发展指明了方向。

肉牛产业经过近几年稳定发展，肉牛存栏数量和牛肉产量基本保持稳定，养殖规模化程度不断提高，但仍以分散养殖为主。截至 2018 年底，全市肉牛存栏 26.6 万头，出栏 40.2 万头，肉牛场 206 个；目前牛肉市场价格 56 元/千克，活牛价格 27～28 元/千克，同比上涨 6％，玉米价格 1.9 元/千克，肉牛饲料价格 2.6 元/千克，同比上涨 1％，出栏活重一般在 700 千克，可收入 2 万元左右，扣除购牛犊成本 1 万元，饲料、人工等成本 7 000 元，每出栏一头肉牛净利润 3 000 元左右。随着我国城镇居民对牛肉的消费持续增加，牛肉的社会消费比重不断提高，而受到肉牛繁殖周期长的制约，预期在未来一段时间内，牛肉价格仍会在高位运行。

（二）肉牛产业面临的挑战

肉牛产业既是传统行业，又是新兴产业。中国的养牛业历史悠久，但长期以来以役用为主。

肉牛产业投资大，门槛高。一头 20 千克左右犊牛价格在 8 000～10 000 元，一个百头牛场，需要投入近 200 万元，这使得肉牛产业难以实现大幅度增长。

肉牛产业发展起步晚、底子薄，生产方式总体落后。肉牛产业一直是畜牧业的短板。肉牛在畜牧业规模化标准养殖中的比例是最低的，分散养殖仍占有主导地位，与美国、加拿大等肉牛业发达的国家相比，无论是产业的集中度、养殖规模、人均养殖头数、饲料转化效率、技术应用和管理方面，中国肉牛产业都存在明显差距。这与肉牛产业生产效率低、技术水平低、应用技术不足有关。

（三）建议措施

1. 促进产业转型升级

当前，我国正深入推进农业供给侧结构性改革，加上进口牛肉的倒逼，双重作用之下，肉牛产业必须加速转型升级、走绿色发展的步伐。我国肉牛产业长期以来是一个封闭的产业，主体是农民、家庭农场、养殖场，但是反观国际上的肉牛产业，特别是美国、加拿大，年饲养和出栏几万头甚至十几万头的规模化育肥企业比比皆是，这也是我国肉牛业需要考虑借鉴的主流发展模式。

2. 加强科技培训

一是采取"走出去、引进来"相结合的方式，走出去参观学习外地的先进经验和做法。聘请大专院校、科研院所专家进行专题讲座，为企业培训科技人才。二是整合教学培训资源，引进知名专家，举办各类现场培训班，面向农村，培养大批肉牛养殖技术能人。重点抓好示范基地的技术培训，以点带面抓好技术推广应用。

3. 加大技术扶持

一是积极争取引入肉牛冻精改良品种，建设肉牛冷配改良点，选育能繁母牛，搞好肉牛繁育。二是加大全株玉米青贮支持力度，提高全株青贮普及率，改善肉牛品质。

第十三章 河北省肉牛产业专项调研报告

一、涞源小母牛繁育项目调研报告

(一) 小母牛项目简介与涞源县项目实施进展

1. 小母牛项目简介

香港小母牛项目依托"香港小母牛北京代表处",是在中国组织实施的一项公益性的综合社区发展项目,其发展宗旨是"关爱地球,消除贫困"。作为乡村发展项目,通过开展贫困乡村村民的生产能力培训,帮助贫困户自力更生发展生计。项目主要是从当地资源优势出发,给农户提供能力建设培训和生产技能培训,提供农户生产项目所需的部分启动资金;同时,项目基本上是以村为基础,利用"礼品传递"的方式,整村推进,凡是承诺自觉履行礼品传递协议、有劳动能力和学习能力、讲诚信的农户都可以成为项目农户。"礼品传递"是小母牛项目的核心价值理念,是实现项目可持续性发展的基础。

2. 涞源县小母牛项目实施进展

2010年,由涞源县畜牧业发展服务中心与香港小母牛项目组织合作,在涞源县留家庄乡的水石塘村实施为期五年的"保定生态修复与生计发展项目",项目提供启动资金10万美元,折合67万元人民币,先后200户农户家庭得到帮助,每户获得帮助资金6 700元。项目分前后两期完成,两年半为一期。第一期养牛户在两年半后需将启动资金作为"礼品"传递给第二期需要帮助的农户。这样,每个养牛户通过2~3年的时间不仅收获了生产资金和养殖技术,而且也从一个受助者转变为了助人者,从而提高了贫困人口自我发展能力和社区互助意识。经过五年的实践,水石塘村的小母牛养殖项目实施效果良好。该项目村由过去一头牛也没有的纯种植业村发展到现在基础母牛存栏230多头的畜牧大村。目前,每个家庭的存栏母牛5~15头不等,全村年出栏肉牛190多头,每头肉牛带来的经济收入在3 000~5 000元之间,产生了一大批养牛能手。与此同时,还培养了自己的良种配种技术高手,每日都行医于本村和周边村庄，为更多养牛户提供技术服务。2016 年，水石塘村成立了"涞源县塘震畜产品销售农民专业合作社"，表明当地肉牛养殖发展模式正在由分户饲养管理方式向专业化、合作化管理方式转变。截至目前，涞源县基础母牛存栏量名列保定市前列，水石塘村因母牛养殖脱了贫、致了富、出了名。

在小母牛项目的带动下，水石塘村发生了巨大的变化，家庭收入大幅度增加。截至目前，有 70 多户农民盖了新房，有 10 多户在县城购置楼房。村民收入多了，对村容村貌进行改造就有了经济实力，目前，水石塘村村容整洁，道路宽敞，街道两旁的路灯也焕然一新；山区绿化水平提高，粗略统计五年间全村植树达 3 000 多亩，整个水石塘村呈现出一派山清水秀、人居环境舒畅、富裕祥和的新时代新农村景象。

2016 年，水石塘村的小母牛项目传递到本乡的留家庄村。项目名称为"留家庄乡综合社区发展项目"，项目期五年，初始户 200 户，为每个家庭提供帮助资金 6 500 元。目前，该项目点的肉牛存栏量 265 头，新生牛犊 95 头，出栏 80 多头，实现价值大约 56 万元。目前，项目在留家庄村已实施近两年，由于留家庄村与水石塘村的社会条件有所区别，目前，留家庄村的小母牛项目推进遇到一些困难，尽管小母牛项目本身也在想尽办法解决，但还是需要政府部门的积极干预。

（二）水石塘村养牛项目成本收益分析

1. 单头母牛饲养成本

（1）购置母牛成本。因项目本身属于公益性项目，被选为小母牛项目村之后，可以获得购置一头小母牛的公益基金，所以，对于养殖户来讲，免去了一笔数额较大的购牛成本。

（2）放牧饲养成本。按照当地的饲养习惯，在雨水充沛、山上绿色草资源丰富的夏季，习惯雇人到山上放养 4 个月左右，雇人成本为每头牛每月 100 元，放养 4 个月为 400 元。

（3）全年饲料成本。按照当地的土地种植资源和饲养习惯，每家每户种植的玉米及其秸秆，完全可以满足一头牛的全年粗饲料和精饲料。假定以每亩地产 500 千克玉米和 1 吨干玉米秸秆为标准（玉米市场价格每千克 1.6 元、秸秆 0.2 元计算），折合人民币大体为 1 000 元。有些大点的公牛经过四个多月的放养之后已经肥壮起来，农户就会在放牧季过后卖掉肉牛，此时就节省了冬季的饲养成本，农户仅仅留下母牛继续等待繁育。对于母牛而言，冬季的饲养成本相对较低，大多数是以干物质秸秆和少量玉米粉维持母牛的生长，一般一个冬季之后，母牛的膘肥都会有所下降，待来年开春山青水绿之后，母牛可再次进入肥壮和繁育高发期。

(4) 其他管护成本。 由于是家庭户养殖，县畜牧局还没有对户养肉牛的防疫措施、卫生环境等方面实施严格的要求，因此，养殖户还没有卫生防疫方面的支出。大多数户养肉牛抗病能力很强，养殖期内一般不会发生疫病，但也避免不了日常疾病防治和疫病护理的问题，粗略估计此笔费用大体在每头牛100元左右。个别因病死亡的肉牛案例不在讨论范围之内。

(5) 母牛繁育良种使用成本。 当地肉牛繁育基本都是专业技术人员利用繁育技术采用冻精人工繁育方式。每支冻精大概是100元。

综上所述，一头牛的年养殖成本大概在1 600元左右（不含家庭户人工成本）。

2. 单头母牛收益

养殖母牛项目，一般情况下第二年就可见收益，第三年肯定有收益。户养的小母牛一般是当年或在下一年年初可生育一胎小牛，小牛基本不需要特殊喂养，可跟随母牛圈养或放牧。第二年春夏放牧养殖结束后即可出售，此时膘肥体壮，售价较好，市场价格在6 000～8 000元之间，特别肥壮的会售价更高些。繁育的小牛若是母牛，多数家庭采取继续养殖繁育的策略，也有家庭直接卖掉母牛，市场售价在6 000元以上；若是小公牛，大多数情况下公牛就以育肥为主，长到400～500千克就可以卖掉了，市场售价在8 000元左右。饲养相同的时间周期，公牛的售价高出母牛2 000元左右。进入第三年，母牛已繁育第二胎小牛，这就成为养牛户的第二笔养牛收入。

3. 纯收益与成本收益率

依照一年出栏一头小牛计算，单头母牛养殖带来的年纯收益大体在4 000～7 000元，成本收益率高达267%～467%。从村集体发展的总量来看，水石塘村已经完成一个为期五年的小母牛繁育项目生产周期，项目实施参与共200多户人家，全村近90%（全村224户）的农户参与了此项计划。五年项目期内全村收益总额预计达到500多万元左右，年均收入100多万元。

（三）水石塘村项目实施运行机制与运行特征

1. 运行机制

(1) 成立专门的运行管理机构——项目管委会。 项目管委会由香港小母牛北京代表处与涞源县畜牧局、留家庄乡政府（水师塘村所在乡）的相关人员组成，具体负责把握项目实施方向，充分发挥政府部门作用，整合政府资源，及时解决项目实施中的困难和问题，推动项目目标的落实。监督项目资金的管理和使用。

(2) 建立项目执行团队——涞源县留家庄乡社区综合发展项目执行团队。 团队成员由项目负责人、项目执行人、项目财务主管、项目技术服务培训人员、项目能力建设培训人员组成。项目执行团队主要职责包括：负责根据项目总体设计和规划，制定项目具体实施方案并组织社区实施，负责社区组织动员、能力建设、种植养殖技术培训；负责礼品传递、按时提交项目信息材料；负责项目监测评估等管理工作。

（3）**建立社区组织。** 依照国际国内小母牛项目实施管理经验，实施社区与互助组相结合的项目实施管理模式。即将一个项目村设定为一个项目实施社区，社区内成员设置多个互助组。首先，选择适合条件的农户。条件主要是农户要认可小母牛项目模式，有意愿、有兴趣并自愿申请加入小母牛项目；有实施小母牛项目的劳动力和土地资源；是互助组成员，积极参加互助组活动；承诺完成礼品传递。其次，组建互助组。农户自愿组合、以生产或居住地成立互助组，25～30 户组建一个互助组，再次，招聘社区协调员。在村中招聘 2 名有威望、懂协调的社区协调员，负责协调项目开展能力培训和技术培训，指导制定、实施社区发展规划，协助互助组开展各种活动，负责社区完成礼品传递、协助收集、整理、记载项目资料，按时参加项目管委会会议。

项目实施过程。项目启动时间为 2010 年，起止时间为 2011—2016 年。2010 年，项目实施启动资金 10 万美元，折合人民币 67 万元。

第一，建立了专门的牛舍。在村外 500 米下风口处，修建了两排占地 400 平方米的牛舍，先期购置 200 头母牛集中饲养，专人管理。2013 年保定市的"菜篮子"项目又拨付部分资金对牛舍进行扩建，形成 600 平米的三排牛舍群。解决了养殖区与居民生活区相对隔离的问题，村庄的卫生环境得到保障。

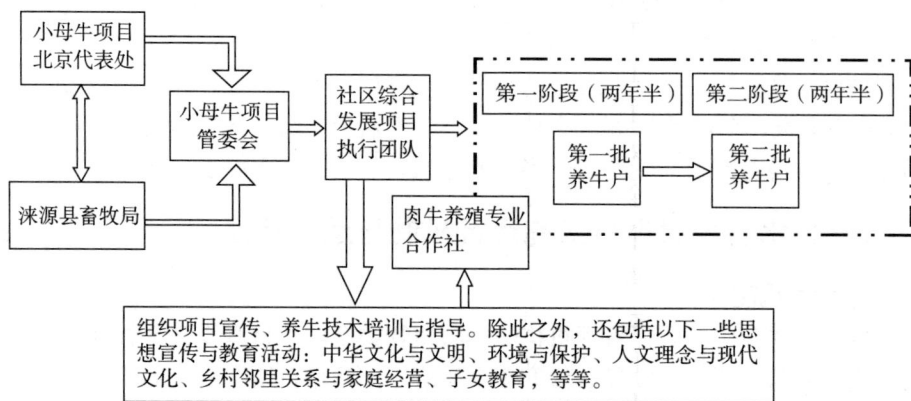

图 13-1　水石塘村小母牛项目实施流程

第二，采取"集中饲养、分户管理"的饲养模式，将母牛分到养殖户名下分别饲养。

第三，明确项目实施期为五年，分两阶段完成。首期选拔 100 户具有养殖意愿并有还款能力的合格农户，两年半后将小母牛传递给第二期养殖户。第二期养殖户也是 100 户，拨付帮助资金 6 700 元，两年半到期后，将 6 700 元直接返还给项目管委会，由项目管委会负责筛选下一批需要可继续传递使用的项目小区。

第四，县畜牧局设立专门的部门和人员管理此项目。在小母牛繁育项目实施过程中，除了监督传递之外，项目还组织一系列相关活动，包括技术培训、文化、卫生和环保理念的宣传等工作。

2. 运行特征

（1）集中管理，散户养殖。 项目初始经营方式是集体饲养，后因管理不善导致不到 2 个月的时间就死掉了 60 多头母牛。项目执行团队决定改变饲养方式，采取"集中饲养、分户管理"的饲养模式，母牛继续集中在棚舍之内实施统一管理，但分别由不同的养牛户自己饲喂。集中管理的另外一层含义就是由社区统一组织肉牛的技术指导与培训、疫病防治、配种、粪污处理、以及思想文化宣传、环境保护与社区互助意识提升等工作，实践证明，这种"集中饲养、分散管理"是目前效率最好的管理方式。

（2）以资金作为礼品传递。 小母牛项目的最初设想是上一户家庭把一头小母牛当作礼物传递到下一户需要摆脱贫困的家庭中去。在水石塘村的实践中人们改进了礼品的传递方式，将传递一头小母牛改成了传递 6 700 元钱，确保了传递物价值的稳定性。原因在于，受家庭养殖环境、小母牛品种等方面的影响，不同家庭不同母牛繁育的小牛在质量上有差异，质量参差不齐的小母牛直接影响了接下来传递的可持续性，所以，项目实施过程中项目管理者决定改变传递肉牛活体的方式，直接折合成人民币 6 700 元，传递给第二批的养殖家庭，最后由养殖家庭自主决定购置新的小母牛。

（3）养殖低成本。 对于当地农户而言，本项目的开展具有明显的成本优势。首先是项目启动资金为零；其次生产过程中的主要饲料来自自己承包土地的种植；第三是一年四个月左右的低成本放牧；第四是疫病防治成本较低，肉牛一般比较皮实不容易得病，如果日常护理精细些，基本不得病。如前所述，每头牛的饲料及管理成本大体在 1 600 元左右，假定饲养一年的一头牛能卖到 7 000 元，那么收益率则可达到 300% 以上。

（4）适宜山区、半山区。 当地属于山区和半山区地貌，一方面山场资源丰富，草质丰盛，适合肉牛放牧养殖，有利于牛群健康活性生长；另一方面，山地之外的农地主要种植玉米等农作物，作物秸秆资源充足，经过青储加工后可以直接饲喂肉牛。所以，当地的地貌非常适合饲养肉牛。另外，大量的牛粪经过加工处理后能够形成有机肥继续还田，形成一个既节能又环保的种植养殖一体化的产业链。

（5）适于中老年人。 与其他大多数乡村一样，水石塘村的青壮年基本上都外出务工，村中留下的多是不能外出的老人和上学的孩子。养牛项目不需要太多的劳动力，但又比较粘人，包括每天的 4～5 次饲喂、外出转运几公里、清理棚舍粪污等，这些劳动很适合中老年人。

(6) 是一种综合性社区发展项目。香港小母牛项目是一项综合社区发展项目，它以"关爱地球，消除贫困"为宗旨，在帮助提升社区农户生产技能的同时，更加重视人们在思想观念方面的转变与提升，通过中华传统文化教育、家庭与邻里和睦教育、人文理念与现代文明、社会环境意识等方面的宣传与教育，摒弃陈旧的思想与观念，提升农户家庭的社区互助意识。

(四) 留家庄村的小母牛繁育项目亟待解决的几个问题

1. 牛舍建设

目前留家庄村里的肉牛采取的是分户家庭饲养方式，这种家庭庭院饲养带来诸多问题，最突出的问题是全村的生活环境受到严重污染，一是养牛户自家的空气污染和生活环境污染，二是周边邻里之间的空气污染，三是全村的街道污染，四是单家单户的粪污处理劳动量较大，有些老年人负担较重。如果能像水石塘村那样在村外建一个集体圈舍，建立"集体管理、分散饲养"的生产养殖模式，则可解决上述大部分问题。

2. 粪污处理问题

目前，美丽乡村建设对乡村的村容村貌和环境建设提出了更高的要求，留家庄村的母牛粪污处理和村庄环境建设问题亟待解决。

3. 小规模青贮技术

据农民反映，留家庄村全村 80％的耕地种植玉米，农民种植玉米主要是用来饲喂牲畜，玉米秸秆和玉米面分别饲喂。每年除了 4 个月山里放养外，其余 8 个月左右的时间都是在家里饲养，尤其是冬季，就是靠这些干玉米秸秆维持肉牛生存。由于玉米秸秆的蛋白质含量少，玉米面等营养物质饲喂少，导致过冬后的母牛体重明显变轻，特别是小公牛掉膘严重，比刚刚从山上放牧回来的体重会减少很多，条件好的家庭可买进豆粕、麸皮添加，但大多数家庭仅仅是依靠干玉米秸秆维持。如果能够掌握青贮技术，那么，在秋季时将一亩地的玉米进行青贮将会大大提升母牛饲料的营养价值，也就能够确保了小母牛和小公牛的经济价值。

(五) 发展建议

1. 发挥扶贫资金的引导作用

留家庄村也是太行山区深度贫困村，政府部门也在动用扶贫力量扶持本村庄的产业发展并实现精准脱贫。实践证明，留家庄村的小母牛项目对于农户脱贫具有很大的帮助，所以，建议对口扶贫单位提供一定数量的扶贫资金，解决小母牛项目实施中遇到的部分困难，借鉴水石塘村经验，帮助农户借助小母牛项目实现肉牛产业扶贫脱贫。所以，建议相关部门在村外的下风口附近规划一处集中饲养区，用扶贫资金为村集体建立一座公用的养牛圈舍实现肉牛的集中管理和饲养。同时也能够解决留家庄村饲养母牛的粪污处理和环境污染问题。

2. 引入全株玉米青贮技术

在国家粮改饲政策的大力推动之下，留家庄村的农户已经开始转变种植理念，将传统的玉米种植改变成了青贮玉米种植。但是，由于全株玉米青贮技术不过关，导致青贮饲料的营养价值远远达不到合格标准。因此，今后的技术培训需要重点加强青贮技术的引进和指导。

二、河北省肉牛新业态调研报告

河北省是我国肉牛养殖大省，更是京津牛肉供给大省。2017 年末，全省肉牛存栏 196.38 万头，位居全国第 16 位；出栏 340.49 万头，位居全国第 4 位，在带动全国肉牛行业发展、促进农民增收、保障市场牛肉供应等方面发挥着重要作用。

（一）河北省肉牛新业态模式

1. 小群体大规模肉牛养殖模式

承德市隆化县率全国之先，探索出"育肥场＋农户"的新模式。该模式由农户散养母牛并进行繁育，母牛产犊后农户再将小牛或者架子牛出售给育肥场，实现"十乡万户"母牛繁育和"肉牛快速育肥工程"的有效衔接，解决了架子牛缺乏的难题。隆化北戎牛业专业合作社，为成员提供以下服务：组织成员养殖肉牛，提供种牛、饲料的购买服务；生物有机肥，肉牛的销售服务；提供与肉牛养殖有关的技术和信息服务，带动了 48 户农民养殖肉牛。在这种经营模式的带动下，隆化县已经形成了深山区分散农户母牛和架子牛繁育产业带和浅山区肉牛育肥产业带。这是一种肉牛生产方式的创新，也代表着河北省乃至中国肉牛养殖未来的发展潮流，已成为肉牛产业在转型升级、提质增效中可借鉴、可复制、可推广的"样板"。

2. "草畜一体化"循环经济模式

河北省自 2015 年启动实施"粮改饲"政策以来，扶持 10 个县（市、区），整县开展粮改饲试点工作，大大促进了粮经饲三元种植结构的协调发展。发展青贮专用玉米，肉牛养殖场产生的粪污等经处理后还田给种植业提供了有机肥，实现了循环经济，形成优质高效饲料作物生产与畜牧业融合发展的新格局。畜牧业和饲料饲草业紧密结合，大大促进了标准化种植与规模化养殖水平的明显提升，节粮增产、节粮增效、节地增收效果十分明显，同时有效延伸拉长了农业产业链和提升了价值链，全面提升了农业综合效益和竞争力，正成为我国新旧动能转换和加快产业化升级的有力措施。

3. 高科技引领新模式

河北天和肉牛养殖有限公司作为农业部认定的现代农业产业技术体系国家肉牛牦牛产业技术体系石家庄综合试验站和河北省高新技术企业，凭借自身掌握的肉牛胚胎生物技术等优势，结合国家肉牛牦牛产业技术体系专家在肉牛饲养、育肥、屠宰加工等方面的技术力量，研发肉牛科学饲养和快速育肥新模式以及牛肉精细化分割和精准包装等新技术，大大提升了牛肉产品附加值。通过各项技术的集成配套，形成了一整套的肉牛遗传育种、繁殖、养殖、疫病控制、粪污处理等高科技管理模式，取得良好的经济和社会效益，使其成为我国高科技养殖模式的典范。

4. 肉牛全产业链运营模式

河北廊坊大厂回族自治县顺泽肉类有限公司在建场初期主要进行牛肉的屠宰，大部分产品供应北京市场，有良好的销售渠道。但是随着肉牛数量的减少，该场的屠宰能力部分闲置。他们将牛肉进行产品深加工，在互联网上销售，取得了良好的经济效益。同时，该公司还购买优良品种的架子牛进行育肥，自养自宰，满足了屠宰分割的产能。该公司以屠宰加工为中心，逐渐向产前的肉牛育肥和产后的产品深加工销售扩展，将会发展成为产供销一条龙的龙头企业，这种新业态有利于形成具有河北特色的牛肉品牌，应在政策上大力支持。

5. 大规模育肥场牛肉直销模式

承德子泽畜牧繁育有限公司所生产的育肥肉牛已全部实现了直接出口港澳；其所属的福泽公司已开展了肉牛加工，直接供应承德市大润发等超市。北戎牛业被商务部确定为肉牛贮备基地，在北京注册了新绿萌农牧科技公司，其牛肉等产品直销北京 30 个社区。凤林、益佳等规模育肥场已成为北京福成公司等企业主要活牛供应地。北戎生态有限公司、凤林牛场还建成了有机肥处理场，年生产有机肥 2 万吨，生态型、环保型养牛产业链条已经形成。

6. 肉牛生产与文化融合模式

承德隆化谋划创建隆化肉牛文化创意产业园。深入拓展"文化＋科技＋产业"深度融合的发展新空间，积极培育牛文化、牛科技、牛创意等产业，推动传统肉牛产业的转型升级。大力培育肉牛产业明星企业，对部级、省级、市级龙头企业，申报中国驰名商标、河北省著名商标、承德市知名商标企业及新参加产品认证、管理体系认证、第三方检测机构认证的企业进行一定的资金以奖代补扶持。重点扶持经营创新，鼓励龙头企业到北京、天津、上海等大城市开设特色馆，重点扶持北戎在北京创办的生态牛肉展销中心——九号公社。加大对"隆化肉牛"在电视、报纸、微信等多媒体领域的品牌宣传力度，谋划在北京、天津、上海等大都市定期筹办隆化肉牛文化节、美食节等活动。

7. 肉牛养殖与光伏发电结合双重精准扶贫模式

张家口禾牧昌畜牧养殖有限公司是一个具有一定资金实力和发展潜力的市级养殖业龙头企业，目前，公司有肉牛养殖场所 53 000 平方米，存栏肉牛 3 000 头。通过 2 000 贫困户筹集扶贫贷款 1 亿元和企业自筹 1.7 亿元在牛棚顶安装了光伏板，已经有 800 千瓦光伏并网发电。该项目的实施预计总产值达 1.73 亿元，其中：牛产值 1.5 亿元，光伏产值 0.23 亿元，经济效益 5 150 万元，可直接带动 2 000 贫困户精准脱贫，户均从项目中直接收益不低于 3 600 元/年，直接使农民增收 1 700 多万元。项目的具体做法如下：贷款供建设单位项目投资使用，项目建设单位为银行提供贫困户贷款担保物为贫困户做担保保障，并负责贷款的还本结息（政府每年给予一定的贴息补贴支持）。建设单位每月定期通过合作社给贫困户每户 200 元固定收益金和年终不低于每户 1 200 元的红利金。这样贫困户通过项目直接收益不低于每年 3 600 元，且不承担任何贷款风险。该项目将肉牛养殖与精准扶贫相结合，带动当地贫困户脱贫并走向富裕之路。

（二）取得的经验

1. 肉牛全产业链新模式逐步形成

农业产业化经营在我国已经推行了 40 多年，但是河北省肉牛养殖仍然处于分散和点状的状态，没有形成产业链条，影响了经济效益的提升，这是肉牛产业不景气的根本原因。可喜的是有的企业和地区已经开始尝试将产业链条向前向后延伸，并取得了不错的效果。

2. 不断开拓牛肉营销新渠道

河北省牛肉销售市场主要有批发市场、农贸市场、早市、牛肉品牌连锁店、超级市场。随着社会发展，牛肉品牌连锁店是近几年出现的零售业态。其他零售渠道：如快餐连锁店、星级宾馆饭店、机构购买者等。在市场多元化发展形势下，牛肉产品生产销售模式也应相应的发生改变。随着电子商务的发展和青年消费群体的不断壮大，牛肉由家庭传统菜肴向方便、快捷型快消品的商业定位转型。同时，原有产业模式中的规模化屠宰加工厂建设转向城市街区加工分割中心；规模化食品加工厂建设转向中央厨房配送中心；由屠宰加工向形象、连锁餐饮店、面延伸，这些都将是新业态下肉牛屠宰加工产业的发展方向。

3. 肉牛养殖服务体系不断健全

建立了县、乡、村三级动物防疫服务体系，形成了覆盖了所有行政村的良种繁育体系。饲草饲料保障体系完备。依托国家、省肉牛产业技术体系，农户足不出户就可享受到国家、省肉牛产业技术体系专家的直接指导。科技培训越来越受重视，"基层农技人员知识更新"项目的实施，以提高基层农技人员的科技素质、技能水平为目标，以服务区域主导产业、解决农业生产关键问题为重点，通过深入调研访谈，摸清底数，科学制定培训模块，精选具有较高理论水平和实战经验的高端师资团队，讲授引领现代农业发展的前瞻技术，理实结合，组织学员进园入场参观考察，消化培训成果，收到了实实在在的效果。"新型职业农民培训项目"的实施，2017 年培训农民 3 000 余人。

（三）河北省肉牛产业发展建议

1. 将肉牛产业作为产业扶贫的优选

由于安格斯和西门塔尔肉牛饲养管理粗放，适应性强，生长发育快，肉质好，适合小群体大规模方式养殖，因此建议政府拿出专项扶贫资金，购买国外纯种安格斯或西门塔尔肉牛作为主要品种，免费发放给农户，利用农户的丰富饲草饲料资源和闲散劳动力，发展现代肉牛产业。河北省肉牛龙头企业作为扶贫项目的实施主体，保险公司使用生物资产进行保险，冀农担和龙头企业进行担保，银行根据国家有关扶贫政策根据扶贫人数等发放贷款给龙头企业，由龙头企业组织贫困户饲养繁育肉牛，所生产的母牛继续扩群，公牛运到育肥场育肥，但产权一直由贫困户所有。目前贵州、陕西、内蒙古等省市自治区均采取这种方法实现产业扶贫。

2. 建立新肉牛运营模式，生产安全可追溯牛肉产品

在河北省农作物主产区建设大规模育肥场，将贫困山区繁育的 300～350 千克的肉用架子牛运到育肥场集中育肥，实现机械化大规模饲养。所有育肥肉牛配备电子耳标并建立个体档案，实现肉牛个体可追溯。所有原料必须检测营养成分和农药残留，确保牛肉生产安全。肉牛所有权属于农户，育肥场收取必要的饲养管理费。

3. 建立标准化规范化屠宰加工体系，推广牛肉深加工技术

目前河北省肉牛深加工技术不多，阻碍了河北省牛肉打开全国特别是京津市场。应建立标准化规范化肉牛屠宰加工体系，确保无菌、安全、规范化屠宰操作流程。推广牛肉深加工技术，对牛胴体实施精细化分割，提高牛肉附加值。

4. 树立品牌优势，打造名特优牛肉产品

根据不同的客户群体和民族习惯，研发不同特色的牛肉产品，满足不同类型的市场需求，树立河北省特色品牌牛肉产品。

5. 强化培训，提高从业人员素质

充分利用国家和河北省肉牛产业技术体系岗位专家和实验站站长等技术团队，围绕肉牛主导产业发展和新型职业农民培育需求，建立实训教学基地；同时，以产业园区、专业村、农民专业合作社和农业企业为依托建立农民学校，实现农民教育与产业对接，就地就近培训农民，覆盖种养加、电商和休闲农业等主导产业和特色产业，在全省实现新型职业农民培育实训教学基地优质资源共享格局。

充分运用肉牛产业技术体系和肉牛分会网站，实时发布产业技术信息，全天候满足不同人群的技术需求，提高广大农牧民的养殖水平和经济效益。

三、河北省肉牛养殖场常见病发病调查报告

对河北省部分肉牛养殖场不同年龄段的肉牛常见病进行了调查，发现一直困扰养殖（场）户的疾病无论是犊牛还是青年牛均为腹泻和呼吸道病，这两种病在发病牛群中占比较大，且四季常发，严重制约犊牛与青年牛的健康生长；相对成年牛而言，繁殖疾病成为困扰该类牛群健康生长的问题。

（一）调查地区

对河北省石家庄、保定、承德、廊坊、秦皇岛5个市区10个规模养殖场，采用调查问卷的形式，对肉牛养殖中一年的常见病发病情况及发病季节进行了跟踪调查。腹泻与呼吸道病呈四季多发，给养殖户带来了巨大的经济损失。

（二）调查方法

以发放调查问卷、实地走访、电话微信咨询的形式，收集河北地区部分肉牛养殖场常见病发病情况。当调查人员得知某场发病情况严重时，立即召集相关专家赶往现场，了解病情和损失情况，并组织专家采集病料，进行实验室检测，确诊发病病原并对症治疗，而后电话回访病牛群恢复情况。

（三）调查结果

经过对为期一年的肉牛场常见病调研记录和整理，对5个地市10个规模化养殖场的肉牛常见病发病情况及发病季节的分布情况进行了分析、总结。犊牛主要常见病为腹泻和呼吸道病，调查肉牛养殖场春、夏、秋、冬犊牛腹泻的发病率占比（图13-2）分别为8%、11%、8%、13%，呼吸道病的发病率占比分别为2.25%、4%、2.5%、3.25%。青年牛消化道病呈现四季常发，发病率占比（图13-3）分别为3.71%、3.71%、4.43%、4.43%；呼吸道病在冬季的发病率最

高，平均占比为 2.14%；青年牛成长阶段，蹄病发病病例开始出现，其中主要发病季节在夏季，且发病率平均占比为 0.43%。成年牛除了发生蹄病外，还发生繁殖疾病，从我们的调查中发现（图 13-4），流产、酮病、胎衣不下、乳房炎主要集中在夏季，并且平均发病率占比较高，蹄病主要发生在秋季。

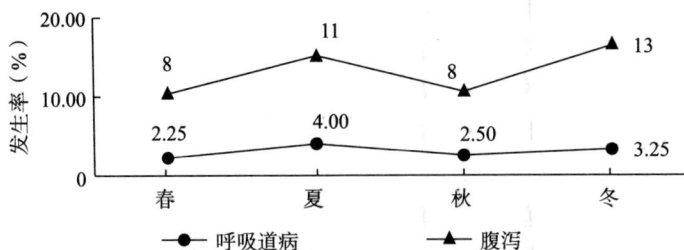

图 13-2　肉牛养殖场犊牛常见病的调查结果

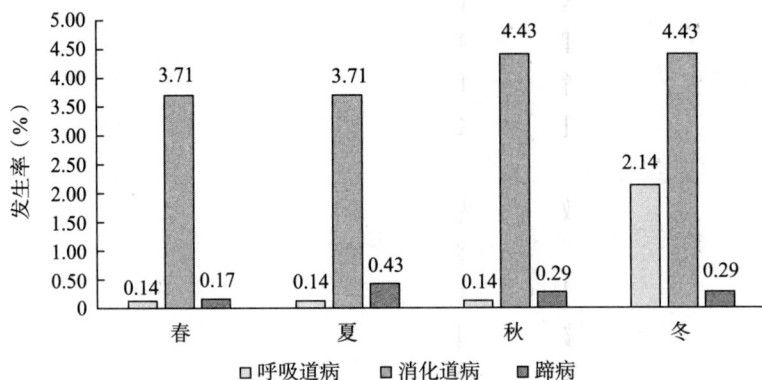

图 13-3　肉牛养殖场青年牛的常见病调查结果

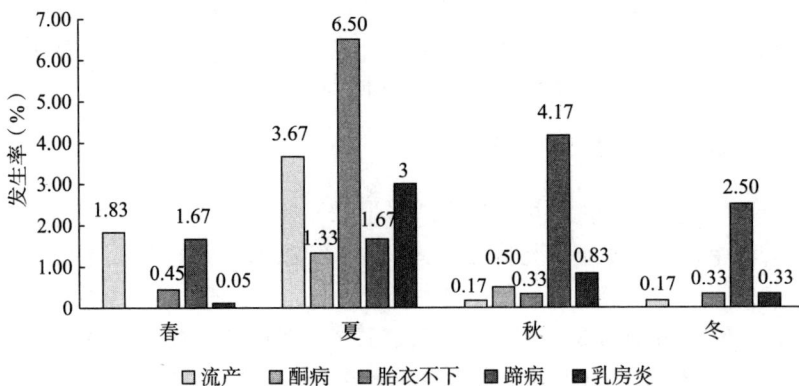

图 13-4　成年牛常见病的调查结果

（四）结果分析

引发犊牛腹泻的原因可能有：牛舍的环境消毒不彻底、卫生不达标；母牛在休息时，乳房粘上粪便及污水，这时犊牛在吃奶的过程中将污染的杂物吃进体内；由于犊牛本身处于生长发育阶段，对外界的环境抵抗能力较差，继而发生腹泻，影响正常的生长发育，给养殖户带来一定的经济损失。

引发犊牛呼吸道病的原因可能有：营养不良、牛舍环境阴冷潮湿、贼风侵袭、转群；一些病原微生物如多杀性巴氏杆菌、肺炎链球菌、牛支原体，也可导致呼吸道疾病。

引发青年牛的呼吸道病、消化道病及蹄病的部分主要原因有饲养管理不善，牛舍内和运动场的粪尿堆积，长期处于潮湿的环境；饲料营养搭配不均衡也可引起这些病的发生。

对于成年牛来说，繁殖疾病是对成年母牛最大的危害，所以对妊娠母牛的饲养管理及围产期的护理尤为重要。母牛常见的胎衣不下、乳房炎、流产、酮病等疾病，与母牛的饲养管理密切相关，不仅影响母牛健康及犊牛的生长发育，还危害母牛的生殖机能，延长或使母牛不能怀孕，给养殖户造成巨大的经济损失。

对于以上疾病，要做到预防为主，治疗为辅。根据调查的结果，针对不同生长阶段的牛群高发病，应该做到提前预防，对发病牛及时进行隔离、治疗。同时根据生长阶段的不同，对营养需求也存在差异，一定要加强饲料营养均衡的饲喂条件，且拒绝发霉变质饲料的投入饲喂。饲养环境要做到干燥、通风良好、安静舒适；严格控制非生产人员进入生产区，必须进入时更换衣服和鞋帽，经消毒室消毒后方可进入。要做到每周定期对牛舍进行至少 1 次的严格消毒。

图书在版编目（CIP）数据

2018 年河北省肉牛产业发展报告 / 马长海等著 . —
北京：中国农业出版社，2019.12
ISBN 978-7-109-26334-5

Ⅰ.①2… Ⅱ.①马… Ⅲ.①肉牛－养牛业－产业发
展－研究报告－河北－2018 Ⅳ.①F326.33

中国版本图书馆 CIP 数据核字（2019）第286149号

中国农业出版社出版
地址：北京市朝阳区麦子店街 18 号楼
邮编：100125
责任编辑：闫保荣　　文字编辑：张楚翘
版式设计：王　晨　　责任校对：巴洪菊
印刷：北京中兴印刷有限公司
版次：2019 年 12 月第 1 版
印次：2019 年 12 月北京第 1 次印刷
发行：新华书店北京发行所
开本：700mm×1000mm　1/16
印张：16.25
字数：318 千字
定价：60.00 元
